COURS & ENTRAÎNEMENT

prépabac

Tle
GÉNÉRALE
NOUVEAU BAC

Maths complémentaires

OPTION

- **Michel Abadie**
  Professeur agrégé de mathé
- **Jacques Delfaud**
  Professeur agrégé de mathématiques
- **Annick Meyer**
  Professeure agrégée de mathématiques
- **Jean-Dominique Picchiottino**
  Professeur agrégé de mathématiques
- **Sophie Touzet**
  Professeure agrégée de mathématiques
- **Martine Salmon**
  Professeure agrégée de mathématiques

Hatier

Le site de vos révisions

L'achat de ce Prépabac vous permet de bénéficier d'un **ACCÈS GRATUIT*** à toutes les **ressources** d'annabac.com : fiches, quiz, sujets corrigés... et à ses **parcours de révision** personnalisés.

Pour profiter de cette offre, rendez-vous sur **www.annabac.com** dans la rubrique « Je profite de mon avantage client ».

* Selon les conditions précisées sur le site.

Crédits photographiques : **4 h** ph © SSImagesCollection/iStock/Getty Images Plus **4 b** ph © enot-poloskun/E+/Getty Images Plus **5 h** ph © Arlette1 – Wikimedia Commons **5 b** ph © Fine Art Images/Heritage Image/Age Fotostock **6 h** ph © Mauricio Graiki/iStock/Getty Images Plus **6 b** ph © Richie Chan – stock.adobe.com **7 h** ph © Mohammed Sharif/Dinodia Photo/Age Fotostock **7 b** ph © Kevin Winter/Getty Images/AFP **8 h** ph © Vladimir – stock.adobe.com **8 b** ph © blackred/iStock/Getty Images Plus **9** ph © SSImagesCollection/iStock/Getty Images Plus **33** ph © enot-poloskun/E+/Getty Images Plus **57** ph © Arlette1 – Wikimedia Commons **79** ph © Fine Art Images/Heritage Image/Age Fotostock **101** ph © Mauricio Graiki/iStock/Getty Images Plus **125** ph © Richie Chan – stock.adobe.com **147** ph © Mohammed Sharif/Dinodia Photo/Age Fotostock **173** ph © Kevin Winter/Getty Images/AFP **197** ph © Vladimir – stock.adobe.com **219** ph © blackred/iStock/Getty Images Plus

Maquette de principe : Frédéric Jély
Mise en pages : Nord Compo
Schémas : Nord Compo
Iconographie : Hatier Illustration
Édition : Jean-Marc Cheminée, Claudie Libersa

ISBN 978-2-401-06462-1

AVANT-PROPOS

VOUS ÊTES EN TERMINALE générale, vous avez choisi l'option maths complémentaires et vous savez que la réussite dans cette matière demande un travail tout au long de l'année ? Alors ce Prépabac est pour vous !

Cet ouvrage va vous permettre en effet de mémoriser les connaissances essentielles sur chacun des thèmes du nouveau programme et d'acquérir progressivement des méthodes clés pour gagner en efficacité !

Cet objectif est rendu possible grâce à un ensemble de ressources très complet : des fiches de cours et de méthode – synthétiques et visuelles –, des cartes mentales récapitulatives, des exercices progressifs, enfin des sujets guidés.

Nous vous recommandons de les utiliser régulièrement, en fonction de vos besoins. Ainsi vous pourrez vous entraîner et préparer vos contrôles en toute sérénité, et acquérir les compétences nécessaires à la poursuite de vos études.

Les auteurs

Michel Abadie

Jacques Delfaud

Annick Meyer

Jean-Dominique Picchiottino

Sophie Touzet

Martine Salmon

SOMMAIRE

Analyse

1 Suites numériques

2 Fonctions

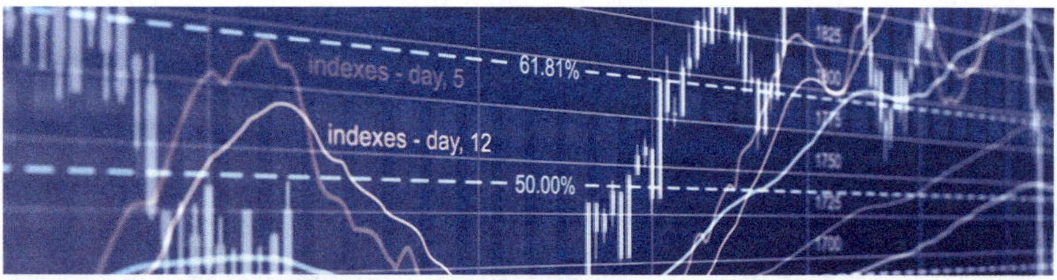

3 Convexité

4 Fonctions logarithme népérien et exponentielle

5 Primitives, équations différentielles

6 Calcul integral

Probabilités et statistique

7 Lois discrètes

8 Lois continues

9 Statistiques à deux variables

Annexes

1 Suites numériques

Les suites constituent un outil particulièrement bien adapté à l'étude de la dynamique des populations, telles que celle des tortues au cours des prochaines décennies, ainsi qu'à bien d'autres phénomènes d'évolution.

1 Limites, comparaison et encadrement

En bref *La limite éventuelle d'une suite donne une idée de son comportement asymptotique. Il est souvent pratique de trouver cette limite en la comparant avec celles de suites au comportement bien connu.*

I Définitions

1 Limite infinie

- Une suite de terme général u_n admet pour **limite $+\infty$** si elle dépasse toute valeur pour n suffisamment grand. On note $\lim\limits_{n \to +\infty} u_n = +\infty$.
- Une suite de terme général u_n admet pour **limite $-\infty$** si la suite de terme général $-u_n$ admet pour limite $+\infty$. On note $\lim\limits_{n \to +\infty} u_n = -\infty$.

2 Limite finie

Une suite de terme général u_n admet pour **limite un réel ℓ** si elle est aussi proche de ℓ que l'on veut pour n suffisamment grand. On note $\lim\limits_{n \to +\infty} u_n = \ell$.

II Limites et inégalités

- **Théorème de comparaison**

Soit N un entier naturel, soient ℓ et ℓ' des réels, et soient (u_n) et (r_n) des suites réelles telles que pour tout entier $n \in \mathbb{N}$, $u_n \geqslant r_n$:

- si $\lim\limits_{n \to +\infty} u_n = \ell$ et $\lim\limits_{n \to +\infty} r_n = \ell'$ alors $\ell \geqslant \ell'$.
- si $\lim\limits_{n \to +\infty} r_n = +\infty$ alors $\lim\limits_{n \to +\infty} u_n = +\infty$.

- **Théorème d'encadrement (dit « des gendarmes »)**

Soit ℓ un réel, soit $N \in \mathbb{N}$, soient (r_n) et (s_n) des suites réelles de même limite ℓ. Si pour tout entier $n \geqslant N$, $s_n \leqslant u_n \leqslant r_n$, alors $\lim\limits_{n \to +\infty} u_n = \ell$.

III Limites et opérations

Limite de *u*	ℓ	ℓ	$+\infty$	$+\infty$
Limite de *v*	ℓ'	$+\infty$	$+\infty$	ℓ'
Limite de *u* + *v*	$\ell + \ell'$	$+\infty$	$+\infty$	$+\infty$
Limite de *u* × *v*	$\ell \times \ell'$	$\ell > 0 : +\infty$	$+\infty$	$\ell' < 0 : -\infty$
Limite de *u*/*v*	$\ell' \neq 0 : \ell/\ell'$	0		$\ell' > 0 : +\infty$

Méthodes

1 Déterminer la limite d'une suite par comparaison

Déterminer la limite de la suite de terme général $u_n = n + (-1)^n$.

CONSEIL
Encadrez $(-1)^n$.

SOLUTION

Pour tout entier naturel n, $-1 \leqslant (-1)^n \leqslant 1$ donc $u_n \geqslant n - 1$.

Or $\lim\limits_{n \to +\infty} (n-1) = +\infty$ donc, d'après le théorème de comparaison, $\lim\limits_{n \to +\infty} u_n = +\infty$.

2 Déterminer la limite d'une suite par encadrement

Déterminer la limite de la suite de terme général $u_n = \dfrac{(-1)^n - n}{n}$.

CONSEIL
Encadrez le numérateur de u_n.

SOLUTION

Pour tout entier naturel n, $-1 \leqslant (-1)^n \leqslant 1$ donc $-1 - n \leqslant (-1)^n - n \leqslant 1 - n$.

D'où $\dfrac{-1-n}{n} \leqslant \dfrac{(-1)^n - n}{n} \leqslant \dfrac{1-n}{n}$ puis : $-\dfrac{1}{n} - 1 \leqslant u_n \leqslant \dfrac{1}{n} - 1$.

Or, $\lim\limits_{n \to +\infty} \left(-\dfrac{1}{n} - 1\right) = \lim\limits_{n \to +\infty} \left(\dfrac{1}{n} - 1\right) = -1$ donc, d'après le théorème des gendarmes, $\lim\limits_{n \to +\infty} u_n = -1$.

3 Déterminer la limite d'une suite à l'aide d'opérations

Déterminer la limite de la suite de terme général $u_n = \dfrac{(n+1)\left(n + \dfrac{1}{n}\right)}{1 - \dfrac{1}{n}}$.

CONSEIL
Étudiez les limites des suites de termes généraux $n+1$, $n + \dfrac{1}{n}$, $1 - \dfrac{1}{n}$.

SOLUTION

On a $\lim\limits_{n \to +\infty} (n+1) = +\infty$, $\lim\limits_{n \to +\infty} \dfrac{1}{n} = 0$ d'où $\lim\limits_{n \to +\infty} \left(n + \dfrac{1}{n}\right) = +\infty$, donc par produit, $\lim\limits_{n \to +\infty} (n+1)\left(n + \dfrac{1}{n}\right) = +\infty$.

On a $\lim\limits_{n \to +\infty} \left(-\dfrac{1}{n}\right) = 0$ d'où $\lim\limits_{n \to +\infty} \left(1 - \dfrac{1}{n}\right) = 1$.

Par quotient, on obtient que $\lim\limits_{n \to +\infty} u_n = +\infty$.

2 Suites géométriques et limites

En bref *La limite d'une suite géométrique dépend de sa raison. On ne considérera que les suites géométriques de raison positive et strictement inférieure à 1.*

I Suites géométriques

On considère les suites géométriques de raison q positive.

À NOTER
Une suite géométrique u de raison q est définie pour tout $n \in \mathbb{N}$ par $u_{n+1} = u_n \times q$.

■ **Rappel :** Soit une suite (u_n) géométrique de premier terme u_0 et de raison q. On a pour tout $n \in \mathbb{N}$:

$$u_n = u_0 \times q^n$$

■ **Théorème :**

$$\text{Si } \mathbf{0 \leqslant q < 1} \text{ alors } \lim_{n \to +\infty} q^n = \mathbf{0}$$

À NOTER
Si $q = 1$ alors la suite de terme général q^n est constante égale à 1.
Si $q = -1$ alors la suite de terme général q^n est bornée, et vaut alternativement -1 et 1.

■ *Remarques :*

- Si $q = 1$ alors $\lim\limits_{n \to +\infty} q^n = 1$.
- Si $q > 1$ alors $0 < \dfrac{1}{q} < 1$ donc $\lim\limits_{n \to +\infty} \left(\dfrac{1}{q}\right)^n = 0$.

À NOTER
On a pour tout $n \in \mathbb{N}$, $e^{-n} = \left(\dfrac{1}{e}\right)^n$ et $-1 < \dfrac{1}{e} < 1$ donc $\lim\limits_{n \to +\infty} \left(\dfrac{1}{e}\right)^n = 0$ soit $\lim\limits_{n \to +\infty} e^{-n} = 0$.

II Somme des termes consécutifs d'une suite géométrique

■ **Rappel :** On a pour tout réel $q \neq 1$:

$$1 + q + q^2 + \ldots + q^n = \frac{1 - q^{n+1}}{1 - q}$$

■ **Théorème :**

$$\text{Si } \mathbf{0 \leqslant q < 1} \text{ alors } \lim_{n \to +\infty} \left(\mathbf{1 + q + q^2 + \ldots + q^n}\right) = \frac{\mathbf{1}}{\mathbf{1 - q}}$$

Méthodes

1 Étudier la limite de suites géométriques

Étudier la limite des suites de termes généraux :

$$u_n = \left(\frac{\sqrt{2}}{2}\right)^n \text{ ; } v_n = \frac{1}{2^n} \text{ et } w_n = \frac{1-2^n}{3^n}.$$

CONSEILS

Pour la suite (u_n), appliquez le théorème ; pour (v_n), remarquez que $\frac{1}{2^n} = \left(\frac{1}{2}\right)^n$; pour (w_n), « distribuez » le dénominateur.

SOLUTION

- L'arrondi au dixième de $\frac{\sqrt{2}}{2}$ est 0,7 donc $0 \leqslant \frac{\sqrt{2}}{2} < 1$ donc $\lim\limits_{n \to +\infty} u_n = 0$.
- On a pour tout $n \in \mathbb{N}$, $v_n = \left(\frac{1}{2}\right)^n$ et $0 \leqslant \frac{1}{2} < 1$ donc $\lim\limits_{n \to +\infty} v_n = 0$.
- Pour tout $n \in \mathbb{N}$, $w_n = \frac{1}{3^n} - \frac{2^n}{3^n} = \left(\frac{1}{3}\right)^n - \left(\frac{2}{3}\right)^n$. De plus, $0 \leqslant \frac{1}{3} < 1$ et $0 \leqslant \frac{2}{3} < 1$ donc $\lim\limits_{n \to +\infty} \left(\frac{1}{3}\right)^n = \lim\limits_{n \to +\infty} \left(\frac{2}{3}\right)^n = 0$, d'où par différence $\lim\limits_{n \to +\infty} w_n = 0$.

2 Déterminer la limite d'une somme de termes consécutifs

Soit n un entier naturel non nul. Déterminer la limite des sommes suivantes :

$S_n = 1 + 0{,}25 + 0{,}25^2 + \ldots + 0{,}25^n$

$T_n = 1 + \frac{1}{2} + \frac{1}{2^2} + \ldots + \frac{1}{2^n}$

$D_n = 0{,}1 + 0{,}01 + \ldots + 0{,}1^n$

CONSEILS

Pour S_n, appliquez directement le théorème ; pour T_n, considérez une suite géométrique de raison $\frac{1}{2}$; pour D_n, remarquez qu'il manque le premier terme pour pouvoir appliquer directement le théorème.

SOLUTION

- On a $\lim\limits_{n \to +\infty} \left(1 + 0{,}25 + 0{,}25^2 + \ldots + 0{,}25^n\right) = \frac{1}{1 - 0{,}25}$ donc $\lim\limits_{n \to +\infty} S_n = \frac{4}{3}$.
- Pour tout $n \in \mathbb{N}$, $T_n = 1 + \frac{1}{2} + \left(\frac{1}{2}\right)^2 + \ldots + \left(\frac{1}{2}\right)^n$ donc $\lim\limits_{n \to +\infty} T_n = \frac{1}{1 - \frac{1}{2}}$ soit $\lim\limits_{n \to +\infty} T_n = 2$.
- Pour tout $n \in \mathbb{N}$, $D_n = 1 + 0{,}1 + 0{,}1^2 + \ldots + 0{,}1^n - 1$ donc $\lim\limits_{n \to +\infty} D_n = \frac{1}{1 - 0{,}1} - 1$ soit $\lim\limits_{n \to +\infty} D_n = \frac{1}{9}$.

3 Suites arithmético-géométriques

En bref *La plupart des suites ne sont ni arithmétiques ni géométriques. On utilise parfois une suite auxiliaire arithmétique ou géométrique pour étudier des suites quelconques. C'est le cas pour les suites arithmético-géométriques qui peuvent modéliser l'évolution d'une population.*

I Définition

Soient a et b deux réels et (u_n) une suite telle que pour tout entier naturel n :

$$u_{n+1} = au_n + b$$

Si a est différent de 0 et de 1, et si b est différent de 0, on dit que la suite (u_n) est **arithmético-géométrique**.

À NOTER

On peut remarquer que si $a = 1$, la suite est arithmétique et que si $b = 0$, la suite est géométrique ; enfin, si $a = 0$, la suite est constante à partir du rang 1.

II Solution particulière constante

Théorème :

Soient a et b deux réels, $a \neq 1$. Il existe une unique suite **constante** (c_n) telle que pour tout entier naturel n, $c_{n+1} = ac_n + b$; elle vérifie, pour tout entier naturel n, $c_n = \dfrac{b}{1-a}$.

III Utilisation de la suite auxiliaire constante

Soient a et b deux réels et (u_n) une suite arithmético-géométrique, telle que pour tout entier naturel n, $u_{n+1} = au_n + b$.

- **Théorème :** La suite définie, pour tout entier naturel n, par $v_n = u_n - \dfrac{b}{1-a}$ est une suite géométrique de raison a.
- *Conséquences :*
  - Pour tout entier naturel n, $v_n = v_0 a^n$ avec $v_0 = u_0 - \dfrac{b}{1-a}$.
  - Pour tout entier naturel n, $u_n = v_0 a^n + \dfrac{b}{1-a}$.
  - Si $0 \leqslant a < 1$ alors $\lim\limits_{n \to +\infty} u_n = \dfrac{b}{1-a}$.
- *Remarque :* Si la suite (u_n) est définie à partir du rang 1, on a pour tout entier naturel n non nul, $v_n = v_1 a^{n-1}$ avec $v_1 = u_1 - \dfrac{b}{1-a}$ et $u_n = v_1 a^{n-1} + \dfrac{b}{1-a}$.

Méthodes

1 Déterminer une solution constante

On considère la suite (u_n) définie pour tout $n \in \mathbb{N}$ par :

$$\begin{cases} u_0 = 1 \\ u_{n+1} = 3u_n + 2 \end{cases}$$

Déterminer une suite constante vérifiant la même relation de récurrence que la suite (u_n).

CONSEIL
Il suffit de résoudre l'équation $x = 3x + 2$.

SOLUTION

Pour $x \in \mathbb{R}$, $x = 3x + 2 \Leftrightarrow -2x = 2 \Leftrightarrow x = -1$.

La suite constante de terme général $c_n = -1$ vérifie, pour tout $n \in \mathbb{N}$, $c_{n+1} = 3c_n + 2$.

En effet, si $c_n = -1$, alors $3c_n + 2 = 3 \times (-1) + 2 = -1 = c_{n+1}$.

2 Utiliser une suite auxiliaire constante

On considère la suite (u_n) définie pour tout $n \in \mathbb{N}$ par :

$$\begin{cases} u_0 = 1 \\ u_{n+1} = 3u_n + 2 \end{cases}$$

a. Montrer que la suite de terme général $v_n = u_n + 1$ est géométrique. En donner le premier terme et la raison.

b. En déduire, pour tout entier naturel n, les expressions de v_n puis de u_n en fonction de n.

CONSEILS
Pour montrer que la suite (v_n) est géométrique, exprimez v_{n+1} en fonction de u_{n+1} ; déduisez-en v_{n+1} en fonction de u_n ; concluez en factorisant par 3.
On rappelle pour la fin de la question qu'une suite géométrique de raison k a pour terme général $v_0 \times k^n$ et on remarque que $u_n = v_n - 1$.

SOLUTION

a. Pour tout $n \in \mathbb{N}$, $v_{n+1} = u_{n+1} + 1 = 3u_n + 2 + 1 = 3(u_n + 1) = 3v_n$.

Ainsi, la suite (v_n) est géométrique de raison 3, de premier terme $u_0 + 1 = 2$.

b. Pour tout $n \in \mathbb{N}$, $v_n = 2 \times 3^n$.

Pour tout $n \in \mathbb{N}$, $v_n = u_n + 1$ d'où $u_n = v_n - 1$ soit $u_n = 2 \times 3^n - 1$.

SUITES

Comment démontrer qu'une suite admet une limite ?

Trouver la limite d'une suite

Par comparaison

- Si, à partir d'un certain rang, une suite devient supérieure à une suite dont la limite est $+\infty$, alors elle admet également $+\infty$ pour limite.
- Si une suite devient, à partir d'un certain rang, inférieure à une suite de limite $-\infty$, alors elle admet également pour limite $-\infty$.

Par encadrement

- Toute suite comprise entre deux suites convergeant vers le même réel ℓ converge vers ce réel ℓ.

Qu'est-ce que la limite finie ou infinie d'une suite ?

Limite finie ou infinie

Limite infinie

Une suite admet pour limite $+\infty$ si elle dépasse tout réel A à partir d'un certain rang.

Limite finie

Une suite admet pour limite finie ℓ si elle reste aussi proche de ℓ que l'on veut à partir d'un certain rang.

Comment déterminer la limite d'une suite géométrique de raison positive ?

Suite géométrique de raison positive

Limite

On compare sa raison q aux réels 0 et 1 :

$$\text{Si } 0 \leqslant q < 1, \text{ alors } \lim_{n \to +\infty} q^n = 0$$

Limite de la somme des termes consécutifs

Si $0 \leqslant q < 1$, alors :

$$\lim_{n \to +\infty} \left(1 + q + q^2 + \ldots + q^n\right) = \frac{1}{1-q}$$

Comment déterminer la limite d'une suite à l'aide d'opérations ?

Opérations sur les limites

Somme

limite de u	ℓ	ℓ	ℓ	$+\infty$	$-\infty$	$+\infty$
limite de v	ℓ'	$+\infty$	$-\infty$	$+\infty$	$-\infty$	$-\infty$
limite de u + v	$\ell+\ell'$	$+\infty$	$-\infty$	$+\infty$	$-\infty$	

Produit

limite de u	ℓ	$\ell>0$	$\ell<0$	0	$+\infty$	$-\infty$	$-\infty$
limite de v	ℓ'	$+\infty$	$+\infty$	$+\infty$	$+\infty$	$+\infty$	$-\infty$
limite de u × v	$\ell\times\ell'$	$+\infty$	$-\infty$		$+\infty$	$-\infty$	$+\infty$

Inverse

limite de u	$\ell\neq0$	0	0	$+\infty$	$-\infty$
limite de 1/u	$1/\ell$	$u>0$: $+\infty$	$u<0$: $-\infty$	0	0

Quotient

limite de u	ℓ	ℓ	$+\infty$	0	$+\infty$	$-\infty$
limite de v	$\ell'\neq0$	$+\infty$	0	0	$+\infty$	$+\infty$
limite de u/v	ℓ/ℓ'	0	$v>0$: $+\infty$			

NUMÉRIQUES

Comment étudier une suite arithmético-géométrique ?

Suite arithmético-géométrique

Reconnaître une suite arithmético-géométrique

S'il existe deux réels a et b ($a\neq0$ et $b\neq0$) tels que pour tout entier naturel n, $u_{n+1}=au_n+b$, alors la suite (u_n) est arithmético-géométrique.

Étudier une suite arithmético-géométrique

- On cherche tout d'abord une suite constante (c_n) vérifiant $c_{n+1}=ac_n+b$. En résolvant l'équation $x=ax+b$, on trouve $x=\dfrac{b}{1-a}$.
- On montre que la suite de terme général $v_n=u_n-c$ est géométrique de raison a et de premier terme $v_0=u_0-\dfrac{b}{1-a}$.

Pour tout $n\in\mathbb{N}$:

– on exprime v_n en fonction de n : $v_n=v_0\times a^n$.

– on exprime u_n en fonction de n : $u_n=v_n+\dfrac{b}{1-a}$.

– on trouve finalement : $u_n=\left(u_0-\dfrac{b}{1-a}\right)a^n+\dfrac{b}{1-a}$.

SE TESTER QUIZ

Vérifiez que vous avez bien compris les points clés des **fiches 1 à 3**.

1 Limites de suites par comparaison ou encadrement → FICHE 1

1. La suite de terme général $n+(-1)^n$ admet pour limite :

☐ **a.** $-\infty$ ☐ **b.** $+\infty$ ☐ **c.** 0

2. La suite de terme général $\dfrac{(-1)^n}{n}$ admet pour limite :

☐ **a.** $-\infty$ ☐ **b.** $+\infty$ ☐ **c.** 0

2 Limites de suites et opérations → FICHE 1

1. La suite de terme général $n+n^2-30\,000$ admet pour limite :

☐ **a.** $-\infty$ ☐ **b.** $+\infty$ ☐ **c.** 0

2. Si (u_n) est une suite de limite $+\infty$ alors :

☐ **a.** $\lim\limits_{n\to+\infty}\dfrac{1}{u_n}=0$ ☐ **b.** $\lim\limits_{n\to+\infty}\dfrac{1}{u_n}=+\infty$ ☐ **c.** $\lim\limits_{n\to+\infty}\dfrac{1}{u_n}=1$

3 Suites géométriques → FICHE 2

1. La suite de terme général $1-0{,}1^n$ admet pour limite :

☐ **a.** 1 ☐ **b.** $-\infty$ ☐ **c.** $+\infty$

2. La suite de terme général $1+\dfrac{1}{3^n}$ admet pour limite :

☐ **a.** 1 ☐ **b.** $+\infty$ ☐ **c.** 0

3. La suite de terme général $3+\dfrac{3}{2}+\dfrac{3}{4}+\ldots+\dfrac{3}{2^n}$ admet pour limite :

☐ **a.** 0 ☐ **b.** $\dfrac{3}{2}$ ☐ **c.** 6

4 Suites arithmético-géométriques → FICHE 3

1. La suite qui, pour tout $n\in\mathbb{N}$, vérifie $u_{n+1}=2u_n+1$ est :

☐ **a.** arithmétique ☐ **b.** géométrique ☐ **c.** arithmético-géométrique

2. Si une suite (u_n) vérifie, pour tout $n\in\mathbb{N}$, $u_{n+1}=2u_n+1$, alors la suite de terme général $v_n=u_n+1$ est une suite :

☐ **a.** arithmétique de raison 1

☐ **b.** géométrique de raison 2

☐ **c.** géométrique de raison 1

3. La suite de terme général $125\times0{,}95^n+1010$ admet pour limite :

☐ **a.** 125 ☐ **b.** 0 ☐ **c.** 1010

DÉMONSTRATION CLÉ

5 Établir la limite de $1 + q + \ldots + q^n$ pour $q \in [0\ ;\ 1[$

→ FICHE 2

Soit q un réel tel que $0 \leqslant q < 1$.

a. Soit n un entier naturel. Rappeler l'expression de $1 + q + \ldots + q^n$ en fonction de q et de n.

b. Donner la limite de la suite de terme général q^n.

c. En déduire la limite de la suite de terme général $1 + q + \ldots + q^n$.

S'ENTRAÎNER

6 Modéliser la croissance d'une plante

→ FICHE 2

On repique des plants de 10 cm de haut sous une serre. On sait que la taille maximale de ces plants est 1 m. On observe que 15 jours plus tard, ces plants mesurent en moyenne 19 cm. On note p_n la taille d'un plant en cm le n-ième jour. On a donc $p_0 = 10$ et $p_{15} = 19$.

À NOTER
Si on avait choisi de commencer la suite au rang 1, on aurait eu $p_1 = 10$ et $p_{16} = 19$.

On suppose que les plants grandissent de 4,4 % par jour.

a. Montrer que ce modèle est en accord avec leur taille au bout de 15 jours.

b. Pourquoi ce modèle n'est-il tout de même pas satisfaisant ?

CONSEIL
Déterminez la valeur de p_{60}.

On mesure les plants tous les 15 jours et on suppose qu'il existe un réel k non nul tel que, pour tout entier naturel n, $t_n = \dfrac{100}{9k^n + 1}$, où t_n désigne la taille d'un plant en cm au bout de n mesures.

c. Vérifier que $t_0 = 10$.

d. On rappelle que $p_{15} = 19$. En déduire la valeur de k.

e. Montrer que ce modèle est en accord avec les données de l'énoncé.

7 Calculer la rémunération d'un placement à taux fixe

→ FICHE 2

Pendant 20 ans, une personne place, au début de chaque année, 100 € au taux de 5 % l'an. On note C_n le montant en euros acquis au bout de n années. On a ainsi $C_0 = 100$.

a. Montrer que $C_1 = 105$ et que $C_2 = 215{,}25$.

b. Montrer que $C_{20} = 100 \times 1{,}05^{20} + 100 \times 1{,}05^{19} + \ldots + 100 \times 1{,}05$.

c. En déduire la somme acquise par cette personne au bout de 20 ans.

8 Étudier une suite arithmético-géométrique

→ FICHES 2 et 3

On considère la suite (a_n) telle que $a_0 = \frac{1}{10}$ et, pour tout entier naturel n, $a_{n+1} = 0{,}4a_n + 0{,}2$. On pose, pour tout entier naturel n, $v_n = a_n - \frac{1}{3}$.

a. Démontrer que la suite (v_n) est géométrique de raison 0,4 et de premier terme $v_0 = -\frac{7}{30}$.

b. Exprimer v_n en fonction de n et en déduire que, tout entier naturel n :

$$a_n = \frac{1}{3}\left(1 - 0{,}7 \times 0{,}4^n\right)$$

c. Déduire de ce qui précède la limite de la suite (a_n).

9 Étudier l'évolution d'une population

→ FICHE 3

Un organisme étudie l'évolution de la population d'un pays et constate que la population a un taux d'accroissement naturel annuel de 14 pour mille.
De plus, chaque année, 12 000 personnes arrivent dans ce pays et 5 000 personnes le quittent. En 2020, la population de ce pays est 75 millions d'habitants.
On suppose que l'évolution ultérieure obéit au modèle ci-dessus.
On note P_n la population de l'année 2020 + n exprimée en milliers d'habitants.

CONSEIL
Faites attention aux unités : P_n représente le nombre de milliers d'habitants.

a. Déterminer P_0, P_1 et P_2.

b. Soit n un entier naturel, justifier l'égalité $P_{n+1} = 1{,}014P_n + 7$.

c. La suite (P_n) est-elle arithmétique ? géométrique ?

On considère la suite de terme général $Q_n = P_n + 500$.

d. Calculer Q_0, Q_1 et Q_2 puis $\frac{Q_1}{Q_0}$ et $\frac{Q_2}{Q_1}$. Que peut-on conjecturer ?

e. Démontrer que la suite (Q_n) est géométrique et, pour tout entier naturel n, exprimer Q_n en fonction de n.

f. Exprimer alors, pour tout entier naturel n, P_n en fonction de n.

Que vaut P_{21} ? Interpréter le résultat.

10 Utiliser des suites auxiliaires arithmétiques ou géométriques

→ FICHES 2 et 3

La suite (u_n) est définie par $u_1 = -\frac{1}{2}$ et pour $n \in \mathbb{N}^*$, $u_{n+1} = \frac{1}{2}u_n + n - 1$.

On définit la suite (v_n) pour tout entier $n > 0$ par $v_n = 4u_n - 8n + 24$.

CONSEIL
Conjecturez la raison de la suite géométrique (v_n).

a. Démontrer que (v_n) est une suite géométrique.

b. Soit n un entier naturel non nul. Exprimer v_n en fonction de n.

Montrer que $u_n = 2n - 6 + 7 \times \left(\frac{1}{2}\right)^n$.

c. Déterminer la limite de la suite (u_n).

d. Soit $n \in \mathbb{N}^*$, déterminer en fonction de n, $s_n = u_1 + u_2 + \ldots + u_n$.

e. Déterminer la limite de la suite (s_n).

CONSEIL
Trouvez deux suites auxiliaires (l'une arithmétique, l'autre géométrique) pour décomposer (u_n).

11 Prédire un nombre de vélos

→ FICHES 2 et 3

La société Vélibre, spécialisée dans la location de vélos, a été créée en janvier 2010 avec un parc de 150 vélos neufs. Afin de conserver un parc de bonne qualité, le directeur de la société décide :

– de racheter 40 vélos neufs en janvier de chaque année ;

– de revendre 20 % des vélos en janvier 2011 et en janvier 2012 ;

– de revendre 20 % des vélos les plus usagés en janvier de chaque année suivante.

On note U_n le nombre de vélos du parc en janvier de l'année 2010 + n.

1. Montrer que $U_1 = 160$ et calculer U_2.

2. Montrer que la suite (U_n) est arithmético-géométrique.

3. Pour connaître l'évolution du nombre approximatif de vélos du parc, le directeur utilise un tableur. Voici un extrait de sa feuille de calcul :

	A	B	C	D
1	Valeur de n	Valeur de U_n	Valeur de n	Valeur de U_n
2	0	150	18	199,10
3	1	160	19	199,28
4	2	168	20	199,42
5	3	174,4	21	199,54
6	4	179,52	22	199,63
7	5	183,62	23	199,70
8	6	186,89	24	199,76
9	7	189,51	25	199,81
10	8	191,61	26	199,85
11	9	193,29	27	199,88
12	10	194,63	28	199,90
13	11	195,71	29	199,92
14	12	196,56	30	199,94

a. Conjecturer le sens de variation de la suite (U_n).

b. Quelle semble être la limite de la suite (U_n) ?

4. On admet que pour tout entier naturel n, $U_n = 200 - 50 \times 0{,}8^n$.

a. Déterminer la limite de la suite (U_n).

b. Montrer que, pour tout nombre entier naturel n, $U_{n+1} - U_n = 10 \times 0{,}8^n$.

c. En déduire le sens de variation de la suite (U_n).

5. La municipalité prévoit d'implanter de nouvelles bornes dans la ville afin d'offrir aux usagers 250 emplacements. La société Vélibre pourra-t-elle satisfaire cette demande ? Argumenter la réponse.

12 Observer et étudier une suite de nombres

→ FICHES 1 et 2

1. On donne ci-dessous la représentation graphique des 16 premiers termes d'une suite (u_n) dans le plan muni d'un repère orthogonal.

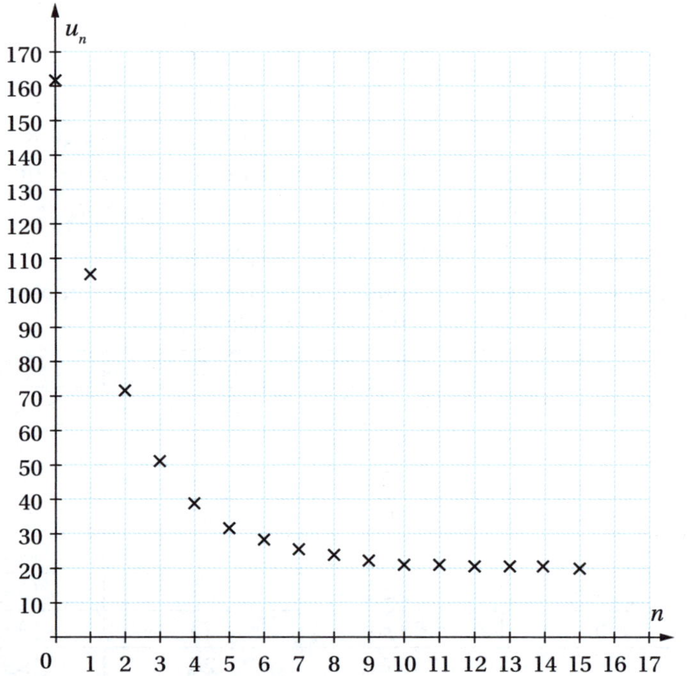

Conjecturer la limite de la suite (u_n).

2. Les quatre premiers termes de la suite ont été calculés avec un tableur :

n	u_n
0	161
1	104,6
2	70,76
3	50,456

La suite (u_n) peut-elle être une suite géométrique ? Justifier la réponse.

3. La suite (u_n) observée précédemment est définie pour tout entier naturel n par $u_{n+1} = 0{,}6u_n + 8$ et $u_0 = 161$.

a. Calculer u_4.

b. Soit (v_n) la suite définie pour tout entier naturel n par $v_n = u_n - 20$.

Montrer que la suite (v_n) est une suite géométrique. On en précisera le premier terme et la raison.

c. Donner l'expression de v_n en fonction de n, puis l'expression de u_n en fonction de n.

d. Déterminer la limite de la suite (v_n) et en déduire celle de la suite (u_n).

OBJECTIF BAC

13 Modéliser l'évolution d'une population

50 min

→ FICHES 1 et 3

Ce sujet vous propose d'étudier l'évolution d'une population de coccinelles, selon différents modèles qui dépendent d'un paramètre traduisant l'influence de l'environnement.

LE SUJET

On se propose d'étudier l'évolution d'une population de coccinelles à l'aide d'un modèle utilisant la fonction logistique f définie par $f(x) = kx(1-x)$, k étant un paramètre réel qui dépend de l'environnement.

L'effectif des coccinelles, exprimé en millions d'individus, est donné pour l'année n par un nombre réel u_n.

On admet que l'évolution obéit à la relation $u_{n+1} = f(u_n)$.

1. Supposons que $u_0 = 0{,}2$ et $k = 0{,}5$.

a. Calculer u_1 et u_2.

b. En remarquant que $0 \leqslant 1 - u_0 \leqslant 1$ et $0{,}5u_0 \geqslant 0$, montrer que $0 \leqslant u_1 \leqslant 0{,}5u_0$, $0 \leqslant u_2 \leqslant 0{,}5^2 u_0$ et $0 \leqslant u_3 \leqslant 0{,}5^3 u_0$.

On admettra plus généralement que pour tout $n \in \mathbb{N}$, $0 \leqslant u_n \leqslant 0{,}5^n u_0$.

c. Quelle est la limite de la suite (u_n) ?

d. Que peut-on dire de l'évolution à long terme de la population de coccinelles avec ces hypothèses ?

2. Supposons maintenant que $u_0 = 0{,}4$ et $k = 1{,}5$.

a. On pose pour tout entier naturel n, $v_n = 3u_n - 1$.

Calculer v_0, v_1 et v_2. Que remarque-t-on ?

b. Démontrer que pour tout entier naturel n, $v_{n+1} = 0{,}5v_n(1 - v_n)$.

c. En déduire la limite de la suite (v_n) puis celle de la suite (u_n).

d. Que peut-on dire de l'évolution à long terme de la population de coccinelles avec ces hypothèses ?

3. On a représenté la fonction f dans le cas où $u_0 = 0{,}6$ et $k = 3{,}2$.

En utilisant ce graphique, formuler une conjecture sur l'évolution de la population dans ce cas.

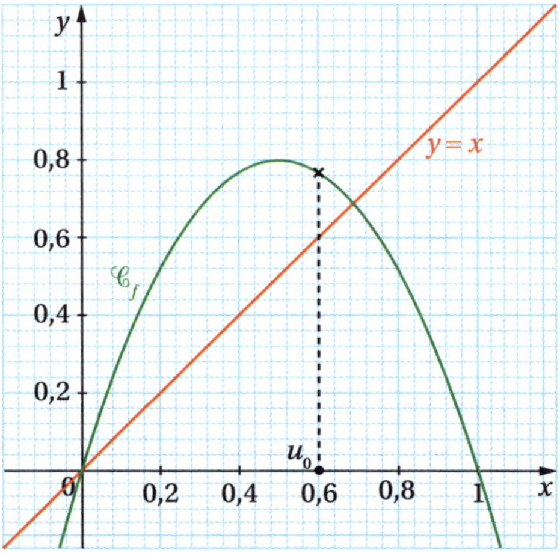

LIRE LE SUJET

1. a. Utilisez la relation de récurrence définissant la suite (u_n), et son premier terme.
b. Encadrez d'abord $1 - u_0$ puis u_1. Procédez de même pour les autres encadrements.
c. Utilisez les inégalités précédentes en remarquant que l'on a fait apparaître le terme général d'une suite géométrique de raison positive strictement inférieure à 1.
d. Interprétez la limite en nombre d'individus au bout d'un grand nombre d'années.

2. a. Comparez les résultats obtenus avec ceux de la question 1. a.
b. Utilisez les égalités définissant les suites (u_n) et (v_n).
c. Pensez à utiliser les résultats de la question 1. pour déterminer la limite de la suite (v_n). Déduisez-en la limite de la suite (u_n).
d. Interprétez la limite en nombre d'individus au bout d'un grand nombre d'années.

3. Représentez les premiers termes de la suite sur l'axe des abscisses en utilisant la courbe représentative de f et la droite d'équation $y = x$.

LA FEUILLE DE ROUTE

1. a. Calculer les premiers termes d'une suite

Utilisez la relation $u_1 = f(u_0) = ku_0(1 - u_0)$. De même pour $u_2 = f(u_1)$.

b. Encadrer les termes d'une suite

Encadrez u_1 grâce aux inégalités $0 \leqslant 1 - u_0 \leqslant 1$ et $0{,}5u_0 \geqslant 0$. Procédez de la même manière pour u_2 et u_3.

c. Déterminer la limite d'une suite

Toute suite géométrique de raison q telle que $0 \leqslant q < 1$ admet pour limite 0. La suite (u_n) est donc encadrée par deux suites de limite nulle. Concluez grâce au théorème des gendarmes.

d. Interpréter une limite

La limite obtenue correspond au nombre de coccinelles restant au bout d'un grand nombre d'années.

2. a. Calculer les premiers termes d'une suite et analyser les résultats

On a $v_0 = 3u_0 - 1$, et des formules analogues pour v_1 et v_2. Les premiers termes obtenus correspondent à ceux de la suite définie à la question **1.**

b. Exprimer v_{n+1} en fonction de v_n

Exprimez v_{n+1} en fonction de u_n, puis faire de même avec $0{,}5v_n(1 - v_n)$.

c. Calculer la limite d'une suite

Montrez que la suite (v_n) a pour limite 0. Déduisez la limite de la suite (u_n) en partant de l'égalité $u_n = \dfrac{v_n + 1}{3}$.

d. Interpréter une limite

Concluez par un raisonnement analogue à celui de la question **1. d.**

3. Conjecturer à l'aide d'un graphique le comportement d'une suite

Vous savez que $u_1 = f(u_0)$ donc u_1 est l'ordonnée du point de $\mathscr{C}_f$ d'abscisse u_0. Grâce à la droite d'équation $y = x$, vous reportez u_1 sur l'axe des abscisses puis déterminez graphiquement u_2 et ainsi de suite...

Conjecturez alors la limite de la suite (u_n).

CORRIGÉS

SE TESTER QUIZ

1 Limites de suites par comparaison ou encadrement

1. Réponse b. Pour tout $n \in \mathbb{N}$, $(-1)^n \geqslant -1$ donc $n + (-1)^n \geqslant n - 1$.

Or $\lim\limits_{n \to +\infty} (n-1) = +\infty$. On conclut grâce au théorème de comparaison.

> **À NOTER**
> Il est inutile d'encadrer ici : il suffit de comparer deux suites.

2. Réponse c. Pour tout $n \in \mathbb{N}$, $-1 \leqslant (-1)^n \leqslant 1$ donc $-\dfrac{1}{n} \leqslant \dfrac{(-1)^n}{n} \leqslant \dfrac{1}{n}$. Or, $\lim\limits_{n \to +\infty} \dfrac{1}{n} = 0$, donc d'après le théorème des gendarmes, $\lim\limits_{n \to +\infty} \dfrac{(-1)^n}{n} = 0$.

2 Limites de suites et opérations

1. Réponse b. On a $\lim\limits_{n \to +\infty} n = +\infty$, $\lim\limits_{n \to +\infty} n^2 = +\infty$. Par somme, on obtient que $\lim\limits_{n \to +\infty} \left(n + n^2 - 30\,000\right) = +\infty$.

2. Réponse a. D'après la limite de l'inverse d'une suite, $\lim\limits_{n \to +\infty} \dfrac{1}{u_n} = 0$.

3 Suites géométriques

1. Réponse a. $0 \leqslant 0{,}1 < 1$, donc $\lim\limits_{n \to +\infty} 0{,}1^n = 0$ et $\lim\limits_{n \to +\infty} \left(1 - 0{,}1^n\right) = 1$.

2. Réponse a. Pour tout $n \in \mathbb{N}$, $\dfrac{1}{3^n} = \left(\dfrac{1}{3}\right)^n$ et $0 \leqslant \dfrac{1}{3} < 1$. Or $\lim\limits_{n \to +\infty} \left(\dfrac{1}{3}\right)^n = 0$. Donc $\lim\limits_{n \to +\infty} \left(1 + \dfrac{1}{3^n}\right) = 1$.

3. Réponse c. Pour tout $n \in \mathbb{N}$, $3 + \dfrac{3}{2} + \dfrac{3}{4} + \ldots + \dfrac{3}{2^n} = 3\left(1 + \dfrac{1}{2} + \ldots + \dfrac{1}{2^n}\right)$. Or $\lim\limits_{n \to +\infty} \left(1 + \dfrac{1}{2} + \ldots + \dfrac{1}{2^n}\right) = \dfrac{1}{1 - \dfrac{1}{2}} = 2$, donc $\lim\limits_{n \to +\infty} \left(3 + \dfrac{3}{2} + \dfrac{3}{4} + \ldots + \dfrac{3}{2^n}\right) = 6$.

4 Suites arithmético-géométriques

1. Réponse c. Immédiat d'après la définition avec $a = 2$ et $b = 1$.

2. Réponse b. On a $v_{n+1} = u_{n+1} + 1 = 2u_n + 1 + 1 = 2(u_n + 1) = 2v_n$, pour tout $n \in \mathbb{N}$. On a donc bien une suite géométrique de raison 2.

3. Réponse c. On a $0 \leqslant 0{,}95 < 1$, donc $\lim\limits_{n \to +\infty} 0{,}95^n = 0$. Par produit et somme, on obtient que $\lim\limits_{n \to +\infty} \left(125 \times 0{,}95^n + 1010\right) = 1010$.

DÉMONSTRATION CLÉ

5 Établir la limite de $1 + q + \dots + q^n$ pour $q \in [0 ; 1[$

a. Soient $n \in \mathbb{N}$ et $q \neq 1$, on a $1 + q + \dots + q^n = \dfrac{1-q^{n+1}}{1-q}$.

b. On a $0 \leqslant q < 1$, donc $\lim\limits_{n \to +\infty} q^n = 0$.

c. On a $\lim\limits_{n \to +\infty} q^{n+1} = 0$. On a donc $\lim\limits_{n \to +\infty} (1 + q + \dots + q^n) = \dfrac{1}{1-q}$.

À NOTER

Les suites de termes généraux u_n et u_{n+1} ont, si elle existe, la même limite.

S'ENTRAÎNER

6 Modéliser la croissance d'une plante

→ FICHE 2

a. Chaque jour, le plant grandit de 4,4 % par rapport au jour précédent, donc $p_{n+1} = \left(1 + \dfrac{4,4}{100}\right) \times p_n = 1,044 \times p_n$. La suite (p_n) est donc géométrique, de raison 1,044 et de premier terme $p_0 = 10$. On a donc pour tout $n \in \mathbb{N}$, $p_n = 10 \times 1,044^n$. En particulier, $p_{15} = 10 \times 1,044^{15} \approx 19,1$ cm, ce qui ne contredit pas les données.

b. En revanche, $p_{60} = 10 \times 1,044^{60} \approx 132$ cm, ce qui est impossible puisque la taille maximale des plants est 1 m.

c. On a $t_0 = \dfrac{100}{9 \times k^0 + 1} = \dfrac{100}{9 \times 1 + 1}$. Donc $t_0 = 10$, ce qui correspond bien à la taille des plants repiqués.

d. On a $p_{15} = 19$ donc $t_1 = \dfrac{100}{9k+1} = 19 \Leftrightarrow 100 = 171k + 19 \Leftrightarrow k = \dfrac{100-19}{171}$.

Donc $k = \dfrac{9}{19}$.

e. Pour tout entier n, $9k^n + 1 > 1$, donc $\dfrac{100}{9k^n+1} < 100$. Donc, suivant ce modèle, la taille des plans ne dépassera pas 1 m.

7 Calculer la rémunération d'un placement à taux fixe

a. On a $C_1 = C_0 \times \left(1 + \dfrac{5}{100}\right) = 1,05 \times 100$ donc $C_1 = 105$.

On ajoute 100 €. Il y a donc $1,05 \times 100 + 100$ € au début de la deuxième année. Ainsi, on a $C_2 = 1,05 \times (1,05 \times 100 + 100)$, soit $C_2 = 215,25$.

b. De la même façon, $C_3 = 1{,}05 \times (C_2 + 100) = 1{,}05C_2 + 1{,}05 \times 100$ avec $C_2 = 100 \times 1{,}05^2 + 100 \times 1{,}05$ d'où $C_3 = 100 \times 1{,}05^3 + 100 \times 1{,}05^2 + 100 \times 1{,}05$. De proche en proche, on obtient :

$$C_{20} = 100 \times 1{,}05^{20} + 100 \times 1{,}05^{19} + \ldots + 100 \times 1{,}05$$

c. $C_{20} = 100 \times 1{,}05\left(1 + 1{,}05 + \ldots + 1{,}05^{19}\right) = 105 \times \dfrac{1 - 1{,}05^{20}}{1 - 1{,}05} = 2100\left(1{,}05^{20} - 1\right)$.

La personne aura acquis **3 471,93 €** (au centime près) au bout de 20 ans.

8 Étudier une suite arithmético-géométrique

a. Pour tout $n \in \mathbb{N}$, on a $v_{n+1} = a_{n+1} - \dfrac{1}{3}$. Or $a_{n+1} = 0{,}4a_n + 0{,}2$. Donc

$v_{n+1} = 0{,}4\, a_n + 0{,}2 - \dfrac{1}{3} = 0{,}4\, a_n - \dfrac{0{,}4}{3} = 0{,}4\left(a_n - \dfrac{1}{3}\right) = 0{,}4 \times v_n$.

De plus, $v_0 = a_0 - \dfrac{1}{3} = \dfrac{1}{10} - \dfrac{1}{3} = -\dfrac{7}{30}$.

La suite (v_n) est géométrique de raison 0,4 et de premier terme $v_0 = -\dfrac{7}{30}$.

b. On a donc pour tout entier naturel n, $v_n = -\dfrac{7}{30} \times 0{,}4^n$.

Or $v_n = a_n - \dfrac{1}{3}$, donc $a_n = v_n + \dfrac{1}{3} = -\dfrac{7}{30} \times 0{,}4^n + \dfrac{1}{3}$.

Ainsi, $a_n = \dfrac{1}{3}\left(1 - 0{,}7 \times 0{,}4^n\right)$.

c. $0 < 0{,}4 < 1$ donc $\lim\limits_{n \to +\infty} 0{,}4^n = 0$ et $\lim\limits_{n \to +\infty} a_n = \dfrac{1}{3}$.

9 Étudier l'évolution d'une population

a. • P_0 correspond à la population en 2020 en milliers d'habitants, donc **$P_0 = 75\,000$.**

• Cette population augmente en un an de 14 pour mille, soit de 75 000 × 0,014 milliers d'habitants, auxquels il faut ajouter le solde migratoire, soit 12 – 5 = 7 milliers d'habitants.
On a donc $P_1 = 75000 + 0{,}014 \times 75000 + 7$, soit **$P_1 = 76\,057$.**

• De manière analogue, on obtient $P_2 = 76057 + 0{,}014 \times 76057 + 7$, soit **$P_2 = 77\,128{,}798$.**

b. La population du pays en 2020 + n est P_n en milliers d'habitants. Cette population augmente en un an de 14 pour mille, soit de $P_n \times 0{,}014$ milliers d'habitants, auxquels il faut ajouter le solde migratoire égal à 7 milliers d'habitants. Ainsi, la population du pays en 2020 + $(n + 1)$ est, en milliers d'habitants, $P_{n+1} = P_n + 0{,}014 \times P_n + 7 = 1{,}014 \times P_n + 7$.

c. • $P_1 - P_0 = 1057$ et $P_2 - P_1 = 1\,071{,}798$, donc $P_1 - P_0 \neq P_2 - P_1$, et **la suite n'est pas arithmétique.**

• $\frac{P_1}{P_0} \approx 1{,}014093$ et $\frac{P_2}{P_1} \approx 1{,}014092$, donc $\frac{P_2}{P_1} \neq \frac{P_1}{P_0}$, et **la suite n'est pas géométrique.**

À NOTER
En fait, pour tout entier naturel n, $P_{n+1} = 1{,}014 \times P_n + 7$ donc la suite (P_n) est une suite arithmético-géométrique.

d. On a $Q_0 = P_0 + 500 =$ **75 500**, $Q_1 = 76\,057 + 500 =$ **76 557** et $Q_2 = 77\,128{,}798 + 500 =$ **77 628,798**
On a alors $\frac{Q_1}{Q_0} = \frac{76557}{75500} =$ **1,014** et $\frac{Q_2}{Q_1} = \frac{77628{,}798}{76557} =$ **1,014**.
On peut conjecturer que **la suite (Q_n) est géométrique de raison 1,014.**

e. Pour tout entier naturel n, $Q_{n+1} = P_{n+1} + 500 = 1{,}014 \times P_n + 7 + 500$ donc $Q_{n+1} = 1{,}014 \times P_n + 507 = 1{,}014\,(P_n + 500) = 1{,}014Q_n$
Donc **la suite (Q_n) est géométrique de raison 1,014.**
Ainsi, pour tout $n \in \mathbb{N}$, $Q_n = Q_0 \times 1{,}014^n$ soit $Q_n = 75\,500 \times 1{,}014^n$.

f. Pour tout $n \in \mathbb{N}$, $P_n = Q_n - 500$ soit $P_n = 75\,500 \times 1{,}014^n - 500$.
Donc $P_{21} = 75\,500 \times 1{,}014^{21} - 500 \approx 100\,598{,}336$ arrondi au millième. Cela signifie que, selon ce modèle, il y aura 100 598 336 habitants en 2041 dans ce pays.

10 Utiliser des suites auxiliaires arithmétiques ou géométriques

a. On a $u_1 = -\frac{1}{2}$ donc $v_1 = 4u_1 - 8 \times 1 + 24 = 14$; $u_2 = \frac{1}{2}u_1 + 1 - 1 = -\frac{1}{4}$ donc $v_2 = 4u_2 - 8 \times 2 + 24 = 7$; $u_3 = \frac{1}{2}u_2 + 2 - 1 = \frac{7}{8}$ donc $v_3 = 4u_3 - 8 \times 3 + 24 = \frac{7}{2}$.
Montrons que (v_n) est une suite géométrique de raison $\frac{1}{2}$. Pour tout $n \in \mathbb{N}^*$,
$v_{n+1} = 4u_{n+1} - 8(n+1) + 24 = 4u_{n+1} - 8n + 16$. Or $u_{n+1} = \frac{1}{2}u_n + n - 1$. Donc on a
$$v_{n+1} = 4\left(\frac{1}{2}u_n + n - 1\right) - 8n + 16 = 2u_n - 4n + 12 = \frac{1}{2}(4u_n - 8n + 24) = \frac{1}{2}v_n.$$
Donc **(v_n) est une suite géométrique de raison $\frac{1}{2}$, de premier terme $v_1 = 14$.**

b. Par définition, on a pour tout $n \in \mathbb{N}^*$, $v_n = 14\left(\frac{1}{2}\right)^{n-1}$.

Pour tout $n \in \mathbb{N}^*$, $v_n = 4u_n - 8n + 24$ donc
$u_n = \frac{1}{4}(v_n + 8n - 24)$ puis $u_n = \frac{1}{4}\left(14\left(\frac{1}{2}\right)^{n-1} + 8n - 24\right)$,
soit $u_n = 7\left(\frac{1}{2}\right)^n + 2n - 6$.

À NOTER
Attention, le premier terme de la suite (v_n) est v_1, donc $v_n = v_1 \times q^{n-1}$.

c. On a $0 < \frac{1}{2} < 1$ donc $\lim\limits_{n \to +\infty} \left(\frac{1}{2}\right)^n = 0$. De plus $\lim\limits_{n \to +\infty} (2n - 6) = +\infty$ donc $\lim\limits_{n \to +\infty} u_n = +\infty$.

d. Pour tout $n \in \mathbb{N}^*$, posons $g_n = 7\left(\frac{1}{2}\right)^n$ et $a_n = 2n - 6$. La suite (g_n) est géométrique de premier terme $g_1 = \frac{7}{2}$ et de raison $\frac{1}{2}$; la suite (a_n) est arithmétique de premier terme $a_1 = -4$ et de raison 2. On a donc pour tout $n \in \mathbb{N}^*$:

$$g_1 + \ldots + g_n = \frac{7}{2} \times \frac{1 - \left(\frac{1}{2}\right)^n}{1 - \frac{1}{2}} = 7\left(1 - \frac{1}{2^n}\right)$$

$$a_1 + \ldots + a_n = 2 \times \frac{n(n+1)}{2} - 6 \times n = n(n-5)$$

Or $s_n = g_1 + \ldots + g_n + a_1 + \ldots + a_n$ donc $s_n = 7\left(1 - \frac{1}{2^n}\right) + n(n-5)$.

e. On a $0 < \frac{1}{2} < 1$ donc $\lim\limits_{n \to +\infty} \left(\frac{1}{2}\right)^n = 0$. De plus $\lim\limits_{n \to +\infty} n(n-5) = +\infty$, donc $\lim\limits_{n \to +\infty} s_n = +\infty$.

11 Prédire un nombre de vélos

1. Il y a en janvier 2010, 150 vélos, donc $U_0 = 150$. On en revend 20 %, il en reste $\left(1 - \frac{20}{100}\right) \times 150 = 120$; on y ajoute 40 vélos neufs. Donc $U_1 = 160$.

De même, $U_2 = 0{,}8 \times U_1 + 40$ donc $U_2 = 168$.

2. En janvier de l'année $2010 + n + 1$, on vend 20 % des vélos, il en reste $0{,}8 \times U_n$, auxquels on ajoute 40 vélos. On a alors $U_{n+1} = 0{,}8U_n + 40$: la suite (U_n) est arithmético-géométrique.

3. a. D'après le tableau, la suite (U_n) semble être strictement croissante, car $U_0 < U_1 < \ldots < U_{30}$.

b. Toujours d'après le tableau, la suite (U_n) semble avoir pour limite 200.

4. a. On a $0 < 0{,}8 < 1$ donc $\lim\limits_{n \to +\infty} 0{,}8^n = 0$ et ainsi $\lim\limits_{n \to +\infty} U_n = 40$.

À NOTER

Pour montrer le résultat admis, on peut montrer que la suite de terme général $V_n = U_n - 200$ est géométrique de raison 0,8 et de premier terme –50.

b. Pour tout $n \in \mathbb{N}$, on a $U_{n+1} - U_n = 200 - 50 \times 0{,}8^{n+1} - \left(200 - 50 \times 0{,}8^n\right)$. Donc $U_{n+1} - U_n = 50 \times 0{,}8^n(-0{,}8 + 1)$, d'où $U_{n+1} - U_n = 10 \times 0{,}8^n$.

c. Pour tout $n \in \mathbb{N}$, $U_{n+1} - U_n = 10 \times 0{,}8^n > 0$ donc la suite (U_n) est croissante.

5. La société Vélibre ne pourra pas satisfaire cette demande, puisque le nombre de vélos dont elle dispose croît en tendant vers 200. Le nombre de 200 vélos ne pourra donc jamais être dépassé.

12 Observer et étudier une suite de nombres

1. On conjecture que **20** est la limite de la suite (u_n).

2. $\frac{u_1}{u_0} = \frac{161}{104,6} \approx 1,5$ et $\frac{u_2}{u_1} = \frac{104,6}{70,76} \approx 0,7$, donc $\frac{u_1}{u_0} \neq \frac{u_2}{u_1}$ et **la suite (u_n) ne peut pas être géométrique.**

3. a. On a $u_4 = 0,6u_3 + 8 = 0,6 \times 50,456 + 8$ donc $u_4 = 38,2736$.

b. Pour tout entier naturel n, $v_{n+1} = u_{n+1} - 20$ et $u_{n+1} = 0,6u_n + 8$ donc $v_{n+1} = 0,6u_n + 8 - 20 = 0,6u_n - 12 = 0,6(u_n - 20) = 0,6v_n$.

On a $v_0 = u_0 - 20 = 161 - 20 = 141$.

(v_n) est une suite géométrique de raison 0,6 et de premier terme $v_0 = 141$.

c. On a donc pour tout entier naturel n, $v_n = 141 \times 0,6^n$.

On en déduit que pour tout entier naturel n, $u_n = 141 \times 0,6^n + 20$.

d. Puisque $0 < 0,4 < 1$, $\lim\limits_{n \to +\infty} 0,4^n = 0$, donc $\lim\limits_{n \to +\infty} v_n = 0$.

On en déduit que $\lim\limits_{n \to +\infty} u_n = 20$.

À NOTER
$v_n = u_n - 20$ donc $u_n = v_n + 20$.

OBJECTIF BAC

13 Modéliser l'évolution d'une population

1. a. • On a $u_1 = f(u_0) = 0,5u_0(1 - u_0) = 0,5 \times 0,2(1 - 0,2)$, soit $u_1 = 0,08$.

• On a $u_2 = f(u_1) = 0,5u_1(1 - u_1) = 0,5 \times 0,08(1 - 0,08)$ soit $u_2 = 0,0368$.

b. • $u_0 = 0,2$ donc $0 \leqslant 1 - u_0 \leqslant 1$. En multipliant chaque membre de l'inégalité par $0,5u_0 \geqslant 0$, on a $0 \leqslant 0,5u_0\,(1 - u_0) \leqslant 0,5u_0$, soit $0 \leqslant u_1 \leqslant 0,5u_0$.

• $u_1 = 0,08$ donc, de même que précédemment, on obtient $0 \leqslant u_2 \leqslant 0,5u_1$. Or $u_1 \leqslant 0,5u_0$, donc $0 \leqslant u_2 \leqslant 0,5u_1 \leqslant 0,5 \times 0,5u_0$ soit $0 \leqslant u_2 \leqslant 0,5^2u_0$.

• $u_2 = 0,0368$ donc, de même que précédemment, on obtient $0 \leqslant u_3 \leqslant 0,5u_2$. Or $u_2 \leqslant 0,5^2u_0$, donc $0 \leqslant u_3 \leqslant 0,5u_2 \leqslant 0,5 \times 0,5^2u_0$ soit $0 \leqslant u_3 \leqslant 0,5^3u_0$.

c. On admet que pour tout $n \in \mathbb{N}$, $0 \leqslant u_n \leqslant 0,5^n u_0$. Or $0 \leqslant 0,5 < 1$, donc $\lim\limits_{n \to +\infty} 0,5^n = 0$. Ainsi, d'après le théorème des gendarmes, $\lim\limits_{n \to +\infty} u_n = 0$.

d. À long terme, la population de coccinelles tend à s'éteindre.

2. a. • $v_0 = 3u_0 - 1 = 3 \times 0,4 - 1$ soit $v_0 = 0,2$.

• $v_1 = 3u_1 - 1$ avec $u_1 = f(u_0) = 1,5 \times 0,4(1 - 0,4) = 0,36$, soit $v_1 = 0,08$.

• $v_2 = 3u_2 - 1$ avec $u_2 = f(u_1) = 1,5 \times 0,36(1 - 0,36) = 0,3456$, soit $v_2 = 0,0368$.

On retrouve les premiers termes de la suite définie à la question **1**.

b. ■ Pour tout $n \in \mathbb{N}$, $v_{n+1} = 3u_{n+1} - 1$. Or $u_{n+1} = f(u_n) = 1,5u_n\,(1 - u_n)$, donc $v_{n+1} = 3 \times 1,5u_n(1 - u_n) - 1 = 4,5u_n(1 - u_n) - 1 = -4,5u_n^{\,2} + 4,5u_n - 1$.

■ De même, $0,5v_n(1 - v_n) = 0,5(3u_n - 1)\,(1 - 3u_n + 1) = -4,5u_n^{\,2} + 4,5u_n - 1$.

On a donc montré que pour tout $n \in \mathbb{N}$, $v_{n+1} = 0,5v_n(1 - v_n)$.

c. • La suite (v_n) est identique à celle définie à la question **1.**, puisqu'elle vérifie la même relation de récurrence et a le même premier terme. Elle a donc la même limite et $\lim\limits_{n \to +\infty} v_n = 0$.

• Pour tout entier naturel n, $v_n = 3u_n - 1$ donc $u_n = \dfrac{v_n + 1}{3}$. On en déduit que $\lim\limits_{n \to +\infty} u_n = \dfrac{1}{3}$.

d. On en déduit qu'à long terme, la population de coccinelles tend à se stabiliser vers $\dfrac{1}{3}$ millions d'individus soit 333 333 individus, arrondi à l'unité.

3. $u_1 = f(u_0)$ donc u_1 est l'ordonnée du point de $\mathscr{C}_f$ d'abscisse u_0. La droite d'équation $y = x$ permet de reporter u_1 sur l'axe des abscisses puis de déterminer graphiquement u_2, et ainsi de suite…

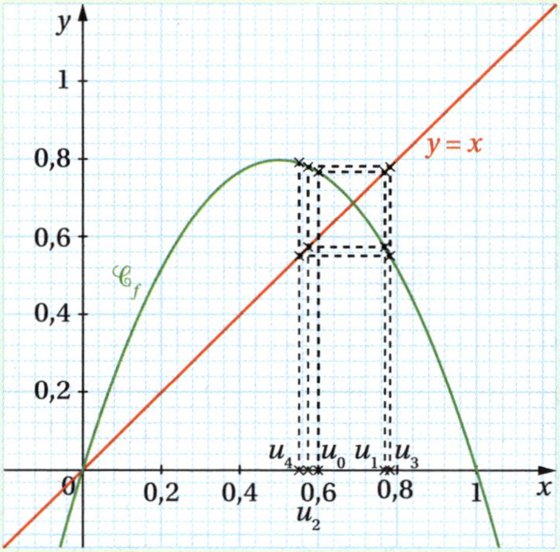

On peut conjecturer qu'**il y aura de plus en plus de coccinelles les années impaires, et de moins en moins de coccinelles les années paires**.

2 Fonctions

En analyse technique, l'étude des courbes représentatives de fonctions permet de construire des stratégies et de prévoir l'apparition de phénomènes à plus ou moins long terme.

4 Limites et asymptotes

En bref *La notion de limite vue pour les suites peut s'étendre aux fonctions. On découvrira alors la limite lorsque x tend vers une valeur finie.*

I Limite finie en l'infini

■ **Définitions :** Dire que ℓ est la **limite** de $f(x)$ quand x tend vers $+\infty$ (resp. $-\infty$) signifie que tout intervalle ouvert contenant ℓ contient tous les nombres $f(x)$ pourvu que x soit suffisamment grand (resp. pourvu que x soit négatif et suffisamment grand en valeur absolue).

On note $\lim\limits_{x \to +\infty} f(x) = \ell$ (resp. $\lim\limits_{x \to -\infty} f(x) = \ell$).

■ **Définitions :** Soit ℓ un nombre réel. Dire que la droite d'équation $y = \ell$ est **asymptote** à la courbe représentative de f en $+\infty$ (resp. en $-\infty$) signifie que $\lim\limits_{x \to +\infty} f(x) = \ell$ (resp. $\lim\limits_{x \to -\infty} f(x) = \ell$).

À NOTER
La courbe se rapproche de « plus en plus » de son asymptote.

II Limite infinie en l'infini

■ **Définitions :** Dire qu'une fonction f **tend vers** $+\infty$ (resp. $-\infty$) quand x tend vers $+\infty$ signifie que tout intervalle de la forme $]A\,;+\infty[$ (resp. $]-\infty\,;A[$) contient tous les nombres $f(x)$ pourvu que x soit suffisamment grand.

On note $\lim\limits_{x \to +\infty} f(x) = +\infty$ (resp. $\lim\limits_{x \to +\infty} f(x) = -\infty$).

On a des définitions analogues lorsque x tend vers $-\infty$.

III Limite infinie en un point

■ **Définitions :** Dire que f a pour **limite** $+\infty$ (resp. $-\infty$) en x_0 signifie que tout intervalle de la forme $]A\,;+\infty[$ (resp. $]-\infty\,;A[$) contient tous les nombres $f(x)$ pourvu que x soit suffisamment proche de x_0.

■ **Définition :** Soit ℓ un nombre réel. Dire que la droite d'équation $x = \ell$ est **asymptote** à la courbe représentative de f signifie que $\lim\limits_{x \to \ell} f(x) = \pm\infty$.

■ *Remarque* : Le calcul de limites de fonctions se fera d'une manière analogue à celui des suites, en utilisant les opérations sur les limites. On pourra faire tendre x vers une valeur finie, $+\infty$ ou $-\infty$.

■ Les limites des fonctions usuelles sont données dans le mémo visuel.

Méthode

Lire et interpréter une limite

On considère une fonction f dont la courbe représentative dans un repère orthonormé est donnée ci-dessous :

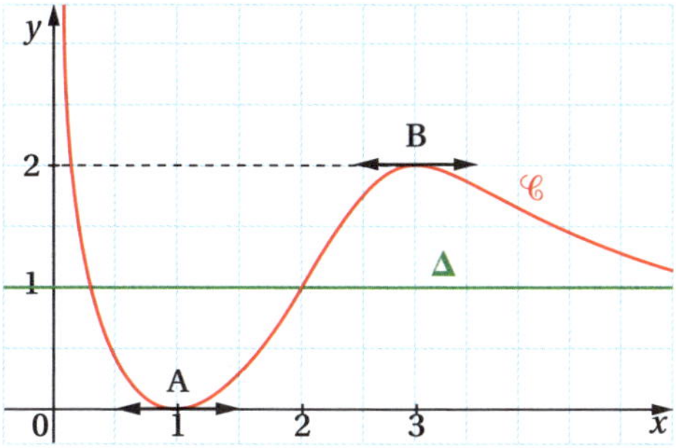

a. Quel est l'ensemble de définition D_f de f ?

b. Quelles **limites** pouvez-vous lire sur ce graphique ?

Les interpréter géométriquement.

c. Dresser le tableau de variations complet de f sur D_f.

CONSEILS
Les limites de f se lisent en $+\infty$, et aux points en lesquels la fonction n'est pas définie.

SOLUTION

a. L'ensemble de définition de f est $D_f =]0\,;+\infty[$.

b. D'après l'ensemble de définition, on voit qu'il faut déterminer deux limites : une limite en 0 et une limite en $+\infty$.

D'après le graphique, $\lim\limits_{x\to 0^+} f(x) = +\infty$ et $\lim\limits_{x\to +\infty} f(x) = 1$.

On en déduit que les droites d'équation $x = 0$ et $y = 1$ sont asymptotes à la courbe représentative de f.

c.

x	0		1		3		$+\infty$
$f'(x)$	‖	$-$	0	$+$	0	$-$	
f	‖ $+\infty$	↘	0	↗	2	↘	1

5 Continuité, théorème des valeurs intermédiaires

En bref *Certaines courbes se tracent « en un seul morceau ». On peut retrouver ce critère grâce à l'étude de la continuité de la fonction associée à la courbe.*

I Définitions – Propriétés

■ **Définition :** Une fonction f définie sur un intervalle I est **continue en x_0**, $x_0 \in$ I, si f admet une limite finie en x_0. Cette limite est alors $f(x_0)$.

■ **Définition :** Une fonction f définie sur un intervalle I est **continue sur I**, si f est continue en tout point de I.

Exemple : La fonction est continue sur]–4 ; 0] et sur]0 ; 4] mais pas sur [–4 ; 4].

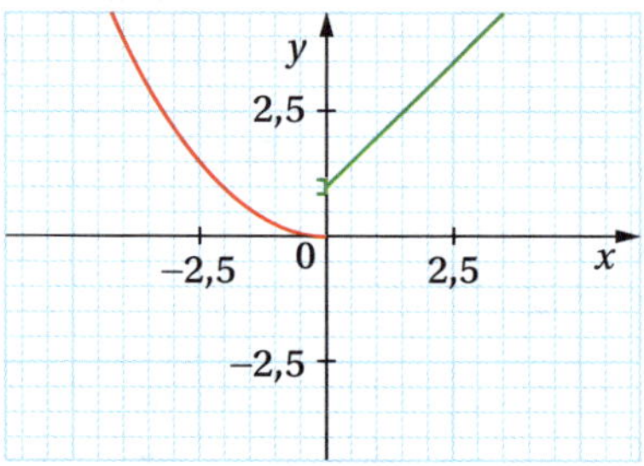

■ **Propriétés :**

- Les fonctions polynômes sont continues sur $\mathbb{R}$.
- Les fonctions rationnelles sont continues sur tout intervalle inclus dans leur domaine de définition.
- La fonction $x \mapsto \sqrt{x}$ est continue sur $[0 ; +\infty[$.
- La fonction exponentielle est continue sur $\mathbb{R}$.

■ **Théorème :** Toute fonction dérivable sur un intervalle I est continue sur I.

II Théorème des valeurs intermédiaires

■ **Théorème :** Soit f une fonction définie et continue sur un intervalle I, soient a et b deux réels de I. Alors, pour tout réel k compris entre $f(a)$ et $f(b)$, il existe au moins un réel c compris entre a et b tel que $f(c) = k$.

Remarque : Cela revient à dire que, si k est compris entre $f(a)$ et $f(b)$, alors l'équation $f(x) = k$ admet au moins une solution comprise entre a et b : c'est le nombre c.

■ **Corollaire : théorème de la bijection**
Si f est une fonction continue et strictement monotone sur un intervalle $[a ; b]$, alors pour tout réel k compris entre $f(a)$ et $f(b)$, l'équation $f(x) = k$ a une solution unique dans $[a ; b]$.

Exemple : $f(x) = k$ admet trois solutions sur $[-2 ; 2]$.

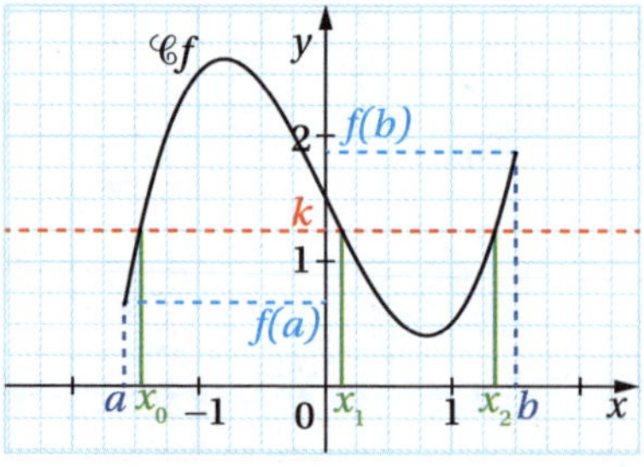

Méthode

Déterminer le nombre de solutions de l'équation $f(x) = 0$

Montrer que l'équation (E) : $-x^3 + x^2 - x = -2$ admet une unique solution dans l'intervalle [1 ; 2].

CONSEILS

Nous allons appliquer le théorème de la bijection avec $k = -2$.
Étape 1 Explicitez la fonction f à laquelle on souhaite appliquer ce théorème.
Étape 2 Vérifiez les hypothèses de ce théorème : f est continue sur [1 ; 2] ; f est strictement monotone sur [1 ; 2] ; -2 est compris entre $f(1)$ et $f(2)$.
Étape 3 Appliquez le théorème de la bijection et concluez.

SOLUTION

Étape 1 On introduit la fonction f définie par $f(x) = -x^3 + x^2 - x$.

Résoudre l'équation (E) revient à résoudre $f(x) = -2$.

Étape 2

- f est une fonction polynôme donc f est continue sur $\mathbb{R}$, donc sur [1 ; 2].
- Montrons que la dérivée de f est de signe constant sur [1 ; 2].

f est une fonction polynôme donc elle est dérivable sur [1 ; 2], et pour tout $x \in [1 ; 2]$, $f'(x) = -3x^2 + 2x - 1$, polynôme du second degré, dont on va calculer le discriminant : $\Delta = 2^2 - 4 \times (-3) \times (-1) = -8 < 0$. Donc $f'(x)$ est toujours du signe de -3, donc $f'(x)$ toujours négatif. La fonction f est donc strictement décroissante sur [1 ; 2].

- -2 est bien compris entre $f(1) = -1$ et $f(2) = -6$.

Étape 3 D'après le théorème de la bijection, l'équation $f(x) = -2$ admet **une unique solution sur [1 ; 2]**.

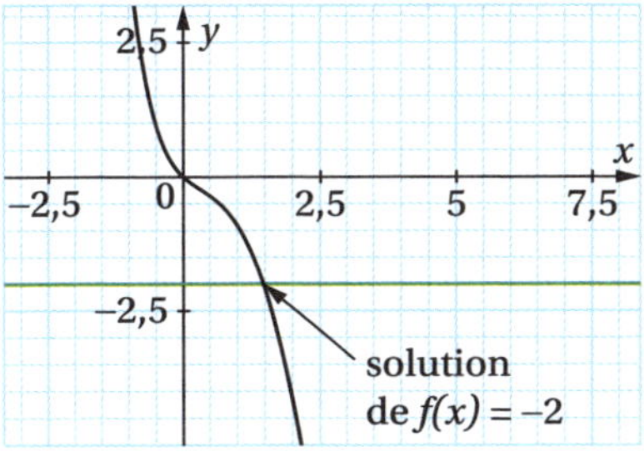

À NOTER

On peut remarquer ici que f étant décroissante sur [1 ; 2], l'image par f de [1 ; 2] est $[f(2) ; f(1)] = [-6 ; -1]$.

6 Fonctions réciproques et représentation graphique

En bref *Les représentations graphiques de deux fonctions peuvent être symétriques par rapport à la droite y = x. Cela permet d'en déduire certaines propriétés.*

I Fonction réciproque

■ **Théorème :** Si une fonction f est continue et strictement croissante (resp. décroissante) sur un intervalle $I = [a ; b]$, alors la **fonction réciproque** de f, notée f^{-1}, est définie, continue et strictement croissante (resp. décroissante) sur $f(I) = [f(a) ; f(b)]$ (resp. $[f(b) ; f(a)]$).

Remarque : Ce théorème se généralise au cas où l'intervalle est ouvert, semi-ouvert, ou avec une borne infinie ; dans ce dernier cas, on remplace $f(a)$ ou $f(b)$ par $\lim\limits_{x \to +\infty} f(x)$ ou $\lim\limits_{x \to -\infty} f(x)$. D'une manière générale, on admettra que si f est continue et strictement monotone sur I, les intervalles I et $f(I)$ sont de même nature.

■ *Interprétation* : Pour déterminer la fonction réciproque d'une fonction continue strictement monotone sur un intervalle I, il suffit d'exprimer x en fonction de y, à partir de $y = f(x)$.

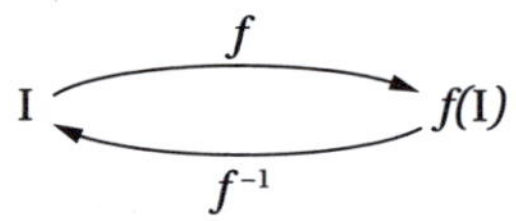

$$x = f^{-1}(y) \underset{f^{-1}}{\overset{f}{\rightleftarrows}} y = f(x)$$

II Représentation graphique d'une fonction réciproque

■ **Théorème :** Les courbes représentant deux fonctions réciproques sont symétriques par rapport à la droite d'équation $y = x$.

■ *Exemple* : $f : x \mapsto x^2$ est continue et strictement croissante sur $[0 ; +\infty[$. f admet donc une fonction réciproque f^{-1} définie sur $f([0 ; +\infty[) = [0 ; +\infty[$. Or pour $x \in [0 ; +\infty[$, $y = x^2 \Leftrightarrow x = \sqrt{y}$. Donc $f^{-1} : y \mapsto \sqrt{y}$.

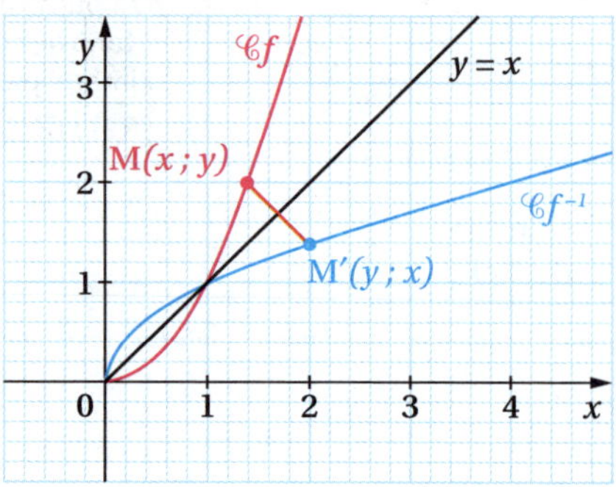

Méthode

Déterminer une fonction réciproque

Soit f la fonction définie sur $]-1\,;+\infty[$ par $f(x) = xe^x$. On note $\mathscr{C}$ sa courbe représentative.

a. Montrer que f admet une fonction réciproque f^{-1} sur $]-1\,;+\infty[$.

b. Déterminer la tangente à $\mathscr{C}$ au point d'abscisse 0.

c. Tracer $\mathscr{C}$ dans un repère orthonormé et en déduire la courbe représentative de f^{-1}.

CONSEILS

a. Pour montrer que f admet une fonction réciproque, appliquez le premier théorème. Vérifiez toutes les hypothèses de ce théorème :

- f est continue sur $]-1\,;+\infty[$;
- f est strictement monotone sur $]-1\,;+\infty[$.

b. Appliquez la formule donnant l'équation d'une tangente en un point.

c. Pour tracer la courbe représentant f^{-1}, on fera une symétrie de $\mathscr{C}$ par rapport à la droite d'équation $y = x$, et on utilisera la tangente au point d'abscisse 0.

SOLUTION

a. Les fonctions $x \mapsto x$ et $x \mapsto e^x$ sont continues sur $\mathbb{R}$, f est donc continue sur $\mathbb{R}$, en particulier sur $]-1\,;+\infty[$.

Pour montrer que f est strictement monotone sur $]-1\,;+\infty[$, étudions le signe de sa dérivée. f est dérivable sur $]-1\,;+\infty[$ comme produit de fonctions dérivables. Pour tout $x \in\,]-1\,;+\infty[$, $f'(x) = e^x + xe^x = (x+1)e^x$. $f'(x)$ est du signe de $(x+1)$ car $e^x > 0$. Sur $]-1\,;+\infty[$, $x+1>0$, donc f est strictement croissante.

Ainsi, f est continue et strictement croissante sur $]-1\,;+\infty[$. **Elle admet une fonction réciproque f^{-1}** définie sur $\left]f(-1)\,;\lim\limits_{x\to+\infty} f(x)\right[= \left]e^{-1}\,;+\infty\right[$.

b. L'équation de la tangente à $\mathscr{C}$ au point d'abscisse 0 est
$y = f'(0)(x-0) + f(0)$, soit $y = x$.

c. Remarquons que le point d'abscisse 0 de $\mathscr{C}$ a pour ordonnée 0 et est donc sur la droite d'équation $y = x$. Les courbes représentatives de f et f^{-1} auront donc ce point en commun.

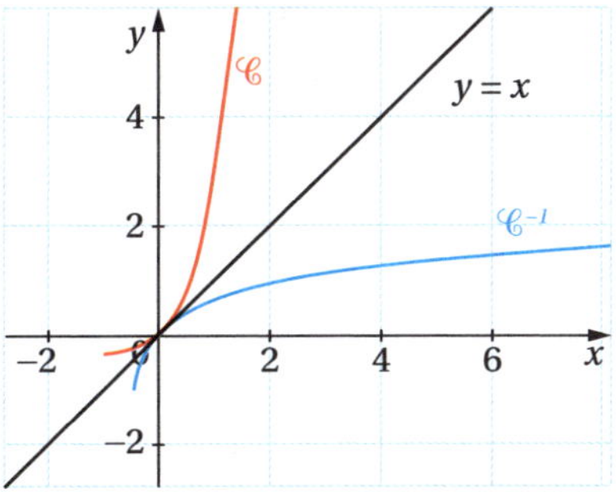

7 Dérivées de fonctions composées

En bref *Sous certaines conditions, si l'on connaît les dérivées de deux fonctions, il est possible de déterminer celle de leur somme, de leur composée.*

I Dérivée de $x \longmapsto g(ax+b)$

■ **Théorème** : Soit g une fonction dérivable sur un intervalle I. La fonction $x \mapsto g(ax+b)$ est dérivable sur I et a pour dérivée :

$$x \mapsto a \times g'(ax+b)$$

■ *Exemple* : Déterminer la dérivée de $k : x \mapsto \sqrt{4x-5}$.

k est définie si et seulement si $4x - 5 \geqslant 0$, soit $x \geqslant \frac{5}{4}$, et est dérivable pour $x > \frac{5}{4}$. k est de la forme $x \mapsto g(ax+b)$ avec $g(X) = \sqrt{X}$ et $ax + b = 4x - 5$. On a donc $k'(x) = a \times g'(ax+b) = 4 \times \dfrac{1}{2\sqrt{4x-5}} = \dfrac{2}{\sqrt{4x-5}}$.

À NOTER
Pour calculer $g'(ax+b)$, on calcule $g'(X)$ et on remplace X par $ax+b$.

II Dérivée de $x \longmapsto e^{u(x)}$

■ **Théorème :** Soit u une fonction dérivable sur un intervalle I, de dérivée u'. La fonction $x \mapsto e^{u(x)}$ est dérivable sur I et a pour dérivée :

$$x \mapsto u'(x) \times e^{u(x)}$$

■ *Exemple* : Déterminer la dérivée de $f : x \mapsto e^{3x-5}$.

La fonction f est dérivable sur $\mathbb{R}$ comme composée de fonctions dérivables. f est de la forme e^u, avec $u(x) = 3x - 5$, $u'(x) = 3$. Donc $f'(x) = 3e^{3x-5}$.

III Dérivée de $x \longmapsto u^2(x)$

■ **Théorème :** Soit u une fonction dérivable sur un intervalle I, de dérivée u'. La fonction $x \mapsto u^2(x)$ est dérivable sur I et a pour dérivée :

$$x \mapsto 2u'(x)u(x)$$

■ *Exemple* :
Déterminer la dérivée de $f : x \mapsto (x^2 + x - 1)^2$.

La fonction $x \mapsto x^2 + x - 1$ est dérivable sur $\mathbb{R}$ car c'est un polynôme. La fonction f est donc dérivable sur $\mathbb{R}$. f est de la forme u^2 avec $u(x) = x^2 + x - 1$, $u'(x) = 2x + 1$. Donc $f'(x) = 2(2x+1)\left(x^2 + x - 1\right)$.

À NOTER
Cette formule se généralise à $x \mapsto u^n(x)$, avec les mêmes hypothèses, et cette fonction a pour dérivée $x \mapsto nu'(x)u^{n-1}(x)$.

Méthode

Déterminer une fonction dérivée

Déterminer les dérivées des fonctions suivantes en précisant l'intervalle sur lequel ces fonctions sont dérivables :

a. $f : x \mapsto (x^2 - 1)^2$ b. $g : x \mapsto (x+1)e^{x^2+1}$ c. $h : x \mapsto \sqrt{1-3x}$

CONSEIL
L'expression de chaque fonction vous indique sa forme : selon le cas, appliquez la formule adéquate du cours.

SOLUTION

a. La fonction $x \mapsto x^2 - 1$ est dérivable sur $\mathbb{R}$ car c'est une fonction polynôme, donc la fonction f est dérivable sur $\mathbb{R}$.

f est de la forme u^2 avec $u'(x) = x^2 - 1$ et $u'(x) = 2x$. Or $\left(u^2\right)' = 2u'u$, donc pour tout x réel, $f'(x) = 2(2x)\left(x^2 - 1\right) = \mathbf{4x(x^2 - 1)}$.

b. Les fonctions $x \mapsto x + 1$ et $x \mapsto e^{x^2+1}$ sont dérivables sur $\mathbb{R}$ donc g est dérivable sur $\mathbb{R}$ par produit.

À NOTER
Nous avons ici à la fois une composée et un produit ! N'oubliez pas les règles générales de dérivation.

g est de la forme $v \times w$ avec $v(x) = x + 1$ et $w(x) = e^{x^2+1}$; on a alors $v'(x) = 1$ et il reste à déterminer la dérivée de w.

w est de la forme e^u avec $u(x) = x^2 + 1$ et $u'(x) = 2x$. Or $\left(e^u\right)' = u'e^u$ donc $w'(x) = 2xe^{x^2+1}$.

On en déduit que pour tout x de $\mathbb{R}$ on a
$g'(x) = 1 \cdot e^{x^2+1} + (x+1)(2x)e^{x^2+1} = \mathbf{e^{x^2+1}(1 + 2x^2 + 2x)}$.

c. La fonction $x \mapsto 1 - 3x$ est dérivable sur $\mathbb{R}$ et est positive si et seulement si $1 - 3x \geqslant 0 \Leftrightarrow -3x \geqslant -1 \Leftrightarrow x \leqslant \frac{1}{3}$.

La fonction h est donc dérivable sur $\left]-\infty\,;\frac{1}{3}\right[$. h est de la forme $g(ax+b)$ avec $g(x) = \sqrt{x}$ et $ax + b = -3x + 1$. On a donc $h'(x) = ag'(ax+b)$.

Or $g'(x) = \frac{1}{2\sqrt{x}}$, donc pour tout $x \in \left]-\infty\,;\frac{1}{3}\right[$, $h'(x) = \mathbf{-3\frac{1}{2\sqrt{1-3x}}}$.

Limites usuelles

Quelles sont les limites des fonctions usuelles ?

Fonctions puissances

Si n est pair

- $\lim\limits_{x \to +\infty} x^n = +\infty$
- $\lim\limits_{x \to -\infty} x^n = +\infty$
- $\lim\limits_{x \to 0^+} x^n = 0^+$
- $\lim\limits_{x \to 0^-} x^n = 0^+$
- $\lim\limits_{x \to +\infty} \frac{1}{x^n} = 0^+$
- $\lim\limits_{x \to -\infty} \frac{1}{x^n} = 0^+$
- $\lim\limits_{x \to 0^+} \frac{1}{x^n} = +\infty$
- $\lim\limits_{x \to 0^-} \frac{1}{x^n} = +\infty$

Si n est impair

- $\lim\limits_{x \to +\infty} x^n = +\infty$
- $\lim\limits_{x \to -\infty} x^n = -\infty$
- $\lim\limits_{x \to 0^+} x^n = 0^+$
- $\lim\limits_{x \to 0^-} x^n = 0^-$
- $\lim\limits_{x \to +\infty} \frac{1}{x^n} = 0^+$
- $\lim\limits_{x \to -\infty} \frac{1}{x^n} = 0^-$
- $\lim\limits_{x \to 0^+} \frac{1}{x^n} = +\infty$
- $\lim\limits_{x \to 0^-} \frac{1}{x^n} = -\infty$

Fonction racine carrée

- $\lim\limits_{x \to +\infty} \sqrt{x} = +\infty$
- $\lim\limits_{x \to 0^+} \sqrt{x} = 0^+$
- $\lim\limits_{x \to +\infty} \frac{1}{\sqrt{x}} = 0^+$
- $\lim\limits_{x \to 0^+} \frac{1}{\sqrt{x}} = +\infty$

Fonctions exp et ln

- $\lim\limits_{x \to +\infty} e^x = +\infty$
- $\lim\limits_{x \to -\infty} e^x = 0^+$
- $\lim\limits_{x \to +\infty} \ln x = +\infty$
- $\lim\limits_{x \to 0^+} \ln x = -\infty$

Fonction polynôme

- $\lim\limits_{x \to +\infty} a_n x^n + a_{n-1}x^{n-1} + \ldots a_1 x + a_0 = \lim\limits_{x \to +\infty} a_n x^n$
- $\lim\limits_{x \to -\infty} a_n x^n + a_{n-1}x^{n-1} + \ldots a_1 x + a_0 = \lim\limits_{x \to -\infty} a_n x^n$

Fraction rationnelle

- $\lim\limits_{x \to +\infty} \frac{a_n x^n + a_{n-1}x^{n-1} + \ldots a_1 x + a_0}{b_k x^k + b_{k-1}x^{k-1} + \ldots b_1 x + b_0} = \lim\limits_{x \to +\infty} \frac{a_n x^n}{b_k x^k}$
- $\lim\limits_{x \to -\infty} \frac{a_n x^n + a_{n-1}x^{n-1} + \ldots a_1 x + a_0}{b_k x^k + b_{k-1}x^{k-1} + \ldots b_1 x + b_0} = \lim\limits_{x \to -\infty} \frac{a_n x^n}{b_k x^k}$

LIMITES DE

ONCTIONS

Comment utiliser les opérations sur les limites ?

Opérations sur les limites

Limite d'une somme

Limite de f	ℓ	a	$+\infty$	$-\infty$	$+\infty$
Limite de g	ℓ'	$+\infty$ ou $-\infty$	$+\infty$	$-\infty$	$-\infty$
Limite de $f+g$	$\ell+\ell'$	$+\infty$ ou $-\infty$	$+\infty$	$-\infty$	*On ne peut conclure

* On dit qu'il s'agit d'une forme indéterminée (FI).

Limite d'un produit

Limite de f	ℓ	$\ell \neq 0$	$+\infty$	$-\infty$	$-\infty$	0
Limite de g	ℓ'	$+\infty$ ou $-\infty$	$+\infty$	$+\infty$	$-\infty$	$+\infty$ ou $-\infty$
Limite de $f \times g$	$\ell\ell'$	$+\infty$ ou $-\infty$ selon le signe de ℓ	$+\infty$	$-\infty$	$+\infty$	FI

Limite d'un quotient

Limite de f	ℓ	ℓ	$\ell > 0$		$\ell < 0$		0	∞
Limite de g	$\ell' \neq 0$	$+\infty$ $-\infty$	0^+	0^-	0^+	0^-	0	∞
Limite de $\frac{f}{g}$	$\frac{\ell}{\ell'}$	0	$+\infty$	$-\infty$	$-\infty$	$+\infty$	FI	FI

Comment interpréter une limite ?

Asymptotes

- Si $\lim\limits_{x \to \pm\infty} f(x) = \ell$, alors la droite d'équation $y = \ell$ est **asymptote horizontale** à la courbe représentant f.

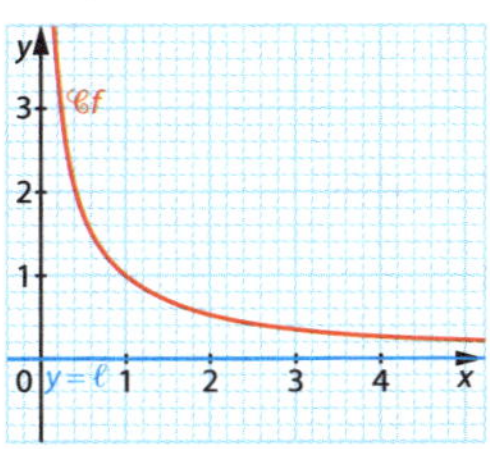

- Si $\lim\limits_{x \to x_0} f(x) = \pm\infty$, alors la droite d'équation $x = x_0$ est **asymptote verticale** à la courbe représentant f.

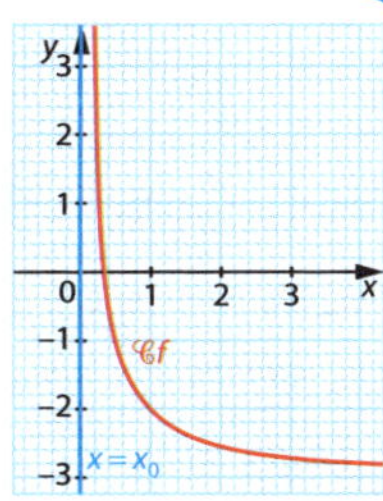

SE TESTER QUIZ

Vérifiez que vous avez bien compris les points clés des **fiches 4 à 7**.

1 Limites et asymptotes

→ FICHE 4

Si f est une fonction vérifiant $\lim_{x \to 3} f(x) = -\infty$, alors :

☐ **a.** la droite d'équation $x = 3$ est asymptote à la courbe représentant f

☐ **b.** la droite d'équation $y = 3$ est asymptote à la courbe représentant f

☐ **c.** la courbe représentant f n'admet pas d'asymptote

2 Utilisation du théorème des valeurs intermédiaires

→ FICHE 5

Soit f une fonction définie sur [–5 ; 5] dont le tableau de variations est :

x	–5		–3		0		5
f	–4	↗	2	↘	–1	↗	0

L'équation $f(x) = 0$ admet :

☐ **a.** 3 solutions sur [–5 ; 5]

☐ **b.** 2 solutions sur [–5 ; 5]

☐ **c.** 1 solution sur [–3 ; 5]

3 Dérivée d'une fonction composée

→ FICHE 7

1. La fonction $f : x \mapsto e^{2x+1}$ a pour dérivée :

☐ **a.** $x \mapsto e^{2x+1}$ ☐ **b.** $x \mapsto 2e^{2x+1}$ ☐ **c.** $x \mapsto (2x+1)e^{2x+1}$

2. La fonction $f : x \mapsto (5x-1)^2$ a pour dérivée :

☐ **a.** $x \mapsto 2(5x-1)$ ☐ **b.** $x \mapsto 10(5x-1)$ ☐ **c.** $x \mapsto 5(5x-1)$

4 Limites et représentation graphique

→ FICHE 4

La courbe $\mathscr{C}$ ci-dessous représente une fonction f définie sur]–3 ; +∞[:

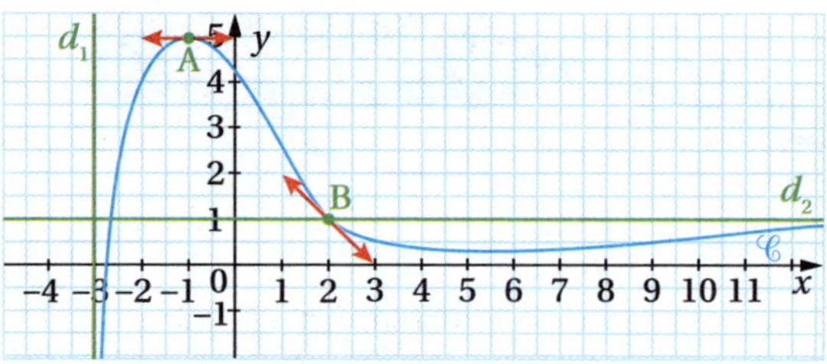

Parmi les affirmations suivantes, laquelle est vraie ?

☐ **a.** La droite d'équation $y = 5$ est asymptote à $\mathscr{C}$.

☐ **b.** $\lim_{x \to -3} f(x) = -\infty$.

☐ **c.** $\lim_{x \to +\infty} f(x) = 0$.

DÉMONSTRATION CLÉ

5 Dérivée de $x \mapsto e^{u(x)}$

→ FICHE 7

Soit u une fonction dérivable sur un intervalle I. Démontrer que pour tout réel x de I la fonction $x \mapsto e^{u(x)}$ est dérivable sur I et a pour dérivée $x \mapsto u'(x)e^{u(x)}$.

S'ENTRAÎNER

6 Déterminer une limite en l'infini

→ FICHE 4

Déterminer les limites en $+\infty$ et $-\infty$ des fonctions suivantes :

a. $f : x \mapsto \dfrac{x^3}{x^2+1}$ b. $g : x \mapsto \dfrac{6x+1}{3-2x}$ c. $h : x \mapsto \begin{cases} -x+1 \text{ si } x \geqslant 0 \\ x+2 \text{ si } x < 0 \end{cases}$

CONSEIL
Pour la fonction h, choisissez bien la bonne formule pour chacune des limites.

7 Déterminer une fonction dérivée

→ FICHE 7

Déterminer les fonctions dérivées des fonctions suivantes après avoir déterminé leur ensemble de dérivabilité :

a. $f : x \mapsto (3x-2)^2$ b. $f : x \mapsto \left(\dfrac{x-1}{3x^2+1}\right)^2$ c. $f : x \mapsto \sqrt{5-2x}$

8 Déterminer le nombre de solutions d'une équation

→ FICHE 5

La fonction f est continue et strictement croissante sur $]-\infty\,;-2]$ et sur $[2\,;+\infty[$, strictement décroissante sur $[-2\,;2]$. On donne ci-dessous son tableau de variations :

x	$-\infty$		-2		2		$+\infty$
f	0	↗	4	↘	2	↗	$+\infty$

Combien de solutions admet l'équation $f(x) = 1$?

9 Déterminer une fonction réciproque

→ FICHE 6

Montrer que la fonction f définie sur $[0\,;1[$ par $f(x) = \dfrac{x}{1+x}$ admet une fonction réciproque f^{-1}. Déterminer son expression.

10 Déterminer un bénéfice

→ FICHES 5 et 7

Soit f la fonction définie sur l'intervalle $[0\,;10]$ par $f(x) = (2x-5)e^{-x+4} + 20$.

Partie A

a. Montrer que, pour tout x de $[0\ ;\ 10]$, $f'(x) = (-2x+7)e^{-x+4}$.

b. En déduire le sens de variations de f et dresser son tableau de variations.

c. Justifier que l'équation $f(x) = 0$ admet une unique solution α sur $[0\ ;\ 10]$ et donner un encadrement de α à 10^{-2} près.

Partie B

Une entreprise fabrique entre 0 et 1 000 objets par semaine. Le bénéfice en milliers d'euros que réalise cette entreprise lorsqu'elle fabrique et vend x centaines d'objets est modélisé par la fonction f définie sur $[0\ ;\ 10]$ par $f(x) = (2x - 5)e^{-x+4} + 20$.

a. Quel est le nombre d'objets à vendre pour réaliser un bénéfice maximal. Quel est alors ce bénéfice ?

b. À partir de combien d'objets fabriqués et vendus l'entreprise réalise-t-elle un bénéfice ?

11 Étudier l'évolution des téléviseurs à écran plat

→ FICHES 4 et 7

On cherche à modéliser de deux façons différentes l'évolution du nombre, exprimé en millions, de foyers français possédant un téléviseur à écran plat en fonction de l'année.

Les parties A et B sont indépendantes.

Partie A Un modèle discret

Soit u_n le nombre, exprimé en millions, de foyers possédant un téléviseur à écran plat l'année n.

On pose $n = 0$ en 2005, $u_0 = 1$ et, pour tout $n \geqslant 0$, $u_{n+1} = \dfrac{1}{10}u_n(20 - u_n)$.

1. Soit f la fonction définie sur $[0\ ;\ 20]$ par $f(x) = \dfrac{1}{10}x(20 - x)$.

a. Étudier les variations de f sur $[0\ ;\ 20]$.

b. En déduire que pour tout $x \in [0\ ;\ 20]$, $f(x) \in [0\ ;\ 10]$.

c. Tracer la courbe représentative $\mathscr{C}$ de la fonction f dans un repère orthonormal. Représenter à l'aide de ce graphique les cinq premiers termes de la suite $(u_n)_{n \geqslant 0}$ sur l'axe des abscisses.

2. Quelles conjectures peut-on faire sur le comportement de cette suite ?

Partie B Un modèle continu

Soit $g(x)$ le nombre, exprimé en millions, de foyers possédant un téléviseur à écran plat en $2005 + x$, défini sur $[0\ ;+\infty[$ par $g(x) = \dfrac{10}{\left(9e^{\frac{-x}{2}} + 1\right)}$.

a. Étudier les variations de g sur $[0\,;+\infty[$.

b. Déterminer la limite de g en $+\infty$ et interpréter le résultat.

c. En quelle année le nombre de foyers possédant un tel équipement dépassera-t-il 5 millions ?

12 Optimiser un volume

→ FICHE 7

Partie A

On considère la fonction f définie sur $[0\,;1]$ par $f(x) = (1+x)^2(1-x^2)$.

a. Déterminer la dérivée de f sur $[0\,;1]$.

b. Étudier le sens de variation de f et dresser son tableau de variations.

Partie B

Une benne a la forme d'un prisme droit dont la base est un trapèze isocèle ABCD. La longueur du côté [CD] est variable. Les autres dimensions sont fixes et indiquées sur la figure ①, l'unité étant le mètre.

À NOTER

Soit ABCD un trapèze. Si b et B sont les longueurs des bases et h la longueur de la hauteur relative à ces bases, alors l'aire du trapèze vaut $\dfrac{(b+B)\times h}{2}$.

On cherche à déterminer x de façon que la benne ait un volume maximal.

1. a. Calculer, en fonction de x, l'aire $S(x)$ du trapèze ABCD.

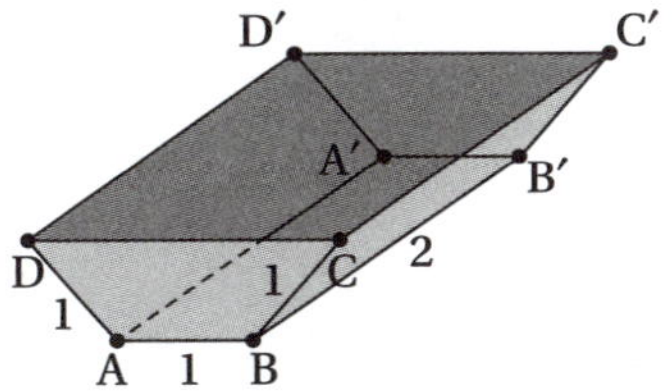

Figure ①

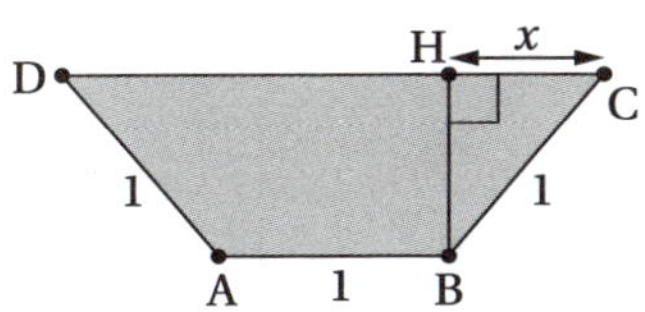

Figure ②

b. On note $V(x)$ le volume de la benne. Exprimer $V^2(x)$ en fonction de $f(x)$.

2. a. Pour quelle(s) valeur(s) de x, le volume de la benne est-il maximal ? (On admettra que le maximum de la fonction V^2 est le même que celui de la fonction V.)

À NOTER

Le volume d'un prisme droit est égal au produit de l'aire d'une base par la hauteur.

b. Quel est alors le volume de la benne ?

▶ OBJECTIF BAC

13 Déterminer un prix d'équilibre

30 min

→ FICHES 4 et 5

Ce sujet montre comment on peut utiliser des représentations graphiques de fonctions pour résoudre un problème concret. Sa résolution permet de revoir l'essentiel des notions de ce chapitre.

LE SUJET

Sur le graphique ci-dessous sont tracées, dans un repère orthogonal, les courbes représentatives $\mathscr{C}$ et $\mathscr{C}'$ de deux fonctions définies sur l'intervalle $[0\,;+\infty[$. La fonction f est la fonction de demande d'un produit : elle met en correspondance le prix $f(x)$ du produit et la quantité x achetée par les consommateurs. La fonction g est la fonction d'offre : elle met en correspondance le prix $g(x)$ du produit et la quantité x vendue par les producteurs. Les quantités sont exprimées en milliers d'unités, les prix en centaines d'euros.

Partie A Interprétation économique

a. Résoudre graphiquement les équations $f(x) = 7$ et $f(x) = 4$. En déduire quelle quantité est achetée par les consommateurs si le prix est 700 €, puis si le prix est 400 €.

b. Lire graphiquement $g(0)$. En déduire au-dessous de quel prix les producteurs ne sont plus prêts à vendre.

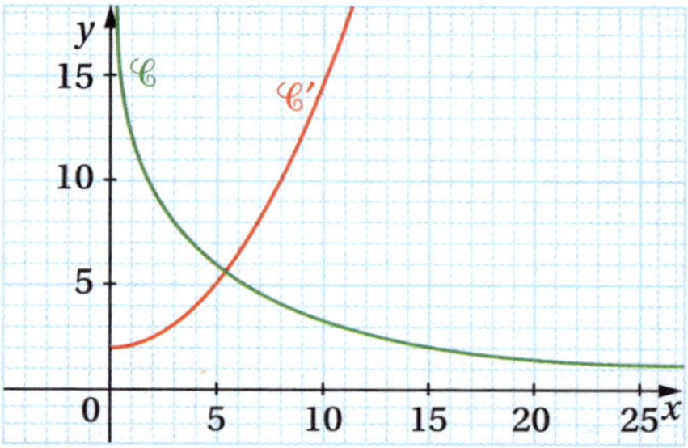

Partie B Équilibre du marché

1. La fonction f représentée sur le graphique est définie sur $[0\,;+\infty[$ par $f(x) = \dfrac{40}{x+2}$. Calculer $\lim\limits_{x \to +\infty} f(x)$. Quelle interprétation économique peut-on faire de ce résultat ?

2. La fonction g représentée sur le graphique est définie sur $[0\,;+\infty[$ par $g(x) = \dfrac{1}{18}x^2 + 2$.

Dans un marché à concurrence pure et parfaite, le prix p_0 qui se forme sur le marché selon la « loi de l'offre et de la demande » correspond à l'égalité de l'offre et de la demande, c'est-à-dire à l'ordonnée du point d'intersection I des deux courbes $\mathscr{C}$ et $\mathscr{C}'$. Soit x_0 l'abscisse de ce point.

a. Démontrer par le calcul que x_0 est solution de l'équation
(E) : $x^3 + 2x^2 + 36x - 648 = 0$.

b. Démontrer que (E) admet une et une seule solution dans $]0\,;+\infty[$.

c. Donner une valeur du prix d'équilibre à 1 € près par défaut.

LIRE LE SUJET

Partie A

a. Les solutions de $f(x) = 7$ (resp. 4) sont les antécédents par f de 7 (resp. 4).

b. $g(0)$ correspond à l'image de 0 par g.

Partie B

1. Déterminez la limite en l'infini d'un quotient.

2. a. Traduisez que le point d'abscisse x_0 appartient à la fois à $\mathscr{C}$ et à $\mathscr{C}'$.

b. Utilisez le théorème de la bijection.

c. La valeur du prix d'équilibre est l'ordonnée du point d'abscisse x_0.

LA FEUILLE DE ROUTE

Partie A

a. Résoudre graphiquement une équation

Lisez graphiquement les abscisses des points de $\mathscr{C}$ dont l'ordonnée est 7 (puis 4), qui correspondent aux quantités cherchées. (Attention aux unités !)

b. Déterminer graphiquement l'image d'un point

On lit l'ordonnée du point de la courbe $\mathscr{C}'$ dont l'abscisse est nulle.

Partie B

1. Déterminer une limite → FICHE 4

Utilisez les tableaux d'opération sur les limites.

2. a. Déterminer l'intersection de deux courbes

Écrivez les conditions pour qu'un point appartienne à $\mathscr{C}$ et à $\mathscr{C}'$. Vous obtenez un système qu'il faut résoudre.

b. Résoudre une équation → FICHE 5

Utilisez le théorème de la bijection appliqué à la fonction h définie par $h(x) = x^3 + 2x^2 + 36x - 648$ pour résoudre $h(x) = 0$.

c. Calculer une image

Déterminez l'image par g de la solution de l'équation (E).

CORRIGÉS

SE TESTER QUIZ

1 Limites et asymptotes

Réponse a. C'est la définition de l'asymptote verticale.

2 Utilisation du théorème des valeurs intermédiaires

Réponse a. Sur $[-5 ; -3]$, f est continue strictement monotone, 0 est compris entre -4 et 2 ; d'après le corollaire du théorème des valeurs intermédiaires, $f(x) = 0$ admet une unique solution sur $[-5 ; -3]$. De la même façon, on trouve une solution sur $[-3 ; 0]$. La troisième solution est $x = 5$.

3 Dérivée d'une fonction composée

1. Réponse b. f est de la forme e^u, avec $u(x) = 2x + 1$, $u'(x) = 2$.
Donc $f'(x) = u'(x)e^{u(x)} = 2e^{2x+1}$.
2. Réponse b. f est de la forme u^2 avec $u(x) = 5x - 1$, $u'(x) = 5$.
Donc $f'(x) = 2u'(x)u(x) = 2 \times 5(5x - 1) = 10(5x - 1)$.

4 Limites et représentation graphique

Réponse b. On a bien $\lim\limits_{x \to -3} f(x) = -\infty$ (car on remarque que $\mathscr{C}$ se rapproche de la droite d'équation $x = -3$ qui est donc asymptote à la courbe). De plus, la droite d'équation $y = 5$ est une tangente horizontale, et non une asymptote ; $\lim\limits_{x \to +\infty} f(x) = 1 \neq 0$ (car on remarque la présence d'une asymptote horizontale au voisinage de $+\infty$).

DÉMONSTRATION CLÉ

5 Dérivée de $x \mapsto e^{u(x)}$

La fonction u est dérivable sur I donc $x \mapsto e^{u(x)}$ est dérivable sur I. Pour déterminer la dérivée, étudions la limite, lorsque h tend vers 0 ($h > 0$), du taux d'accroissement

$$T = \frac{e^{u(a+h)} - e^{u(a)}}{h} = \frac{e^{u(a+h)} - e^{u(a)}}{u(a+h) - u(a)} \times \frac{u(a+h) - u(a)}{h},$$ où a et $a + h$ sont dans I.

Calculons séparément la limite de chacun des deux quotients lorsque h tend vers 0.

- La fonction exponentielle est dérivable sur I, donc la limite du taux d'accroissement en $u(a)$ est $\lim\limits_{h \to 0} \dfrac{e^{u(a+h)} - e^{u(a)}}{u(a+h) - u(a)} = \exp'(u(a)) = e^{u(a)}$.
- u est dérivable sur I donc $\lim\limits_{h \to 0} \dfrac{u(a+h) - u(a)}{h} = u'(a)$.

On obtient finalement que $\lim\limits_{h \to 0} T = e^{u(a)} \times u'(a)$.

Ce résultat est valable quel que soit a dans I. On déduit que la fonction $x \mapsto e^{u(x)}$ **est dérivable sur I et a pour dérivée** $x \mapsto u'(x)e^{u(x)}$.

S'ENTRAÎNER

6 Déterminer une limite en l'infini

a. f est une fonction rationnelle définie sur $\mathbb{R}$ (car son dénominateur ne s'annule pas).

• En $+\infty$, on a une forme indéterminée car $\lim_{x\to+\infty} x^3 = +\infty$ et $\lim_{x\to+\infty}\left(x^2+1\right) = +\infty$. Or la limite d'une fonction rationnelle est égale à la limite du quotient de ses monômes de plus haut degré. Donc $\lim_{x\to+\infty} f(x) = \lim_{x\to+\infty} \frac{x^3}{x^2} = \lim_{x\to+\infty} x = +\infty$.

• En $-\infty$, le même raisonnement donne $\lim_{x\to-\infty} f(x) = \lim_{x\to-\infty} x = -\infty$.

b. g est une fonction rationnelle définie sur $\mathbb{R} - \left\{\frac{3}{2}\right\}$.

• En $+\infty$, on a une FI car $\lim_{x\to+\infty}(6x+1) = +\infty$ et $\lim_{x\to+\infty}(3-2x) = -\infty$. De la même façon que précédemment, $\lim_{x\to+\infty} g(x) = \lim_{x\to+\infty} \frac{6x}{-2x} = \lim_{x\to+\infty} -3 = -3$.

• En $-\infty$, $\lim_{x\to-\infty} g(x) = \lim_{x\to-\infty} \frac{6x}{-2x} = \lim_{x\to-\infty} -3 = -3$.

c. • En $+\infty$, $x > 0$. On a donc $\lim_{x\to+\infty} h(x) = \lim_{x\to+\infty}(-x+1) = -\infty$.

• En $-\infty$, $x < 0$. On a donc $\lim_{x\to-\infty} h(x) = \lim_{x\to-\infty}(x+2) = -\infty$.

7 Déterminer une fonction dérivée

a. f est **dérivable sur $\mathbb{R}$**, car $x \mapsto 3x - 2$ est dérivable sur $\mathbb{R}$. f est de la forme u^2 avec $u(x) = 3x - 2$, $u'(x) = 3$. Donc pour tout réel x, on a $f'(x) = 2u'(x)u(x) = 2\times 3\times(3x-2) = 6(3x-2)$.

b. f est **dérivable sur $\mathbb{R}$**, car $x \mapsto \frac{x-1}{3x^2+1}$ est dérivable sur $\mathbb{R}$ (quotient de fonctions dérivables dont le dénominateur ne s'annule pas). f est de la forme u^2 avec $u(x) = \frac{x-1}{3x^2+1}$, $u'(x) = \frac{\left(3x^2+1\right)-(x-1)(3\times 2x)}{\left(3x^2+1\right)^2} = \frac{-3x^2+6x+1}{\left(3x^2+1\right)^2}$. Donc pour tout réel x, $f'(x) = \frac{2\left(-3x^2+6x+1\right)(x-1)}{\left(3x^2+1\right)^3}$.

c. f est **dérivable sur $\left]-\infty\,;\frac{5}{2}\right[$**. f est de la forme $g(ax+b)$ avec $ax+b = -2x+5$ et $g(X) = \sqrt{X}$, $g'(X) = \frac{1}{2\sqrt{X}}$. Donc pour tout réel $x \in \left]-\infty\,;\frac{5}{2}\right[$, on a $f'(x) = a\,g'(ax+b) = -2\times\frac{1}{2\sqrt{5-2x}} = -\frac{1}{\sqrt{5-2x}}$.

8 Déterminer le nombre de solutions d'une équation

Nous allons utiliser le théorème de la bijection.

À NOTER
La fonction doit être strictement monotone sur l'intervalle considéré. On se placera donc successivement sur $]-\infty\,;-2]$, $[-2\,;2]$ et $[2\,;+\infty[$.

■ Sur $]-\infty\,;-2]$, f est continue et strictement croissante. 1 est compris entre $\lim\limits_{x\to-\infty} f(x)=0$ et $f(2)=4$. Donc l'équation $f(x)=1$ admet une unique solution sur $]-\infty\,;-2]$.

■ Sur $[-2\,;2]$, f est continue et strictement décroissante. 1 est strictement inférieur à $f(2)=2$. Donc $f(x)=1$ n'admet aucune solution sur $[-2\,;2]$.

■ Sur $[2\,;+\infty[$, f est continue et strictement croissante. 1 est strictement inférieur à $f(2)=2$. Donc $f(x)=1$ n'admet aucune solution sur $[2\,;+\infty[$.

En conclusion, l'équation **$f(x)=1$ admet une unique solution sur $\mathbb{R}$**.

9 Déterminer une fonction réciproque

■ Vérifions les hypothèses du théorème :

• f est continue sur $[0\,;1[$ comme quotient de fonctions continues dont le dénominateur ne s'annule pas.

• f est dérivable sur $[0\,;1[$ comme quotient de fonctions dérivables dont le dénominateur ne s'annule pas. On a $f'(x)=\dfrac{1\times(1+x)-x\times 1}{(1+x)^2}=\dfrac{1}{(1+x)^2}>0$.

Donc f est strictement croissante sur $[0\,;1[$.

On en déduit donc que **f admet une fonction réciproque f^{-1}**.

■ Déterminons l'expression de f^{-1} sur $\left[f(0)\,;\lim\limits_{x\to1} f(x)\right[=\left[0\,;\dfrac{1}{2}\right[$. Pour cela, il suffit d'exprimer x en fonction de y, à partir de $y=f(x)$.

$y=\dfrac{x}{1+x}\Leftrightarrow y(x+1)=x\Leftrightarrow yx+y-x=0\Leftrightarrow x(y-1)=-y\Leftrightarrow x=\dfrac{-y}{y-1}$.

On a donc $f^{-1}:\left[0\,;\dfrac{1}{2}\right[\to[0\,;1[$ et $f^{-1}(x)=\dfrac{-x}{x-1}$.

À NOTER
On peut redonner à la variable le nom « x ».

10 Déterminer un bénéfice

Partie A

a. f est dérivable sur $[0\,;10]$ comme somme et produit de fonctions dérivables. f est de la forme $uv+20$ avec $u(x)=2x+5$ et $v(x)=\mathrm{e}^{-x+4}$. On a $u'(x)=2$ et $v'(x)=-\mathrm{e}^{-x+4}$.
Donc $f'(x)=2\mathrm{e}^{-x+4}+(2x-5)\left(-\mathrm{e}^{-x+4}\right)$, soit $f'(x)=(-2x+7)\mathrm{e}^{-x+4}$.

b. Pour étudier le sens de variations de f sur $[0\,;10]$, étudions le signe de $f'(x)$. Pour tout $x\in[0\,;10]$, $\mathrm{e}^{-x+4}>0$ donc $f'(x)$ est du signe de $-2x+7$. Or $-2x+7\geqslant 0\Leftrightarrow -2x>-7\Leftrightarrow x<\dfrac{7}{2}$.

x	0	$\frac{7}{2}$	10
$f'(x)$	$+$	0	$-$
f	$-5e^4+20$ ↗	$2e^{0,5}+20$	↘ $15e^{-6}+20$

avec $-5e^4 + 20 \approx -253$; $2e^{0,5} + 20 \approx 23$; $15e^{-6} + 20 \approx 20$.

c. ■ Sur $\left[\frac{7}{2};10\right]$, f est continue strictement décroissante. $0 < 15e^{-6} + 20$, donc $f(x) = 0$ n'admet aucune solution sur $\left[\frac{7}{2};10\right]$.

Sur $\left[0;\frac{7}{2}\right]$, f est continue strictement croissante. 0 est compris entre $-5e^4 + 20$ et $2e^{0,5} + 20$. Donc, d'après le théorème de la bijection, l'équation $f(x) = 0$ admet une unique solution sur $\left[0;\frac{7}{2}\right]$.

Donc **l'équation $f(x) = 0$ admet une unique solution α sur $[0 ; 10]$.**

■ Déterminons un encadrement de α grâce au tableur de la calculatrice par la méthode de balayage.

$$f(1) \approx -40,3 < 0 \text{ et } f(2) \approx 12,6 > 0 \text{ donc } \alpha \in [1 ; 2]$$
$$f(1,5) \approx -4,4 < 0 \text{ et } f(1,6) \approx 0,16 > 0 \text{ donc } \alpha \in [1,5 ; 1,6]$$
$$f(1,59) \approx -0,26 < 0 \text{ et } f(2) \approx 0,16 > 0 \text{ donc } \alpha \in [1,59 ; 1,6]$$

Partie B

a. Le nombre d'objets à vendre pour réaliser un bénéfice maximum correspond à **$x = 3,5$** centaines d'objets, soit **350 objets**. De plus, $f(3,5) \approx 23,297$ donc le bénéfice maximal réalisé est **23 297 €**.

b. L'entreprise réalise un bénéfice lorsque $f(x) > 0$. D'après la **partie A**, $f(x) > 0 \Leftrightarrow x > \alpha$, avec $\alpha \in [1,59 ; 1,6]$. Donc il faut vendre **au moins 160 objets pour réaliser un bénéfice.**

11 Étudier l'évolution des téléviseurs à écran plat

Partie A Un modèle discret

1. a. $f(x) = \frac{1}{10}x(20 - x) = -0,1x^2 + 2x$. f est dérivable sur $\mathbb{R}$ donc sur $[0 ; 20]$ et $f'(x) = -0,2x + 2 \geqslant 0 \Leftrightarrow x \leqslant 10$. Donc f est **croissante sur $[0 ; 10]$ et décroissante sur $[10 ; 20]$.**

b. On obtient le tableau de variations suivant sur [0 ; 20] :

x	0		10		20
$f'(x)$		+	0	−	
f	0	↗	10	↘	0

Donc **$f(x) \in [0 ; 10]$ pour tout $x \in [0 ; 20]$.**

c.

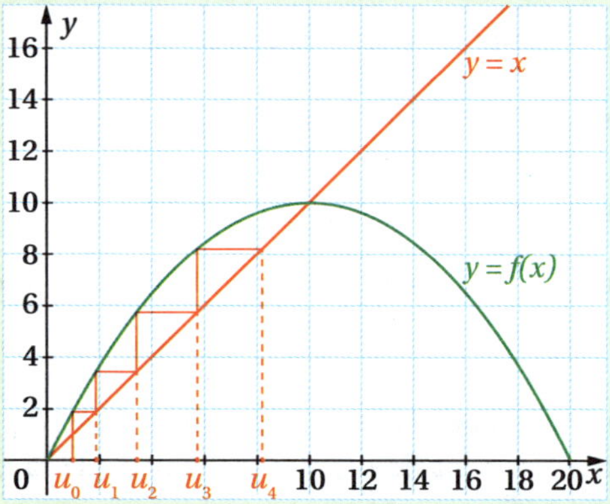

2. D'après le graphique, on peut conjecturer que **la suite (u_n) semble être croissante et avoir pour limite 10.** Ce résultat signifie qu'à long terme, 10 millions de foyers seront équipés d'un téléviseur à écran plat.

Partie B Un modèle continu

a. g est une fonction dérivable sur [0 ; 20], de la forme $10 \times \frac{1}{v}$ avec $v(x) = 9e^{\frac{-x}{2}} + 1$,

$v'(x) = \frac{-9}{2}e^{\frac{-x}{2}}$.

Donc $g'(x) = 10 \times \left(-\frac{v'(x)}{v^2(x)}\right) = -10 \times \frac{\frac{-9}{2}e^{\frac{-x}{2}}}{\left(9e^{\frac{-x}{2}}+1\right)^2} = \frac{45e^{\frac{-x}{2}}}{\left(9e^{\frac{-x}{2}}+1\right)^2} > 0$. Ainsi, la fonction **$g$ est strictement croissante sur [0 ; 20].**

b. $\lim\limits_{x \to +\infty} e^{\frac{-x}{2}} = 0$ donc $\lim\limits_{x \to +\infty} g(x) = 10$. **On ne peut donc pas équiper plus de 10 millions de foyers d'un écran plat à long terme.**

c. On cherche x tel que $g(x) > 5$. La fonction g étant strictement croissante sur [0 ; 20], il suffit de trouver x tel que $g(x) = 5$.

g est continue et strictement croissante sur [0 ; 20]. 5 est compris entre $g(0) = 1$ et $\lim\limits_{x \to +\infty} g(x) = 10$. D'après le théorème de la bijection, l'équation $g(x) = 5$ admet donc une unique solution α sur [0 ; 20].

À la calculatrice, on obtient $\alpha \approx 4{,}4$. On en déduit que le nombre de foyers possédant un téléviseur à écran plat dépassera 5 millions au cours de l'année 2005 + 5 soit **2010**.

12 Optimiser un volume

Partie A

a. f définie et dérivable sur $[0\,;\,1]$ est de la forme vw avec $v(x) = (1 + x)^2$, $v'(x) = 2(1+x)$ et $w(x) = 1 - x^2$, $w'(x) = -2x$. On a $f' = v'w + vw'$. Pour tout $x \in [0\,;\,1]$, $f'(x) = 2(1+x)(1-x^2) - 2x(1+x)^2 = \mathbf{(1+x)(-4x^2-2x+2)}$.

b. Sur $[0\,;\,1]$, $1 + x > 0$, donc f' est du signe de $-4x^2 - 2x + 2$, polynôme de degré 2 dont le discriminant est $\Delta = 36 > 0$, et les racines $x_1 = -1$ et $x_2 = \dfrac{1}{2}$. On travaille sur $[0\,;\,1]$, donc $-4x^2 - 2x + 2 \geqslant 0 \Leftrightarrow x \in \left[0\,;\dfrac{1}{2}\right]$.

Donc **f est croissante sur $\left[0\,;\dfrac{1}{2}\right]$, décroissante sur $\left[\dfrac{1}{2}\,;1\right]$**.

On en déduit le tableau de variations suivant :

x	0		$\frac{1}{2}$		20
$f'(x)$		+	0	−	
f	1	↗	$\frac{27}{16}$	↘	0

Partie B

1. a. On a $b = \text{AB} = 1$, $B = \text{DC} = \text{AB} + 2x = 1 + 2x$. Dans le triangle ABC rectangle en H, le théorème de Pythagore nous donne $h = \text{HB} = \sqrt{1-x^2}$.

Donc $\mathbf{S(x)} = \dfrac{(b+B)\times h}{2} = \dfrac{(2+2x)\sqrt{1-x^2}}{2} = \mathbf{(1+x)\sqrt{1-x^2}}$.

b. On sait que $V(x) = S(x) \times \text{BB}' = 2(1+x)\sqrt{1-x^2}$. Donc $\mathbf{V^2(x) = 4f(x)}$.

2. a. V est maximal $\Leftrightarrow V^2$ est maximal $\Leftrightarrow f$ est maximal $\Leftrightarrow x = \dfrac{1}{2}$. Le volume de la benne est maximal pour $\mathbf{x = 0{,}5}$ **m**.

b. On a alors $V\left(\dfrac{1}{2}\right) = 2\sqrt{f\left(\dfrac{1}{2}\right)} = 2\sqrt{\dfrac{27}{16}} = 2\dfrac{3\sqrt{3}}{4} = \dfrac{3\sqrt{3}}{2}$. Ce volume est alors égal à $\mathbf{\dfrac{3\sqrt{3}}{2}}$ **m³**.

OBJECTIF BAC

13 Déterminer un prix d'équilibre

Partie A Interprétation économique

a. Graphiquement, les solutions de $f(x) = 7$ sont les abscisses des points d'intersection de $\mathscr{C}$ avec la droite d'équation $y = 7$; on trouve $x \approx 4$.
De même, pour $f(x) = 4$, on trouve $x \approx 8$.
Si le prix est 700 €, les consommateurs ont acheté environ 4 000 unités ; si le prix est 400 €, les consommateurs ont acheté environ 8 000 unités.
b. Graphiquement, l'ordonnée du point de $\mathscr{C}'$ d'abscisse 0 donne $g(0) \approx 2$. Les producteurs ne sont plus prêts à vendre si le prix est inférieur à 200 €.

Partie B Équilibre du marché

1. $\lim\limits_{x \to +\infty} (x+2) = +\infty$ donc, par quotient, $\lim\limits_{x \to +\infty} f(x) = 0$. Plus la quantité achetée par les consommateurs est grande, plus le prix du produit est proche de 0, c'est-à-dire que plus la demande est élevée, plus le prix est bas !

2. a. $M(x\,;y) \in \mathscr{C} \cap \mathscr{C}' \Leftrightarrow \begin{cases} y = f(x) \\ y = g(x) \end{cases}$ donc $y = \dfrac{1}{18}x^2 + 2 = \dfrac{40}{x+2}$. On a donc

$$\left(\frac{1}{18}x^2 + 2\right)(x+2) = 40 \Leftrightarrow \frac{1}{18}x^3 + \frac{1}{9}x^2 + 2x - 36 = 0 \Leftrightarrow x^3 + 2x^2 + 36x - 648 = 0.$$

x_0 vérifie donc bien (E) : $x^3 + 2x^2 + 36x - 648 = 0$.

b. Posons $h(x) = x^3 + 2x^2 + 36x - 648$. Résolvons $h(x) = 0$.
h est définie continue et dérivable (car fonction polynôme) sur $]0\,; +\infty[$. On a $h'(x) = 3x^2 + 4x + 36 < 0$ car le discriminant $\Delta = -416 < 0$. Donc $h'(x) > 0$ et h est strictement croissante sur $]0\,; +\infty[$. 0 est compris entre $h(0) = -648$ et $\lim\limits_{x \to +\infty} h(x) = +\infty$. Donc d'après le théorème de la bijection, l'équation $h(x) = 0$, donc l'équation (E) admet une unique solution x_0 dans $]0\,; +\infty[$. À la calculatrice, on obtient $x_0 \approx 6{,}782$.
c. On détermine l'ordonnée du point de $\mathscr{C}$ (ou $\mathscr{C}'$) d'abscisse x_0. On obtient $f(x_0) \approx 4{,}55$. Le prix d'équilibre est 455 €, à un euro près.

3 Convexité

La notion de convexité connaît de nombreuses applications, notamment dans l'étude de l'érosion côtière : à Groix, les vagues arrivent de manière oblique, créant l'une des rares plages convexes d'Europe.

8 Convexité – Points d'inflexion

En bref *L'étude de la convexité d'une fonction permet d'apporter des précisions sur la position de sa courbe par rapport aux sécantes ou aux tangentes.*

I Convexité d'une fonction

1 Fonction convexe

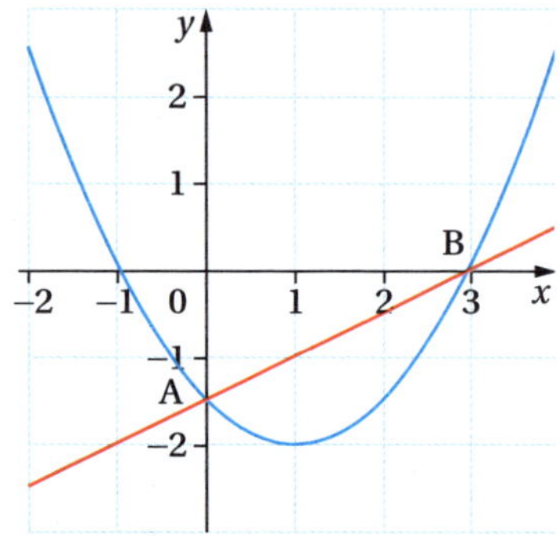

■ **Définition :** Une fonction f est convexe sur un intervalle I si sa courbe représentative $\mathscr{C}_f$ est située en dessous de chacune des cordes [AB], A et B étant des points quelconques de $\mathscr{C}_f$ d'abscisses respectives a et b dans I.

■ **Définitions équivalentes :** Soient f une fonction dérivable sur un intervalle ouvert I et $\mathscr{C}_f$ sa courbe représentative.

- f est convexe sur I si et seulement si $\mathscr{C}_f$ est au-dessus de toutes ses tangentes.
- f est convexe sur I si et seulement si f' est croissante sur I.

■ *Exemples* : • La fonction carré $x \mapsto x^2$ est convexe sur $\mathbb{R}$.

• La fonction inverse $x \mapsto \dfrac{1}{x}$ est convexe sur $]0\,;+\infty[$.

2 Fonction concave

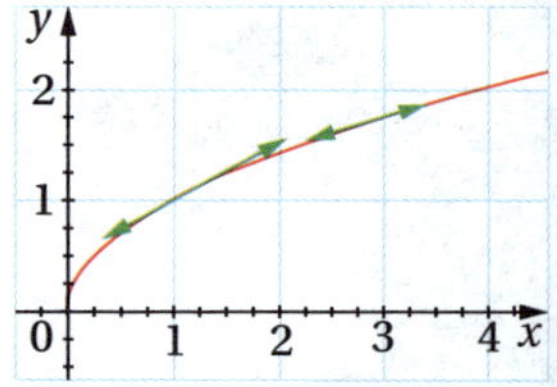

■ **Définition :** Une fonction f est concave sur un intervalle I si $-f$ est convexe sur I.

À NOTER
Attention, si f n'est pas convexe sur I, ça ne signifie pas nécessairement que f est concave sur I.

■ *Exemples* : • La fonction racine carrée $x \mapsto \sqrt{x}$ est concave sur $]0\,;+\infty[$.

• La fonction inverse $x \mapsto \dfrac{1}{x}$ est concave sur $]-\infty\,;0[$.

II Points d'inflexion

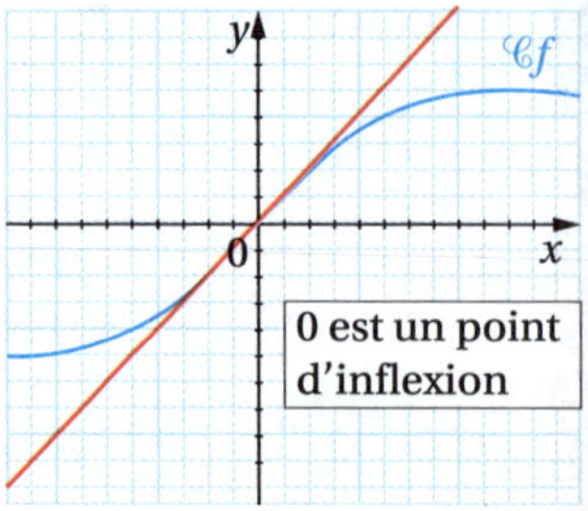

■ **Définition :** Soient f une fonction définie sur un intervalle I et $\mathscr{C}_f$ sa courbe représentative. On appelle point d'inflexion de $\mathscr{C}_f$ tout point de $\mathscr{C}_f$ en lequel f change de convexité (passe de convexe à concave ou inversement).

Méthode

Étudier graphiquement la convexité d'une fonction

Soit f une fonction deux fois dérivable sur $\mathbb{R}$ dont on donne la courbe représentative. La droite $\mathcal{T}$ est tangente à la courbe $\mathcal{C}_f$ au point d'abscisse 0.

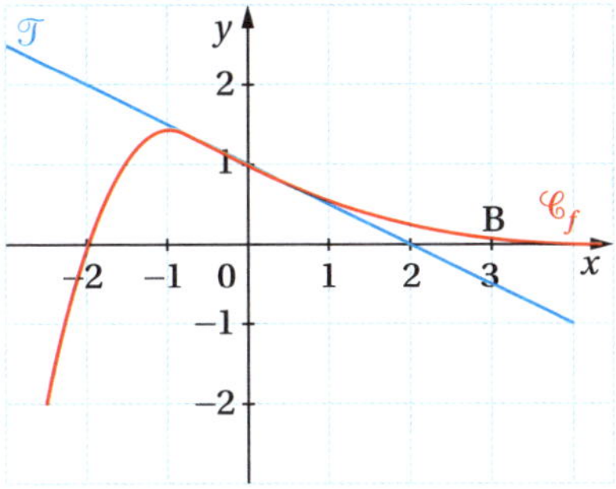

a. Déterminer graphiquement les intervalles sur lesquels f est convexe, f est concave. $\mathcal{C}_f$ possède-t-elle un point d'inflexion ?

b. Parmi ces deux courbes quelle est celle qui représente f' ?

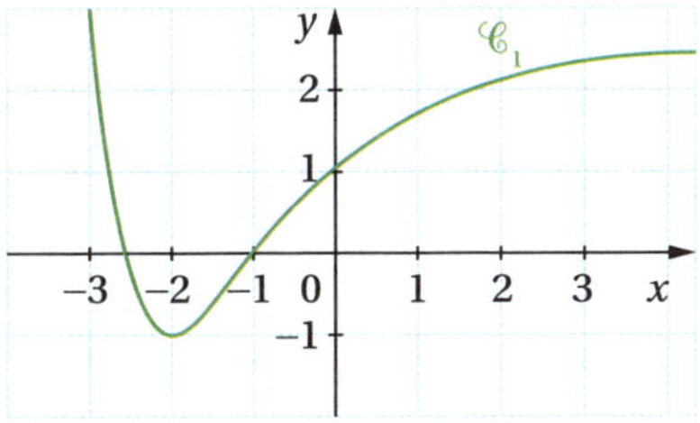

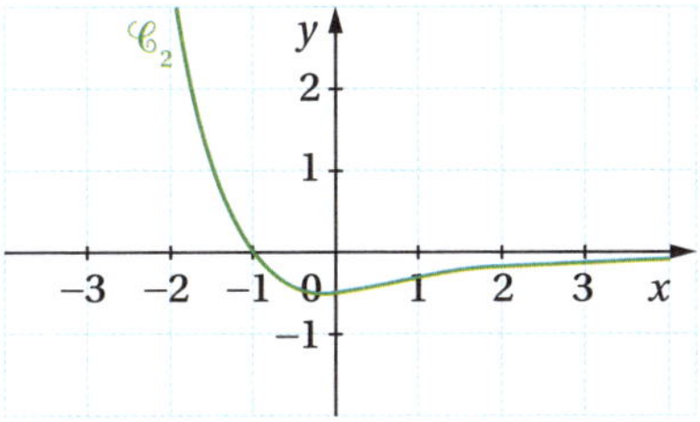

CONSEILS

Utilisez la définition de la convexité donnant la position de la courbe par rapport à ses tangentes.

SOLUTION

a. ■ Sur $]-\infty\,;0[$, les tangentes semblent être au-dessus de la courbe, f serait donc concave sur $]-\infty\,;0[$.

■ Sur $]0\,;+\infty[$, les tangentes semblent être en dessous de la courbe, f serait donc convexe sur $]0\,;+\infty[$. L'origine serait un point d'inflexion.

b. On remarque que f est croissante sur $]-\infty\,;-1[$ et décroissante sur $]-1\,;+\infty[$. $f'(x)$ sera donc positif sur $]-\infty\,;-1[$ et négatif sur $]-1\,;+\infty[$. La courbe représentant f' ne peut donc être que $\mathcal{C}_2$.

9 Caractérisation de la convexité

En bref *La convexité d'une fonction peut aussi s'étudier à partir de sa dérivée seconde. L'étude devient alors plus calculatoire mais permet d'étudier des situations concrètes, notamment en économie.*

I Lien entre convexité et dérivée seconde

1 Dérivée seconde d'une fonction

Définition : Soit f une fonction dérivable sur un intervalle I et f' sa dérivée sur I. Si f' est dérivable sur I, on appelle **dérivée seconde** de f sur I, la dérivée de f' sur I. On note cette dérivée seconde f''.

2 Dérivée seconde et convexité

- **Propriété :** f est convexe sur un intervalle I si et seulement si f'' est positive sur I.
- *Remarque* : f est donc concave sur un intervalle I si et seulement si f'' est négative sur *I*.

II Lien entre points d'inflexion et dérivée

- **Définition :** Soient f une fonction dérivable sur un intervalle I et $\mathscr{C}$ sa courbe représentative. S'il existe un point A de $\mathscr{C}$, tel que la tangente à la courbe en A traverse $\mathscr{C}$, on dit que A est un **point d'inflexion** pour $\mathscr{C}$.

Attention : c'est en ce point que la tangente doit traverser la courbe.

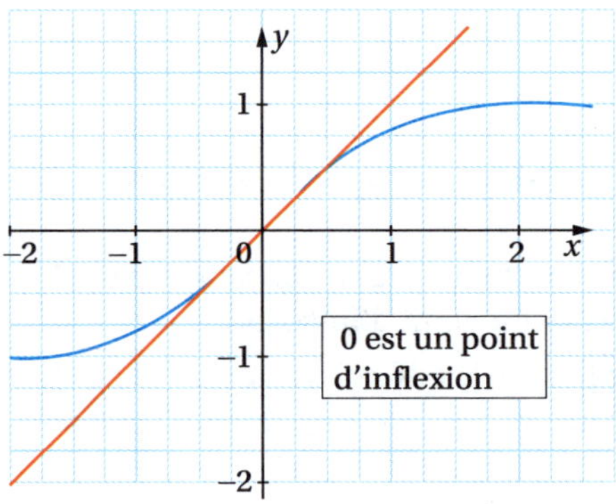

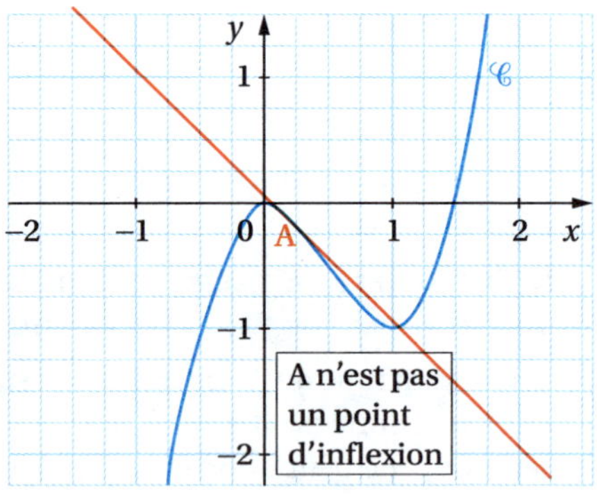

- **Théorème :** Soit a un réel de l'ensemble de définition de f. Si f est une fonction deux fois dérivable sur I, le point $\mathrm{I}(a\,;f(a))$ est un point d'inflexion de $\mathscr{C}$ si et seulement si f'' s'annule et change de signe en a.

Méthodes

1 | Étudier la convexité d'une fonction

On considère la fonction f définie sur $\mathbb{R}$ par $f(x) = 3x^2 - 4x + 1$.

Étudier la convexité de f sur $\mathbb{R}$.

CONSEIL
La fonction proposée est deux fois dérivable sur $\mathbb{R}$. Pour étudier sa convexité, déterminez sa dérivée seconde et étudiez-en le signe.

SOLUTION

f est une fonction polynôme donc f est deux fois dérivable sur $\mathbb{R}$.

Pour tout réel x, $f'(x) = 6x - 4$ et $f''(x) = 6$.

$f''(x) > 0$ pour tout réel x, donc la fonction f est **convexe sur $\mathbb{R}$**.

2 | Déterminer des points d'inflexion

Soient f la fonction définie sur $\mathbb{R}$ par $f(x) = \dfrac{2x}{x^2+2}$ et $\mathscr{C}$ sa courbe représentative. Étudier l'existence éventuelle de points d'inflexion.

CONSEILS
Pour déterminer les éventuels points d'inflexion de la courbe représentative d'une fonction f deux fois dérivable sur un intervalle I, il suffit de :
- déterminer $f''(x)$;
- résoudre l'équation $f''(x) = 0$;
- étudier le signe de $f''(x)$ et déterminer si f'' « change de signe » en chacune des éventuelles solutions de l'équation $f''(x) = 0$.

SOLUTION

■ f est deux fois dérivable sur $\mathbb{R}$. Pour tout réel x, on a :

$$f'(x) = \frac{2(x^2+2) - 2x(2x)}{(x^2+2)^2} = \frac{-2x^2+4}{(x^2+2)^2}$$

$$f''(x) = \frac{-4x(x^2+2)^2 - (-2x^2+4)(2\times 2x(x^2+2))}{(x^2+2)^4} = \frac{4x(x^2-6)}{(x^2+2)^3}$$

■ $f''(x) = 0 \Leftrightarrow 4x(x^2-6) = 0 \Leftrightarrow x = 0$ ou $x^2 = 6 \Leftrightarrow x = 0, x = \sqrt{6}, x = -\sqrt{6}$.

La courbe possède au maximum **trois points d'inflexion.**

■

x	$-\infty$		$-\sqrt{6}$		0		$\sqrt{6}$		$-\infty$
$f''(x)$		$-$	0	$+$	0	$-$	0	$+$	

$f''(x)$ s'annule et change de signe en $-\sqrt{6}$, en 0 et en $\sqrt{6}$. $\mathscr{C}$ admet donc **trois points d'inflexion dont les abscisses sont $-\sqrt{6}$, 0 et $\sqrt{6}$**.

MÉMO VISUEL

FONCTIONS

Comment déterminer si une fonction est convexe ?

Convexité

Définition

Une fonction f définie sur un intervalle I est dite **convexe** si la courbe représentant f est située en dessous de chacune de ses cordes ou au-dessus de chacune de ses tangentes.

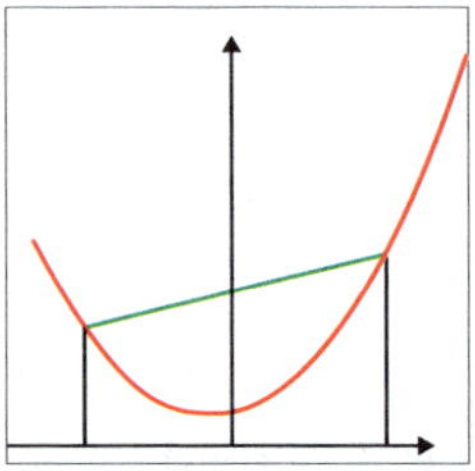

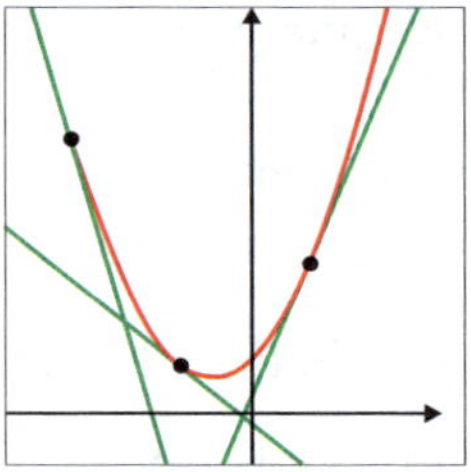

Définitions équivalentes

- f est convexe sur I si et seulement si f' est croissante sur I.
- f est convexe sur I si et seulement si f'' est positive sur I.

Comment déterminer si une fonction est concave ?

Concavité

Définition

Une fonction f définie sur un intervalle I est dite **concave** si la courbe représentant f est située au-dessus de chacune de ses cordes ou en dessous de chacune de ses tangentes.

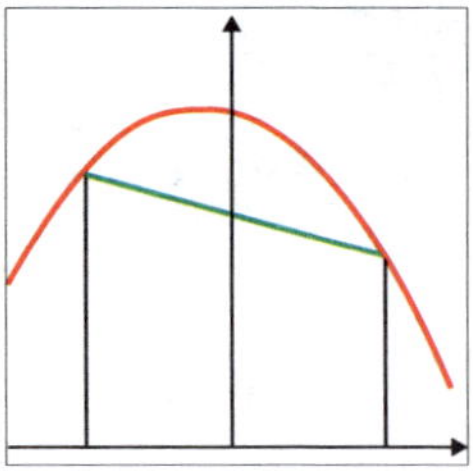

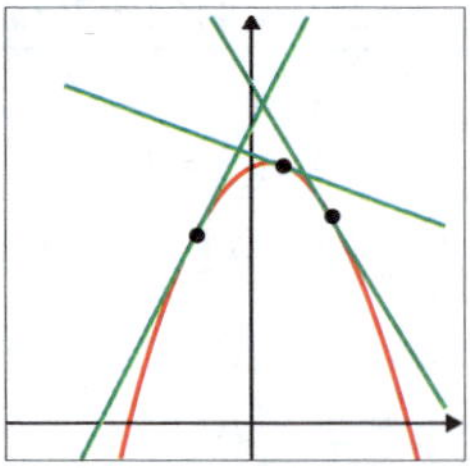

Définitions équivalentes

- f est concave sur I si et seulement si f' est décroissante sur I.
- f est concave sur I si et seulement si f'' est négative sur I.

CONVEXES

Comment reconnaître un point d'inflexion ?

Point d'inflexion

Définition

Si f est une fonction deux fois dérivable sur I, le point A $(a\,;f(a))$ est un **point d'inflexion** de $\mathscr{C}$ si et seulement si f'' s'annule et change de signe en a.

Exemple :

Au point d'inflexion, la fonction change de convexité.

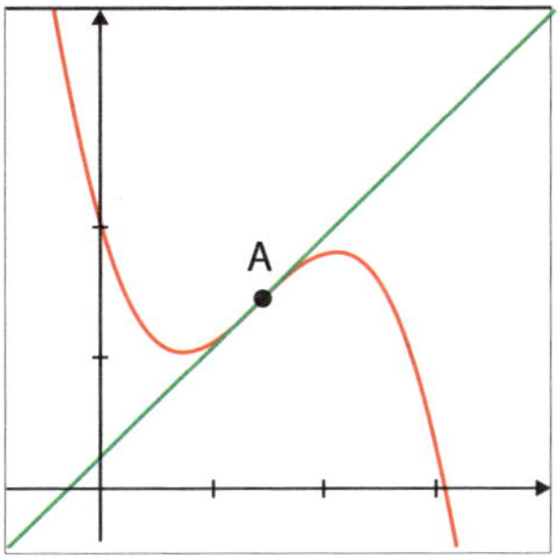

Contre-exemple :

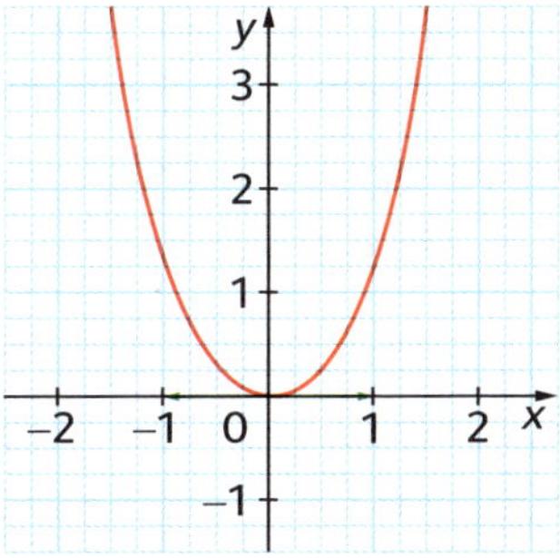

Le point d'abscisse 0 n'est pas un point d'inflexion car la courbe ne change pas de convexité (elle est convexe de part et d'autre de 0).

SE TESTER QUIZ

Vérifiez que vous avez bien compris les points clés des **fiches 8 et 9**.

1 Étude de la convexité

→ FICHE 9

1. La fonction cube $x \mapsto x^3$ est :

☐ **a.** convexe sur $\mathbb{R}$

☐ **b.** convexe sur $]-\infty\ ;\ 0[$ et concave sur $]0\ ;\ +\infty[$

☐ **c.** concave sur $]-\infty\ ;\ 0[$ et convexe sur $]0\ ;\ +\infty[$

2. Si f une fonction deux fois dérivable et convexe sur un intervalle I alors :

☐ **a.** la tangente au point d'abscisse 0 est en dessous de la courbe de f sur I

☐ **b.** f' est positive sur I

☐ **c.** f' change de signe sur I

3. Sur $\mathbb{R}$, la fonction $x \mapsto e^x$ est :

☐ **a.** convexe ☐ **b.** concave ☐ **c.** ni convexe ni concave

2 Étude de points d'inflexion

→ FICHE 9

1. Si la courbe $\mathscr{C}$ représentative d'une fonction f deux fois dérivable sur un intervalle I admet un point d'inflexion d'abscisse α où $\alpha \in \mathrm{I}$, alors :

☐ **a.** la tangente à $\mathscr{C}$ au point d'abscisse α est horizontale

☐ **b.** $f'(\alpha) = 0$

☐ **c.** $f''(\alpha) = 0$

2. Soient f définie sur $\mathbb{R}$ par $f(x) = 2x^4 - 3x$ et $\mathscr{C}$ sa courbe représentative :

☐ **a.** la courbe $\mathscr{C}$ a un point d'inflexion d'abscisse 0

☐ **b.** la courbe $\mathscr{C}$ n'a aucun point d'inflexion

☐ **c.** on ne peut pas savoir

3 Étude de la convexité à partir d'un tableau de variations

→ FICHES 8 et 9

On considère une fonction f dérivable sur [1 ; 15] dont le tableau de variations de la dérivée est donné ci-dessous, alors :

x	1	2	5	12	15
f'	3 ↘	0 ↘	−2 ↗	−1 ↘	−5

☐ **a.** f est convexe sur [1 ; 15]

☐ **b.** f est convexe sur [5 ; 12]

☐ **c.** le point d'abscisse 2 est un point d'inflexion de $\mathscr{C}$

S'ENTRAÎNER

4 Étudier la convexité d'une fonction à l'aide des dérivées

→ FICHE 9

CONSEIL
Pensez à utiliser les dérivées secondes des fonctions considérées.

a. Montrer que la fonction carré $f : x \mapsto x^2$ est convexe sur $\mathbb{R}$.

b. Montrer que la fonction racine carrée $g : x \to \sqrt{x}$ est concave sur $[0 ; +\infty[$.

c. Montrer que la fonction exponentielle $h : x \mapsto e^x$ est convexe sur $\mathbb{R}$.

5 Étudier graphiquement la convexité d'une fonction

→ FICHES 8 et 9

Une entreprise fabrique des bouteilles en verre avec un maximum de 7 000 bouteilles par mois. Le coût total $C(q)$ en milliers d'euros pour la fabrication de q milliers de bouteilles est modélisé par :

$C(q) = 0{,}1q^3 - 0{,}9q^2 + 3q + 2$ où $q \in [0 ; 7]$.

On appelle (Γ) la courbe représentant C.

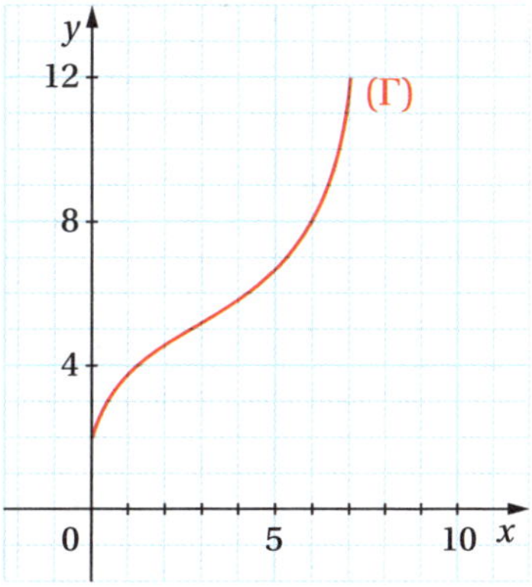

1. Par lecture graphique, sur quel intervalle la fonction C semble-t-elle être convexe ? concave ? La courbe (Γ) admet-elle un point d'inflexion ?

2. a. Déterminer la dérivée C', puis la dérivée seconde C'' de C. En déduire le tableau de variations de C', sur l'intervalle $[0 ; 7]$.

b. Démontrer alors les conjectures émises à la première question. Quelle interprétation peut-on en donner ?

6 Étudier la propagation d'une maladie

→ FICHES 8 et 9

Une épidémie frappe les habitants d'une ville.

Partie A

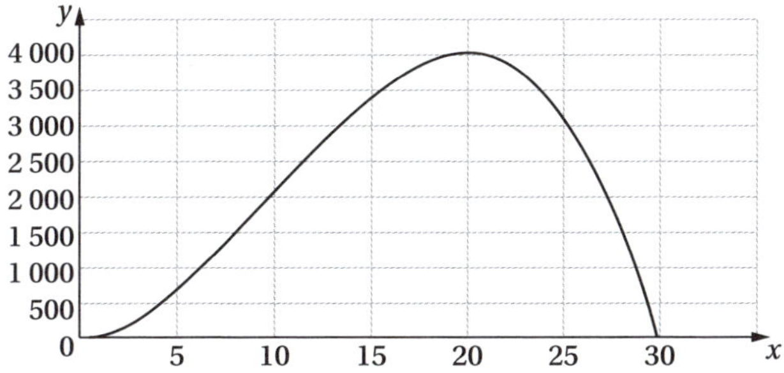

La courbe précédente représente le nombre de personnes malades en fonction du temps t exprimé en jours depuis le début de l'épidémie.

a. Donner les jours où il y a 2 000 malades.

b. Au bout de combien de jours le nombre de malades est-il maximal ? Quel est alors ce nombre ?

c. Estimer le jour où la vitesse de propagation de la maladie est la plus grande.

Partie B

Le nombre de personnes malades en fonction du temps t, en jours, peut être modélisé sur l'intervalle $[0 ; 30]$ par $f(t) = -t^3 + 30t^2$. La vitesse de propagation de la maladie au jour t est assimilée au nombre dérivé $f'(t)$.

1. Étudier le sens de variation de la fonction f.

2. a. Combien y a-t-il de malades après 10 jours ?

b. Justifier que l'équation $f(t) = 2000$ admet deux solutions dans l'intervalle $[0 ; 30]$. À l'aide de la calculatrice, donner une valeur approchée au dixième de celle appartenant à $[20 ; 30]$.

c. Montrer que $f(t) = 2000 \Leftrightarrow (t - 10)(-t^2 + 20t + 200) = 0$. En déduire la valeur exacte α de l'autre solution.

3. a. Calculer la dérivée seconde $f''(t)$.

b. Étudier la convexité de f.

c. Démontrer que la courbe représentative de f admet un point d'inflexion dont on calculera les coordonnées. En proposer une interprétation concrète dans le cadre de la situation étudiée.

7 Reconnaître la dérivée seconde d'une fonction

→ FICHE 9

Soit f une fonction deux fois dérivable sur $\mathbb{R}$. On note f' sa dérivée et f'' sa dérivée seconde. La courbe représentative de la fonction dérivée notée $\mathscr{C}_{f'}$ est donnée ci-dessous. La droite $\mathscr{T}$ est tangente à la courbe $\mathscr{C}_{f'}$ au point d'abscisse 0.

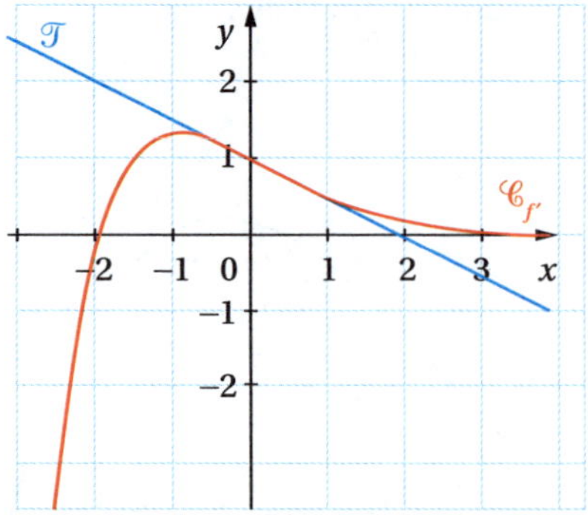

L'une des quatre courbes $\mathscr{C}_1$, $\mathscr{C}_2$, $\mathscr{C}_3$ et $\mathscr{C}_4$ ci-dessous est la courbe représentative de la fonction f ; une autre, la courbe représentative de la dérivée seconde f''. Quelle est celle qui représente f ? f'' ?

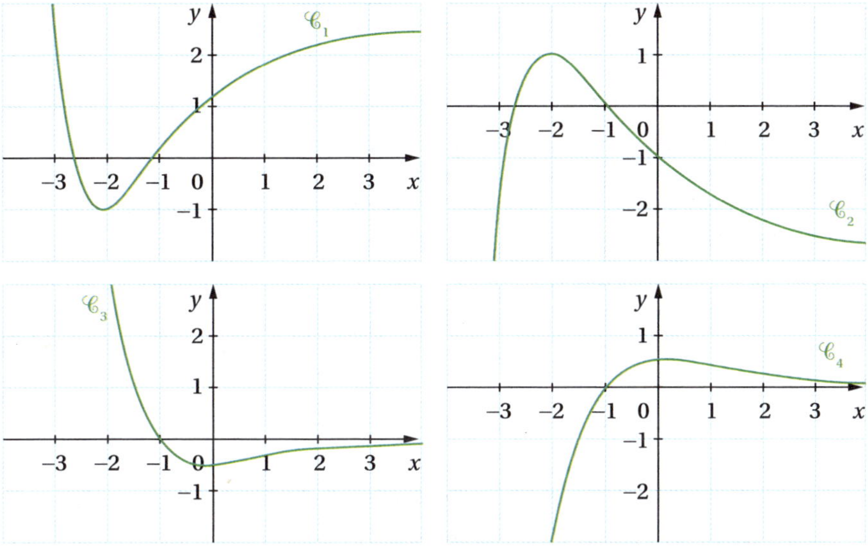

8 Étudier la concentration d'un médicament

→ FICHES 8 et 9

On injecte à un patient un médicament et on mesure régulièrement, pendant 15 heures, la concentration, en grammes par litre, de ce médicament dans le sang. On obtient la courbe $\mathscr{C}$ suivante :

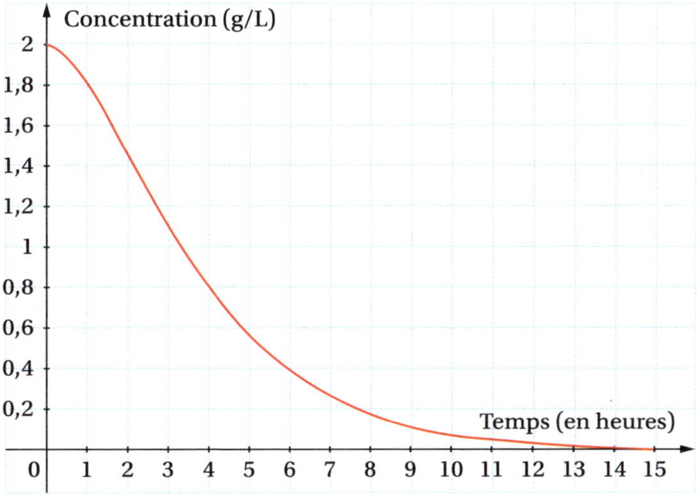

Partie A Étude graphique

Avec la précision permise par le graphique, indiquer :

a. la concentration à l'instant initial ;

b. l'intervalle de temps pendant lequel la concentration est supérieure ou égale à 0,4 g par litre.

Partie B Étude théorique

On admet que la concentration peut être modélisée par la fonction f définie sur l'intervalle $[0 ; 15]$ par $f(x) = (x + 2)e^{-0,5x}$, où x représente le nombre d'heures écoulées depuis l'instant initial et $f(x)$ la concentration, en grammes par litre, du médicament dans le sang.

a. On note f' la fonction dérivée de la fonction f. Justifier que $f'(x) = -0,5xe^{-0,5x}$ et en déduire le tableau de variations de f sur $[0 ; 15]$.

b. Justifier que l'équation $f(x) = 0,1$ admet une unique solution α sur l'intervalle $[0 ; 15]$.

c. Déterminer un encadrement de α d'amplitude 0,1.

d. Déterminer la dérivée f'' de f'. En déduire l'étude de la convexité de f sur $[0 ; 15]$ et préciser l'abscisse d'un éventuel point d'inflexion.

Partie C Interprétation des résultats

En vous aidant des résultats obtenus, soit dans la **partie B**, soit par lecture graphique, répondre aux questions suivantes :

a. On estime que le médicament n'est plus actif lorsque la concentration est strictement inférieure à 0,1 g/L. Pendant combien de temps le médicament est-il actif ?

b. Au bout de combien d'heures la baisse de concentration ralentit-elle ?

9 Lire graphiquement la convexité

→ FICHE 8

La courbe $\mathscr{C}$ ci-contre représente une fonction f définie et dérivable sur $\mathbb{R}$. (T) est la tangente à la courbe au point d'abscisse 1.

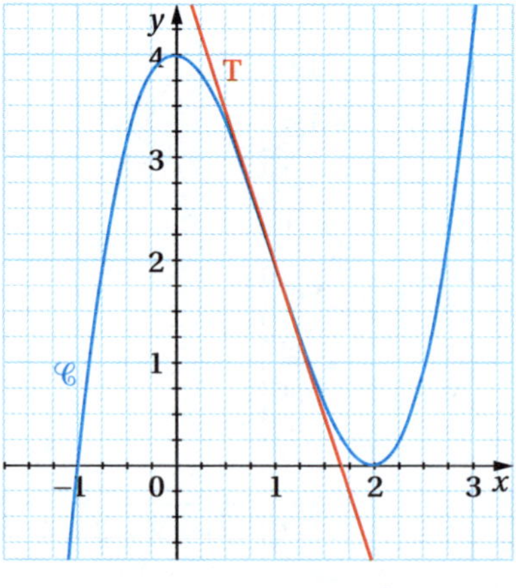

1. a. Sur quel intervalle f est-elle convexe ? concave ?

b. $\mathscr{C}$ admet-elle un point d'inflexion ? Si oui, le déterminer.

2. La fonction f est la dérivée d'une fonction F sur $\mathbb{R}$.

a. Étudier la convexité de F en précisant les intervalles sur lesquels F est convexe, puis concave.

b. La courbe représentant F admet-elle des points d'inflexion ?

OBJECTIF BAC

10 Étudier un bénéfice

35 min

→ FICHES 8 et 9

Ce sujet montre comment on peut utiliser la convexité de fonctions pour résoudre un problème concret. Sa résolution permet de revoir l'essentiel des notions de ce chapitre.

LE SUJET

Une entreprise fabrique et vend des cartes à puce électroniques, entre 500 et 4 000 unités par heure. On estime que le bénéfice algébrique réalisé par heure, en centaine d'euros, pour la production et la vente de x milliers de cartes est $B(x) = 0{,}5x^3 - 4{,}5x^2 + 11{,}34x - 6$ où $x \in [0{,}5\ ;\ 4]$.

On note $\mathscr{C}$ la courbe représentant la fonction B.

Partie A Étude de la fonction *B*

1. Exprimer $B'(x)$ en fonction de x, puis dresser le tableau de signes de B' sur $[0{,}5\ ;\ 4]$.

2. a. En déduire le tableau de variations de B.

b. Quel bénéfice maximal, à l'euro près, l'entreprise peut-elle réaliser par heure ? pour quelle quantité de cartes fabriquées et vendues ?

3. a. Justifier que l'équation $B(x) = 0$ admet deux solutions α et β. Déterminer une valeur approchée de chaque solution à 10^{-3} près.

b. Déterminer les quantités horaires minimale et maximale qui doivent figurer sur le carnet de commandes de l'entreprise pour qu'elle réalise des bénéfices.

Partie B Rythme de croissance du bénéfice

1. Déterminer la dérivée seconde de la fonction B.

2. a. Étudier la convexité de la fonction B.

b. En déduire l'abscisse du point d'inflexion.

3. Compléter les pointillés en utilisant les mots « accélérée » ou « ralentie » :

a. Lorsque la production augmente jusqu'à 1 800 cartes par heure, le bénéfice augmente de façon...

b. Lorsque la production augmente entre 1 800 et 3 000 cartes par heure, le bénéfice diminue de façon...

c. Lorsque la production augmente entre 3 000 et 3 500 cartes par heure, le bénéfice diminue de façon...

Partie C Position relative d'une courbe et de sa tangente

a. Déterminer une équation de la tangente (T) à la courbe au point d'abscisse 3.

b. Pour tout réel x, on donne $(x+3)^3 = x^3 - 9x^2 + 27x - 27$. Justifier que pour tout $x \in [0{,}5\ ;\ 4]$, $B(x) - (-2{,}16x + 7{,}5) = 0{,}5(x-3)^3$.

c. En déduire les positions relatives de $\mathscr{C}$ et (T). Mettre en relation le résultat obtenu avec l'un des résultats des **parties A** ou **B**.

LIRE LE SUJET

Partie A

1. Déterminez la dérivée de B et étudiez son signe sur l'intervalle $[0{,}5\ ;\ 4]$.

2. a. Dressez le tableau de variations de B.

b. À partir du tableau de variations, déterminez la valeur maximale de $B(x)$ et donnez la valeur de x pour laquelle ce maximum est obtenu.

3. a. Déterminez les solutions de l'équation $B(x) = 0$.

b. Déduisez de la question précédente et des variations de B les valeurs de x pour lesquelles le bénéfice est positif.

Partie B

a. Déterminez la dérivée de B'.

b. Faites le lien entre convexité et dérivée seconde.

c. Interprétez la convexité de B pour compléter les phrases.

Partie C

a. Utilisez la formule donnant l'équation d'une tangente.

b. Comparez deux expressions.

c. Déterminez les intervalles sur lesquels $\mathscr{C}$ est au-dessus ou en dessous de (T).

LA FEUILLE DE ROUTE

Partie A

1. Déterminez B' et étudiez son signe.

2. a. À partir du signe de $B'(x)$, déterminez les intervalles sur lesquels B est croissante ou décroissante. Regroupez les résultats dans un tableau de variations.

b. À l'aide des variations de B, déterminez la valeur de x pour laquelle le bénéfice est maximal, et donnez la valeur de ce bénéfice.

3. a. Utilisez le théorème de la bijection sur les intervalles où B est strictement monotone pour justifier l'existence de deux solutions à l'équation $B(x) = 0$. Utilisez ensuite la calculatrice pour déterminer une valeur approchée de ces solutions.

b. L'entreprise réalise un bénéfice lorsque $B(x)$ prend des valeurs positives. Résolvez donc $B(x) > 0$.

Partie B

1. Dérivez B'.

2. a. Pour étudier la convexité de B, étudiez le signe de sa dérivée seconde.

b. Cherchez les valeurs de x pour lesquelles $B''(x)$ s'annule en changeant de signe.

3. Utilisez la convexité et le sens de variations de B pour compléter les phrases.

Partie C

a. Utilisez la formule donnant l'équation réduite d'une tangente.

b. Comparez les deux membres de l'égalité et vérifiez qu'ils sont bien égaux en réduisant l'expression de $B(x) - (-2{,}16x + 7{,}5)$ et en développant $0{,}5(x - 3)^3$.

c. Étudiez le signe de $B(x) - (-2{,}16x + 7{,}5)$ puis vérifiez que l'on retrouve bien les résultats de la **partie B**.

CORRIGÉS

SE TESTER QUIZ

1 Étude de la convexité

1. Réponse c.

À NOTER
f est deux fois dérivable sur $\mathbb{R}$: on étudie donc le signe de $f''(x)$.

Pour tout x de $\mathbb{R}$, on a $f'(x) = 3x^2$ et $f''(x) = 6x$. Le signe de $f''(x)$ dépend donc du signe de $6x$, qui est négatif sur $]-\infty\,;\,0[$ et positif sur $]0\,;\,+\infty[$. Donc f est concave sur $]-\infty\,;\,0[$ et convexe sur $]0\,;\,+\infty[$.

2. Réponse a. Si f est convexe sur I, alors la courbe représentant f est située au-dessus de ses tangentes. Les tangentes en tous les points de la courbe sont donc situées en dessous de $\mathscr{C}$.

3. Réponse a. La fonction exponentielle est deux fois dérivable sur $\mathbb{R}$ et $f''(x) = e^x > 0$. On sait que pour tout x réel $e^x > 0$; la dérivée de f est donc positive sur $\mathbb{R}$, et f est convexe sur $\mathbb{R}$.

2 Étude de points d'inflexion

1. Réponse c. Si la courbe admet un point d'inflexion au point d'abscisse a, alors la dérivée seconde de f s'annule et change de signe en a.

2. Réponse b. f est deux fois dérivable sur $\mathbb{R}$ et pour tout x réel, $f'(x) = 8x^3 - 3$ et $f''(x) = 24x^2$. f'' s'annule en 0 mais ne change pas de signe. Donc $\mathscr{C}$ n'admet pas de point d'inflexion.

3 Étude de la convexité à partir d'un tableau de variations

Réponse b.

f' est croissante sur $[5\,;\,12]$, f est donc convexe sur cet intervalle. Sur $[1\,;\,5]$, f' est décroissante donc f est concave et $f'(2) = 0$ ne donne pas de renseignement sur $f''(2)$.

À NOTER
Les variations de f donnent des indications sur sa convexité. Attention à ne pas confondre signe et variations de f'.

S'ENTRAÎNER

4 Étudier la convexité d'une fonction à l'aide des dérivées

À NOTER
Les fonctions $f : x \mapsto x^2$, $g : x \mapsto \sqrt{x}$ et $h : x \mapsto e^x$ sont deux fois dérivables sur $\mathbb{R}$.
On peut donc utiliser la propriété faisant intervenir la dérivée seconde.

a. Pour tout x réel, on a $f'(x) = 2x$ et $f''(x) = 2 > 0$. **f est donc convexe sur $\mathbb{R}$.**

b. Pour tout $x \in [0\,;+\infty[$, on a $g'(x) = \dfrac{1}{2\sqrt{x}}$. g' est de la forme $\dfrac{1}{v}$ et $g'' = \dfrac{-v'}{v^2}$. D'où

$$g''(x) = \frac{\frac{-2}{2\sqrt{x}}}{(2\sqrt{x})^2} = \frac{-1}{4x\sqrt{x}} < 0 \text{ sur } [0\,;+\infty[$$ donc **g est concave sur $[0\,;+\infty[$.**

c. Pour tout x réel, on a $h'(x) = e^x$ et $h''(x) = e^x > 0$, **h est donc convexe sur $\mathbb{R}$.**

5 Étudier graphiquement la convexité d'une fonction

1. Pour étudier graphiquement la convexité de C, on imagine la tangente en chaque point de la courbe et on applique la définition. La tangente en un point de la courbe (Γ) semble au-dessus de (Γ) tant que l'abscisse de ce point est inférieure à 3. La fonction semble donc **concave sur $[0\,;3]$** puis **convexe sur $[3\,;7]$. Le point d'abscisse 3 semble être un point d'inflexion.**

2. a. C est une fonction polynôme donc dérivable sur $[0\,;7]$. On a **$C'(q) = 0{,}3q^2 - 1{,}8q + 3$**. De même, C' est dérivable sur $[0\,;7]$ et **$C''(q) = 0{,}6q - 1{,}8$.**
Pour étudier les variations de C', étudions le signe de C''.
$C''(q) \geqslant 0 \Leftrightarrow 0{,}6q - 1{,}8 \geqslant 0 \Leftrightarrow q \geqslant 3$. On obtient le tableau de variations de C' :

x	0		3		7
$C''(x)$		−	0	+	
C'	↘		5,6		↗

b. La dérivée C' de C est décroissante sur $[0\,;3]$ donc C est bien concave sur $[0\,;3]$. Sur $[3\,;7]$, la dérivée est croissante donc C est convexe sur $[3\,;7]$. En 3, la dérivée seconde s'annule et change de signe ; le point d'abscisse 3 est donc un point d'inflexion pour (Γ).
Lorsque C' est décroissante, la croissance du coût total est ralentie ; lorsque C'' est croissante, la croissance du coût total est accélérée.

6 Étudier la propagation d'une maladie

Partie A

a. On cherche les antécédents de 2000 par la fonction f. Il y en a deux, qui sont environ 10 et 27. Il y aura donc 2000 malades **le 10e et le 27e jour** après le début de la maladie.

b. Le nombre de malades est maximal le **20e jour** ; ce maximum est **4 000 malades**.

c. La vitesse de propagation le jour t après le début de la maladie correspond au coefficient directeur de la tangente à la courbe au point d'abscisse t, c'est-à-dire au nombre dérivé de la fonction f. La dérivée f' de f admet un maximum lorsque f' est croissante puis décroissante, c'est-à-dire lorsque f est convexe puis concave. On remarque sur la courbe que sur $[0 ; 10]$, f est convexe puis que sur $[10 ; 30]$, f semble concave. La courbe admet donc un point d'inflexion au point d'abscisse 10. C'est donc pour le **10e jour** après le début de la maladie que la vitesse de propagation est la plus grande.

Partie B

1. La fonction f est une fonction polynôme, elle est donc dérivable sur son ensemble de définition $[0 ; 30]$. Pour tout $t \in [0 ; 30]$, $f'(t) = -3t^2 + 60t$. Étudions le signe de f'. On a $f'(t) = 3t(-t + 20)$. Les solutions de $f'(t) = 0$ sont 0 et 20. f' est un polynôme du second degré donc du signe de son coefficient dominant (-3) à l'extérieur des racines. On obtient donc le tableau suivant :

x	0		0		30
$f'(t)$		+	0	−	
f	0	↗	4000	↘	0

2. a. On a $f(10) = -10^3 + 30 \times 10^2 = 2000$. Donc il y a **2 000 malades après 10 jours**.

CONSEIL

Pensez à utiliser le théorème de la bijection et à bien vérifier toutes les hypothèses.

→ FICHE 5

b. ■ Sur l'intervalle $[0 ; 20]$, f est continue car dérivable, strictement croissante. 2 000 est compris entre $f(0) = 0$ et $f(20) = 4\,000$. Donc, d'après le théorème de la bijection, l'équation $f(t) = 2\,000$ admet une unique solution α sur $[0 ; 20]$.

■ Sur l'intervalle $[20 ; 30]$, f est continue car dérivable, strictement décroissante. 2 000 est compris entre $f(30) = 0$ et $f(20) = 4000$. Donc, d'après le théorème de la bijection, l'équation $f(t) = 2000$ admet une unique solution β sur $[20 ; 30]$.

Finalement l'équation $f(t) = 2000$ admet **deux solutions sur $[0 ; 30]$.** À la calculatrice, on obtient **$\beta \approx 27$**.

c. $(t-10)(-t^2+20t+200)=0 \Leftrightarrow -t^3+20t^2+200t+10t^2-200t-2000=0$
$\Leftrightarrow -t^3+30t^2-2000=0 \Leftrightarrow f(t)=2000$.

La seconde solution de l'équation $f(t)=2000$ est donc $\alpha = 10$ sur $[0\,;20]$.

3. a. La fonction f' est une fonction polynôme, elle est donc dérivable sur son ensemble de définition et $f''(t)=-6t+60$.

b. On étudie le signe de f'' pour connaître les variations de f'.

$f''(t)\geqslant 0 \Leftrightarrow -6t+60\geqslant 0 \Leftrightarrow t\leqslant 10$

On obtient alors le tableau suivant :

x	0		10		30
$f''(t)$		+	0	−	
f'	0	↗	300	↘	−900

La dérivée f' est croissante sur $[0\,;10]$ et décroissante sur $[10\,;30]$. On en déduit que f est convexe sur $[0\,;10]$ et concave sur $[10\,;30]$.

c. Comme f' change de sens de variation en 10, cela signifie que le point de coordonnées $(10\,;300)$ est un point d'inflexion pour la courbe $\mathscr{C}$.

En ce point, la vitesse de propagation de la maladie est maximale, donc c'est au 10e jour que la maladie est la plus contagieuse.

7 Reconnaître la dérivée seconde d'une fonction

À NOTER

Le signe de f' donnera le sens de variation de f et les variations de f' donneront le signe de f'' car f'' est la dérivée de f'.

■ Étudions le signe de f' pour obtenir les variations de f.

Graphiquement, on voit que $f'(x)$ est négatif sur $]-\infty\,;-2[$, positif sur $]-2\,;+\infty[$. f sera donc décroissante sur $]-\infty\,;-2[$ et croissante sur $]-2\,;+\infty[$. La courbe représentant f est donc $\mathscr{C}_1$.

■ Étudions les variations de f' pour obtenir le signe de f''.

Graphiquement, on voit que f' est croissante sur $]-\infty\,;-1[$, décroissante sur $]-1\,;+\infty[$. Donc f'' est positive sur $]-\infty\,;-1[$, négative sur $]-1\,;+\infty[$. La courbe représentant f'' est donc la courbe $\mathscr{C}_3$.

8 Étudier la concentration d'un médicament

Partie A Étude graphique

a. La courbe passe par le point de coordonnées $(0\,;2)$, donc la concentration à l'instant initial est 2 g/L.

b. On cherche l'intervalle pour lequel la courbe est au-dessus de la droite d'équation $y=0{,}4$. Il s'agit de l'intervalle $[0\,;6]$.

Partie B Étude théorique

a. f est dérivable sur $[0\,;15]$. D'après la formule de dérivation d'un produit, $f'(x) = 1 \times e^{-0,5x} + (x+2)(-0,5)e^{-0,5x} = e^{-0,5x} - 0,5xe^{-0,5x} - e^{-0,5x}$.

Donc $f'(x) = -0,5xe^{-0,5x}$.

Sur $]0\,; 15]$, $x > 0$ et $e^{-0,5x} > 0$ donc $f'(x) < 0$.

$f(15) \approx 0,009$ on obtient donc le tableau de variations suivant :

À NOTER
$(e^u)' = u'e^u$ → FICHE 10

x	0	15
f	2 ↘	0,009

b. f est continue et strictement décroissante sur $[0\,; 15]$. 0,1 est compris entre $f(0) = 2$ et $f(15) \approx 0,009$. Donc d'après le théorème de la bijection, l'équation $f(x) = 0,1$ admet une solution unique α dans l'intervalle $[0\,; 15]$.

c. $f(9,4) \approx 0,104 > 0,1$ et $f(9,5) \approx 0,099 < 0,1$ donc $\alpha \in [9,4\,; 9,5]$.

d. f' est dérivable sur $[0\,; 15]$ comme produit de fonctions dérivables.

$f''(x) = -0,5e^{-0,5x} - 0,5x(-0,5)e^{-0,5x} = (-0,5 + 0,25x)e^{-0,5x}$.

Pour étudier la convexité de f, il nous faut étudier le signe de f''.

$e^{-0,5x} > 0$ donc $f''(x) \geqslant 0 \Leftrightarrow -0,5 + 0,25x \geqslant 0 \Leftrightarrow x \geqslant 2$

La fonction f est donc concave sur $[0\,; 2]$ et convexe sur $[2\,; 15]$.

De plus, f'' s'annule et change de signe pour $x = 2$, donc le point d'abscisse 2 est un point d'inflexion pour la courbe représentant f.

Partie C Interprétation des résultats

a. On estime que le médicament n'est plus actif lorsque la concentration est strictement inférieure à 0,1 g/L. D'après la question b. de la partie B, on sait que f est décroissante et $f(\alpha) = 0,1$. On cherche à résoudre $f(x) < 0,1$. On en déduit que $x > \alpha$.

Le médicament est donc actif pendant environ 9,54 h, soit environ 9 h 30.

b. La baisse de concentration ralentit lorsque la dérivée de f devient croissante donc lorsque f'' est positive , c'est à dire pour $x \leqslant 2$, c'est-à-dire au bout de 2 heures.

9 Lire graphiquement la convexité

1. a. Sur l'intervalle $]-\infty\,; 1]$, les tangentes aux points de la courbe sont situées au-dessus de $\mathscr{C}$, donc f est concave sur $]-\infty\,; 1[$.

En revanche sur l'intervalle $[1\,; +\infty[$, $\mathscr{C}$ est située au-dessus de ses tangentes, donc f est convexe sur $[1\,; +\infty[$.

b. On voit que la tangente (T) « traverse » la courbe au point d'abscisse 1, on peut donc dire que le point d'abscisse 1 est un point d'inflexion pour $\mathscr{C}$.

2. a. Si f est la dérivée de F, l'étude de la convexité de F se fera en déterminant les variations de f sur $\mathbb{R}$.

F est convexe sur $]-\infty\,; 0]$ et $[2\,; +\infty[$, car f est croissante.

F est concave sur $[0\,; 2]$, car f est décroissante.

b. La courbe représentant F admet donc deux points d'inflexion d'abscisse 0 et 2.

OBJECTIF BAC

10 Étudier un bénéfice

Partie A Étude de la fonction B

1. B est dérivable sur $[0,5 ; 4]$, car B est une fonction polynôme. Pour tout $x \in [0,5 ; 4]$, $B'(x) = 1,5x^2 - 9x + 11,34$. Étudions le signe de B'. On détermine les racines de $B'(x)$. On a $\Delta = (-9)^2 - 4 \times 1,5 \times 11,34 = 12,96$. On a donc deux racines, $x_1 = \dfrac{9-3,6}{3} = 1,8$ et $x_2 = \dfrac{9+3,6}{3} = 4,2$. On en déduit le tableau de signes de B' :

x	0,5		1,8		4
$B'(x)$		+	0	−	

2. a. Le tableau de variations de B est donc :

x	0,5		1,8		4
B	−1,3925	↗	2,748	↘	−0,64

b. Le bénéfice maximum est **274,8 euros par heure pour 1 800 cartes vendues.**

3. a. La fonction B est continue et strictement croissante sur $[0,5 ; 1,8]$. 0 est compris entre $B(0,5) = -1,3925$ et $B(1,8) = 2,748$, donc l'équation $B(x) = 0$ admet une unique solution α sur $[0,5 ; 1,8]$. De même, sur l'intervalle $[1,8 ; 4]$, la fonction B est continue et strictement décroissante. 0 est compris entre $B(1,8) = 2,748$ et $B(4) = -0,64$. Donc l'équation $B(x) = 0$ admet une unique solution β sur $[1,8 ; 4]$. En conclusion, **l'équation $B(x) = 0$ admet deux solutions α et β**. À la calculatrice, on obtient **$\alpha \approx 0,716$** et **$\beta \approx 3,501$.**

b. L'entreprise réalise des bénéfices si $B(x) > 0$, donc pour **une quantité minimale de 716 cartes et une quantité maximale de 3 501 cartes produites à l'heure.**

Partie B Rythme de croissance du bénéfice

1. B' est dérivable sur $[0,5 ; 4]$, et on a **$B''(x) = 3x - 9$.**

2. a. $B''(x) \geqslant 0$ pour $x \geqslant 3$. Donc **B est convexe sur $[3 ; 4]$ et concave sur $[0,5 ; 3]$.**

b. B'' s'annule et change de signe en 3. **Le point d'abscisse 3 est donc un point d'inflexion pour $\mathscr{C}$.**

À NOTER

Une fonction croissante et convexe croît de plus en plus. Au contraire, une fonction croissante et concave croît de moins en moins (et inversement pour les fonctions décroissantes).

3. a. Lorsque la production augmente jusqu'à 1 800 cartes par heure, le bénéfice augmente de façon **ralentie**, car B est croissante et concave.
b. Lorsque la production augmente entre 1 800 et 3 000 cartes par heure, le bénéfice diminue de façon **accélérée**, car B est décroissante et concave.
c. Lorsque la production augmente entre 3 000 et 3 500 cartes par heure, le bénéfice diminue de façon **ralentie**, car B est croissante et convexe.

Partie C Position relative d'une courbe et de sa tangente

a. L'équation de la tangente au point d'abscisse 3 est
$y = B'(3)(x-3) + B(3) = -2{,}16(x-3) + 1{,}02$.
Donc $\mathbf{y = -2{,}16x + 7{,}5}$.
b. ■ $B(x) - (-2{,}16x + 7{,}5) = 0{,}5x^3 - 4{,}5x^2 + 11{,}34x - 6 + 2{,}16x - 7{,}5$.
Donc $B(x) - (-2{,}16x + 7{,}5) = 0{,}5x^3 - 4{,}5x^2 + 13{,}5x - 13{,}5$.
■ $0{,}5(x-3)^3 = 0{,}5(x^3 - 9x^2 + 27x - 27) = 0{,}5x^3 - 4{,}5x^2 + 13{,}5x - 13{,}5$.
On a donc bien $\mathbf{B(x) - (-2{,}16x + 7{,}5) = 0{,}5(x-3)^3}$.
c. Pour étudier la position relative de $\mathscr{C}$ par rapport à (T), étudions le signe de $B(x) - (-2{,}16x + 7{,}5) = 0{,}5(x-3)^3$.
On a $B(x) - (-2{,}16x + 7{,}5) \geqslant 0 \Leftrightarrow (x-3)^3 \geqslant 0 \Leftrightarrow x \geqslant 3$.
On en déduit que **$\mathscr{C}$ est en dessous de (T) sur [0,5 ; 3], au-dessus de (T) sur [3 ; 4].**
On retrouve bien les résultats de la question **B 2. a.** puisque nous avons montré que B est convexe sur [3 ; 4] et concave sur [0,5 ; 3].

4 Fonctions logarithme népérien et exponentielle

Lorsqu'un organisme meurt, la quantité de carbone 14 qu'il contient décroît au cours du temps selon une loi exponentielle. Un échantillon de matière organique issue de cet organisme peut donc être daté, comme c'est le cas pour des ossements ou des restes de charbon de bois trouvés dans la grotte Chauvet, datés de plus de 35 000 ans !

10 Rappels et compléments sur la fonction exponentielle

En bref *La fonction exponentielle étudiée en Première sert à définir la fonction logarithme népérien, et permet l'étude de fonctions plus complexes, grâce à la composition.*

I Définitions et notations

- **Définition :** La fonction exponentielle est l'unique fonction dérivable sur $\mathbb{R}$, de dérivée elle-même, et qui prend la valeur 1 en 0. On la note exp.
- **Notations :** Le nombre exp(1) se note e, et pour tout $x \in \mathbb{R}$, on note $\exp(x) = e^x$.
- **Définition :** Pour toute fonction u définie sur un intervalle I, on définit la fonction e^u par :

$$\text{pour tout } x \in I,\ (e^u)(x) = e^{u(x)}$$

II Propriétés analytiques

- La fonction exp est **dérivable** sur $\mathbb{R}$, et pour tout $x \in \mathbb{R}$:

$$\exp'(x) = \exp(x)$$

- La fonction exp est **strictement croissante** sur $\mathbb{R}$.
- $\lim\limits_{x \to -\infty} e^x = 0$ et $\lim\limits_{x \to +\infty} e^x = +\infty$.
- Pour toute fonction u dérivable sur un intervalle I, la fonction e^u est dérivable sur I, et on a :

$$\left(e^u\right)' = u' \times e^u$$

III Propriétés algébriques

Pour tous réels a et b, et pour tout entier n, on a :

- $e^a \times e^b = e^{a+b}$
- $\left(e^a\right)^n = e^{na}$
- $e^{-a} = \dfrac{1}{e^a}$
- $\dfrac{e^a}{e^b} = e^{a-b}$

IV Équations et inéquations

Pour tous réels a et b, on a :

- $e^a = e^b \Leftrightarrow a = b$
- $e^a < e^b \Leftrightarrow a < b$

Méthode

Étudier une fonction contenant une exponentielle

Étudier la fonction f définie sur $\mathbb{R}$ par :

$$f(x) = \mathrm{e}^{-x^2}$$

CONSEILS

Étape 1 Étudiez la dérivabilité de f et déterminez sa fonction dérivée.
Étape 2 Déduisez-en les variations de f sur son domaine de définition.
Étape 3 Étudiez les limites de f aux bornes de son domaine de définition.
Étape 4 Dressez le tableau de variations de f.

SOLUTION

Étape 1

f est de la forme e^u avec $u(x) = -x^2$, pour tout réel x.

Elle est donc définie et dérivable sur $\mathbb{R}$. De plus $\left(\mathrm{e}^u\right)' = u'\mathrm{e}^u$, avec $u'(x) = -2x$.

Donc pour tout réel x, $f'(x) = -2x\,\mathrm{e}^{-x^2}$.

Étape 2

La fonction exponentielle est strictement positive, donc $-2x\,\mathrm{e}^{-x^2}$ est du signe de $-2x$, d'où $f'(x) > 0$ pour tout $x \in\,]-\infty\,;\,0[$, et $f'(x) < 0$ pour tout $x \in\,]0\,;\,+\infty[$.

Donc f est strictement croissante sur $]-\infty\,;\,0[$, et strictement décroissante sur $]0\,;\,+\infty[$.

Étape 3

On sait que $\lim\limits_{x\to-\infty}\left(\mathrm{e}^x\right) = 0$, donc $\lim\limits_{x\to-\infty} f(x) = \lim\limits_{x\to+\infty} f(x) = 0$, par composition.

Étape 4

x	$-\infty$		0		$-\infty$
$f'(x)$		$+$		$-$	
f	0	↗	1	↘	0

11 Définition et propriétés analytiques de la fonction logarithme népérien

En bref *La fonction logarithme népérien est la fonction réciproque de la fonction exponentielle.*

I Définition et notations

■ **Définition :** La fonction logarithme népérien, notée ln, est la fonction définie sur $]0\,;+\infty[$ par : pour tout $x \in \,]0\,;+\infty[$, $\ln x = y \Leftrightarrow x = e^y$

■ **Conséquences :**

- Pour tout réel x strictement positif, $e^{\ln x} = x$.
- Pour tout réel y, $\ln(e^y) = y$.

■ On a en particulier : $\ln 1 = 0$ et $\ln e = 1$.

■ **Définition :** Si u est une fonction strictement positive sur un intervalle I, on définit la fonction $\ln u$ par : pour tout $x \in \mathrm{I}$, $(\ln u)(x) = \ln(u(x))$

II Propriétés analytiques

■ La fonction ln est **dérivable** sur $]0\,;+\infty[$, et pour tout $x \in \,]0\,;+\infty[$:

$$ln'(x) = \frac{1}{x}$$

■ La fonction ln est **strictement croissante** sur $]0\,;+\infty[$.

■ $\lim\limits_{x\to 0^+} \ln x = -\infty$ et $\lim\limits_{x\to +\infty} \ln x = +\infty$.

■ Pour toute fonction u strictement positive et dérivable sur un intervalle I, la fonction $\ln u$ et dérivable sur I, et on a :

$$(\ln u)' = \frac{u'}{u}$$

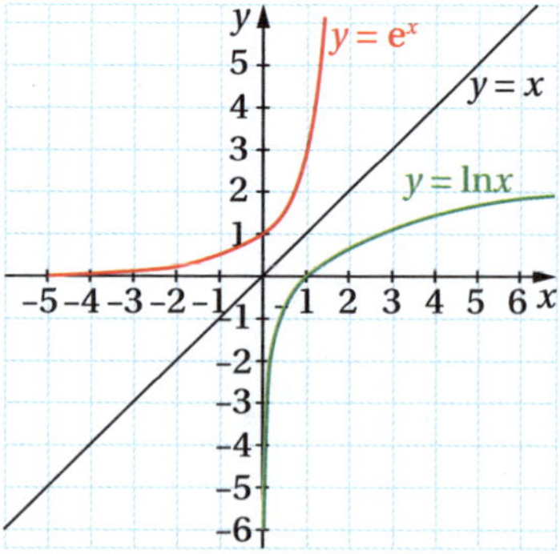

III Tableau de variations et courbe

x	0	1	$+\infty$
ln	‖ $-\infty$	↗ 0	↗ $+\infty$

À NOTER

Les courbes représentatives des fonctions exp et ln sont symétriques par rapport à la droite d'équation $y = x$.

Méthode

Étudier une fonction contenant des logarithmes

Étudier la fonction f définie par $f(x) = \ln(1 + e^{-x})$.

CONSEILS

Étape 1 Déterminez l'ensemble de définition de f.
Étape 2 Étudiez la dérivabilité de f et déterminez sa fonction dérivée.
Étape 3 Déduisez-en les variations de f sur son domaine de définition.
Étape 4 Étudiez les limites de f aux bornes de son domaine de définition.
Étape 5 Dressez le tableau de variations de f.

SOLUTION

Étape 1 La fonction ln est définie sur $]0\,;+\infty[$. Or, pour tout réel x, $e^{-x} > 0$ donc $1 + e^{-x} > 0$.

Donc f est **définie sur $\mathbb{R}$**.

Étape 2 f est **dérivable sur $\mathbb{R}$** car f est de la forme $\ln u$ avec $u(x) = 1 + e^{-x}$, strictement positive pour tout réel x et dérivable sur $\mathbb{R}$. Or $(\ln u)' = \dfrac{u'}{u}$ avec $u'(x) = -e^{-x}$ pour tout $x \in \mathbb{R}$.

Donc pour tout réel x, $f'(x) = \dfrac{-e^{-x}}{1+e^{-x}}$.

Étape 3 La fonction exponentielle est strictement positive, d'où $\dfrac{e^{-x}}{1+e^{-x}} > 0$ et $f'(x) < 0$ pour tout réel x.
Donc f est **strictement décroissante sur $\mathbb{R}$**.

Étape 4 On sait que $\lim\limits_{x\to-\infty}\left(e^{-x}\right) = \lim\limits_{X\to+\infty}\left(e^{X}\right) = +\infty$, donc $\lim\limits_{x\to-\infty}\left(1+e^{-x}\right) = +\infty$.

Or $\lim\limits_{X\to+\infty} \ln X = +\infty$, donc, par composition, $\lim\limits_{x\to-\infty} f(x) = +\infty$.

On sait que $\lim\limits_{x\to+\infty}\left(e^{-x}\right) = 0$, donc $\lim\limits_{x\to+\infty}\left(1+e^{-x}\right) = 1$.

Or $\lim\limits_{X\to1} \ln X = \ln 1 = 0$ donc, par composition, $\lim\limits_{x\to+\infty} f(x) = 0$.

Étape 5

x	$-\infty$		$+\infty$
$f'(x)$		$-$	
f	$+\infty$	↘	0

12 Propriétés algébriques de la fonction logarithme népérien

En bref *Historiquement, la fonction ln a été inventée pour simplifier les calculs, car elle permet de convertir les multiplications, longues à effectuer et souvent sources d'erreurs, en de simples additions.*

I Propriétés algébriques

- Pour tous réels strictement positifs a et b, et pour tout entier n, on a :

  - $\ln(ab) = \ln(a) + \ln(b)$
  - $\ln\left(\frac{1}{a}\right) = -\ln(a)$
  - $\ln\left(\frac{a}{b}\right) = \ln(a) - \ln(b)$
  - $\ln(a^n) = n\ln(a)$

- *Conséquence* : Pour tout réel strictement positif a, on a :

$$\ln\left(\sqrt{a}\right) = \frac{1}{2}\ln(a)$$

II Équations et inéquations

- Pour tous réels a et b strictement positifs, on a :

  - $\ln(a) = \ln(b) \Leftrightarrow a = b$
  - $\ln(a) < \ln(b) \Leftrightarrow a < b$

Exemple : $\ln(3x) = \ln 6 \Leftrightarrow 3x = 6 \Leftrightarrow x = 2$.

- *Conséquence* : Pour tout réel m et tout réel strictement positif x, on a :

  - $\ln(x) = m \Leftrightarrow x = e^m$
  - $\ln(x) < m \Leftrightarrow x < e^m$

En particulier : $\ln(a) < 0 \Leftrightarrow 0 < a < 1$.

Exemple : $\ln(1 + x) = 4 \Leftrightarrow 1 + x = e^4 \Leftrightarrow x = e^4 - 1$.

Remarque : Si q et a sont des réels strictement positifs et si n est un entier naturel, alors $q^n > a \Leftrightarrow n\ln(q) > \ln(a)$.

À NOTER
Cette remarque permet de déterminer un seuil dans l'étude d'une suite géométrique.

Méthodes

1 Simplifier ou transformer une expression

On pose $A = \dfrac{\ln 12 - 3\ln 2}{2\ln 3 - \ln 6}$ et $B = e^{-\ln 2} + \ln(e^{-2})$.

Montrer que A est un entier et que B est un rationnel.

CONSEILS

Pour simplifier A, utilisez la propriété sur le logarithme d'un produit.
Pour simplifier B, utilisez la définition du logarithme.

SOLUTION

- $A = \dfrac{\ln\left(3 \times 2^2\right) - 3\ln 2}{2\ln 3 - \ln(3 \times 2)} = \dfrac{\ln 3 + 2\ln 2 - 3\ln 2}{2\ln 3 - (\ln 3 + \ln 2)} = \dfrac{\ln 3 - \ln 2}{\ln 3 - \ln 2} = 1.$

Donc **A est entier**.

- $B = \dfrac{1}{e^{\ln 2}} + \ln\left(e^{-2}\right) = \dfrac{1}{2} - 2 = -\dfrac{3}{2}$. Donc **$B$ est rationnel**.

2 Résoudre une inéquation

On considère la suite géométrique de terme général $u_n = \dfrac{1}{2^n}$.
Déterminer à partir de quel rang n on a $u_n \leqslant 10^{-5}$.

CONSEILS

Modifiez la condition $u_n \leqslant 10^{-5}$ en prenant le logarithme népérien de chaque membre, pour faire passer l'inconnue n d'exposant à coefficient.

SOLUTION

Pour tout $n \in \mathbb{N}$, $u_n > 0$. On peut donc utiliser la croissance de la fonction ln puisque les deux membres de l'inégalité sont positifs. On obtient :

$$0 < u_n \leqslant 10^{-5} \Leftrightarrow \ln(u_n) \leqslant \ln(10^{-5}) \quad \Leftrightarrow \ln\left(\frac{1}{2^n}\right) \leqslant \ln\left(10^{-5}\right)$$

$$\Leftrightarrow -\ln(2^n) \leqslant \ln(10^{-5}) \quad \Leftrightarrow -n\ln 2 \leqslant \ln(10^{-5})$$

$$\Leftrightarrow n \geqslant \frac{-\ln\left(10^{-5}\right)}{\ln 2} \text{ (car } \mathbf{-\ln 2 < 0}\text{) avec } \frac{-\ln\left(10^{-5}\right)}{\ln 2} \approx 16{,}6$$

Donc $u_n \leqslant 10^{-5}$ à partir du rang **$n = 17$**.

À NOTER

Attention aux signes dans les résolutions d'inéquations!

MÉMO VISUEL

Définitions

Comment sont définies les fonctions exp et ln ?

Fonction exp

La fonction exp est l'unique fonction f dérivable sur $\mathbb{R}$ qui vérifie $f' = f$ et $f(0) = 1$.

Fonction ln

La fonction ln est la réciproque de la fonction exp

$$]0\ ;\ +\infty[\xrightarrow{\ln} \mathbb{R}$$

$$e^y = x \underset{\exp}{\overset{\ln}{\rightleftarrows}} y = \ln x$$

Pour tout $x \in]0\ ;\ +\infty[$, $\ln x = y \Leftrightarrow x = e^y$.

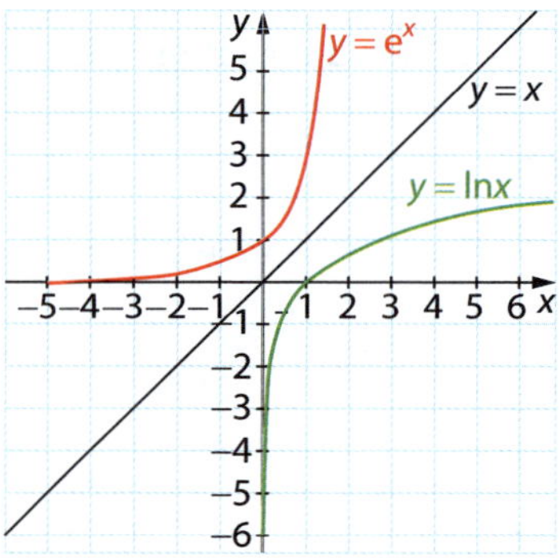

FONCTIONS

Comment varie la fonction exp ?

Variations de la fonction exp

Dérivées

- Pour tout $x \in \mathbb{R}$, $\exp'(x) = \exp(x)$
- Pour toute fonction u dérivable sur un intervalle I, la fonction e^u est dérivable sur I et

$$(e^u)' = u' \times e^u$$

Variations

La fonction exp est **strictement croissante** sur $\mathbb{R}$

EXP ET LN

Comment varie la fonction ln ?

Variations de la fonction ln

Dérivées

- Pour tout $x \in \left]0\,;+\infty\right[$, $\ln'(x) = \frac{1}{x}$
- Pour toute fonction u strictement positive et dérivable sur un intervalle I, la fonction $\ln u$ est dérivable sur I et

$$(\ln u)' = \frac{u'}{u}$$

Variations

La fonction ln est **strictement croissante** sur $\left]0\,;+\infty\right[$

Quelles sont les propriétés des fonctions exp et ln ?

Propriétés

Propriétés algébriques

Pour tous réels a et b et pour tout entier n, on a :

- $e^{a+b} = e^a \times e^b$
- $e^{-a} = \frac{1}{e^a}$
- $e^{a-b} = \frac{e^a}{e^b}$
- $(e^a)^n = e^{na}$

Pour tous réels strictement positifs a et b et pour tout entier n, on a :

- $\ln(ab) = \ln(a) + \ln(b)$
- $\ln\left(\frac{1}{a}\right) = -\ln(a)$
- $\ln\left(\frac{a}{b}\right) = \ln(a) - \ln(b)$
- $\ln(a^n) = n\ln(a)$

Limites

- $\lim\limits_{x \to -\infty} e^x = 0$
- $\lim\limits_{x \to 0^+} \ln x = -\infty$
- $\lim\limits_{x \to +\infty} e^x = +\infty$
- $\lim\limits_{x \to +\infty} \ln x = +\infty$
- $\lim\limits_{x \to 0} \frac{e^x - 1}{x} = 1$
- $\lim\limits_{x \to 1} \frac{\ln x}{x - 1} = 1$

SE TESTER QUIZ

Vérifiez que vous avez bien compris les points clés des **fiches 10 à 12**.

1 Calculs d'images

→ FICHES 10 et 11

1. Si f est définie par $f(x) = x\ln x - x$, alors :

☐ **a.** $f(1) = 1$ ☐ **b.** $f(1) = 0$ ☐ **c.** $f(1) = -1$

2. Si f est définie par $f(x) = e^{x\ln x}$, alors :

☐ **a.** $f(1) = 1$ ☐ **b.** $f(1) = e$ ☐ **c.** $f(1) = 0$

2 Résolutions d'équations

→ FICHE 12

Pour tout réel x, on a :

☐ **a.** $3e^{-x} = 1 \Leftrightarrow x = \ln 3$

☐ **b.** $\ln x + \ln(x+1) = \ln 2 \Leftrightarrow x = 1$ ou $x = -2$

☐ **c.** $\ln(x^2 + 4x + 1) = \ln(x-1) \Leftrightarrow x = -1$ ou $x = -2$

3 Résolutions d'inéquations

→ FICHE 12

Pour tout réel x, on a :

☐ **a.** $e^{-x} > \frac{1}{2} \Leftrightarrow x > -\ln 2$

☐ **b.** $e^{-x} > \frac{1}{2} \Leftrightarrow x < \ln 2$

☐ **c.** $e^{-x} > \frac{1}{2} \Leftrightarrow x < -\ln 2$

4 Calculs de dérivées

→ FICHES 10 et 11

1. La fonction $x \mapsto x\ln x - x$ admet pour dérivée sur $]0\,;+\infty[$:

☐ **a.** $x \mapsto 0$ ☐ **b.** $x \mapsto 1 - x$ ☐ **c.** $x \mapsto \ln x$

2. La fonction $x \mapsto e^{\frac{1}{x}}$ admet pour dérivée sur $]0\,;+\infty[$:

☐ **a.** $x \mapsto e^{\frac{-1}{x^2}}$ ☐ **b.** $x \mapsto -e^{-x}$ ☐ **c.** $x \mapsto \frac{-1}{x^2}e^{\frac{1}{x}}$

5 Calculs de limites

→ FICHE 11

☐ **a.** $\lim\limits_{x \to 0} \frac{\ln(1+x)}{x} = 1$ ☐ **b.** $\lim\limits_{x \to 0^+} \frac{\ln x}{e^x - 1} = 0$ ☐ **c.** $\lim\limits_{x \to 0^+} \frac{\ln(1+x)}{e^x - 1} = +\infty$

DÉMONSTRATIONS CLÉS

6 Propriétés algébriques de la fonction ln

→ FICHE 12

On admet que la fonction exp vérifie pour tous réels a et b : $e^{a+b} = e^a \times e^b$.

a. Montrer que pour tous réels strictement positifs a et b, $\ln(ab) = \ln(a) + \ln(b)$.

b. Montrer que pour tout réel strictement positif a, $\ln\left(\frac{1}{a}\right) = -\ln a$.

7 Dérivée de la fonction logarithme népérien

→ FICHE 11

On admet que la fonction ln est dérivable sur $]0\,;+\infty[$, et on note ln′ sa dérivée. On admet que pour toute fonction dérivable u, $\left(e^u\right)' = u'e^u$. On considère la fonction f définie sur $]0\,;+\infty[$ par $f(x) = e^{\ln x}$.

a. Exprimer simplement $f(x)$, pour tout réel x strictement positif.

b. Exprimer $f'(x)$ à l'aide de ln′.

c. En déduire que pour tout réel x strictement positif, $\ln'(x) = \frac{1}{x}$.

S'ENTRAÎNER

8 Simplifier une expression

→ FICHE 12

Exprimer à l'aide de $\ln 2$ les nombres suivants :

$\ln 8$, $\ln(2e)$, $\dfrac{\ln 12 - \ln 3}{(\ln 2)^2}$, $\ln\left(\dfrac{1}{\sqrt{2}}\right)$, $\ln\left(\sqrt{3}+1\right) + \ln\left(\sqrt{3}-1\right)$.

9 Résoudre des équations

→ FICHES 11 et 12

Résoudre dans $\mathbb{R}$ les équations suivantes :

a. $\ln(x-2) + \ln(x-1) = \ln 2 + \ln(2x-5)$ (E_1)

b. $\ln((x+3)(x+2)) = \ln 6$ (E_2)

c. $\ln(x+3) + \ln(x+2) = \ln 6$ (E_3)

CONSEILS
Veillez à déterminer en premier lieu l'ensemble sur lequel l'équation est définie.

10 Calculer des dérivées

→ FICHES 10 et 11

Calculer les dérivées des fonctions définies sur l'intervalle I par :

a. $f(x) = e^{x\ln x}$, $I =]0\,;+\infty[$

b. $f(x) = e^{\sqrt{x}}$, $I =]0\,;+\infty[$

c. $f(x) = \dfrac{e^{\frac{1}{x}}}{x}$, $I =]0\,;+\infty[$

d. $f(x) = \ln(\ln x)$, $I =]1\,;+\infty[$

e. $f(x) = \ln\left(x + \sqrt{1+x^2}\right)$, $I = \mathbb{R}$

11 Étudier une fonction avec un logarithme

→ FICHES 11 et 12

On considère la fonction définie sur $\left[\frac{1}{\mathrm{e}} ; +\infty\right[$ par $f(x) = x^2 \ln x - \frac{x^2}{2}$.

a. Calculer la dérivée de f. En déduire les variations de f.

b. Calculer $f\left(\frac{1}{\mathrm{e}}\right)$ et déterminer la limite de f en $+\infty$.

c. Déterminer le point d'intersection de la courbe représentative de f avec l'axe des abscisses, et la pente de la tangente à la courbe en ce point.

12 Étudier une fonction pour prouver une inégalité

→ FICHES 11 et 12

On considère la fonction définie sur $]-1 ; +\infty[$ par $f(x) = x - \ln(1 + x)$.

a. Étudier la limite de f en -1.

b. Montrer que, pour tout réel $x \geqslant 4$, on a $f(x) > \frac{x}{2}$, et en déduire la limite de f en $+\infty$.

c. Calculer la dérivée de f. Dresser le tableau de variations de f.

d. En déduire le signe de f sur son ensemble de définition.

e. En utilisant le signe de f, justifier que pour tout entier naturel n non nul, on a $\ln\left(1 + \frac{1}{n}\right) < \frac{1}{n}$.

f. En déduire que pour tout entier naturel n non nul, $\left(1 + \frac{1}{n}\right)^n < \mathrm{e}$.

> **CONSEIL**
> Pour montrer l'inégalité, étudiez le signe de la fonction $x \mapsto f(x) - \frac{x}{2}$.

13 Problème d'économie

→ FICHES 11 et 12

Une exploitation viticole produit entre 2 et 9 hectolitres de vin par an selon les années, et revend forfaitairement sa production à un négociant, au prix de 50 000 euros, quelle que soit sa production. Son coût total de production en fonction du volume produit (en hectolitres) est, en millier d'euros, donné par $C_T : x \mapsto 2x\ln x + (x-1)\ln(x-1) - 3x + 10$.

Partie A Étude d'une fonction auxiliaire

a. Déterminer le domaine de définition I de la fonction $f : x \mapsto \ln(x^3 - x^2)$.

b. Déterminer les limites de f aux bornes de I.

c. Déterminer les variations de la fonction f.

d. Démontrer que l'équation $f(x) = 0$ admet sur I une unique solution α dont on donnera un encadrement d'amplitude 0,1.

Partie B Interprétation économique

a. Calculer le coût total de production des deux premiers hectolitres de vin.

b. Le coût marginal de production est donné par la dérivée du coût total.

Déterminer l'expression du coût marginal de production $C_m(x)$ pour $x \in [2\ ;\ 9]$.

c. Justifier que le coût marginal de production est positif sur l'intervalle $[2\ ;\ 9]$.

d. L'exploitation viticole est-elle bénéficiaire tous les ans ?

OBJECTIF BAC

14 Modélisation temporelle

45 min

→ FICHES 10, 11 et 12

Les fonctions exp et ln sont souvent utilisées pour modéliser des évolutions de phénomènes au cours du temps. Nous allons ici en étudier deux cas, l'un pour une datation passée, l'autre pour des prospections futures.

LE SUJET

Partie A

Le carbone 14 est radioactif. Sa période radioactive (durée au bout de laquelle la moitié d'une quantité donnée de radionucléides s'est désintégrée) est T = 5 570 ans.

La quantité de carbone 14 contenue dans une espèce vivante reste constante durant toute sa vie, à cause des échanges entre cette espèce et le monde extérieur. À la mort de l'espèce, ces échanges s'arrêtent et la quantité de carbone 14 qui y est contenue va diminuer du fait de sa désintégration.

Expérimentalement, on constate que l'activité (nombre moyen de désintégrations par seconde) est proportionnelle au nombre $N(t)$ de noyaux radioactifs restant à l'instant t, et à la nature des noyaux radioactifs. On obtient ainsi $N(t) = \mathrm{N}_0\mathrm{e}^{-\lambda t}$, où λ est une constante qui dépend de l'élément radioactif et $\mathrm{N}_0 = N(0)$.

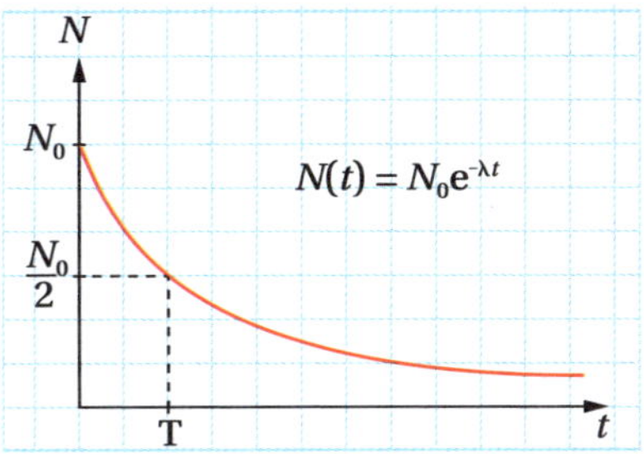

a. Montrer que $\lambda = \dfrac{\ln 2}{T}$.

b. L'analyse d'un échantillon de bois fossile montre qu'il ne contient plus que 6,25 % de son carbone 14 initial. Quel est l'âge approximatif de ce morceau de bois ?

Partie B

En 1975, Gordon E. Moore a conjecturé que le nombre de transistors implantés dans la puce du microprocesseur d'un ordinateur doublerait tous les ans. C'est ce que l'on appelle la loi de Moore. La première de ces puces (l'Intel 4004) possédait 2 300 transistors en 1971.

a. En supposant que la loi de Moore soit vérifiée, combien de transistors devaient avoir une puce de microprocesseur en 1973 ? en 1977 ?

b. En quelle année atteindrait-on alors la quantité de 10^{12} transistors par puce ?

LIRE LE SUJET

Partie A

a. Calculez la valeur exacte de λ en fonction de T.

b. Déterminez à quel instant t il ne restera plus que 6,25 % de carbone 14.

Partie B

a. Calculez le nombre de transistors qu'il devait y avoir en 1973, puis en 1977, s'il double bien tous les ans depuis 1971.

b. Déterminez l'année lors de laquelle on aura atteint les 10^{12} transistors par puce, si le nombre de transistors double tous les ans.

LA FEUILLE DE ROUTE

Partie A

a. Déterminer un paramètre → FICHES 10, 11 et 12

Le rapport $\frac{1}{2} = \frac{N(t+\mathrm{T})}{N(t)}$ ne dépendant pas de t, déterminez λ en composant par la fonction ln.

b. Effectuer une estimation

Pensez au fait que $\frac{N(\mathrm{T})}{N_0} = 6{,}25\ \% = 0{,}0625$, puis passez au ln.

Partie B

a. Modéliser la loi de Moore

Traduisez la loi de Moore à l'aide de puissances de 2, et appliquez le modèle.

b. Inverser la loi de Moore → FICHES 10, 11 et 12

Grâce à l'équivalence $a = \mathrm{e}^n \Leftrightarrow \ln a = n$, déterminez n tel que $2^n \geqslant \frac{10^{12}}{2\,300}$.

CORRIGÉS

SE TESTER QUIZ

1 Calculs d'images

1. Réponse c.

$\ln 1 = 0$, donc $f(1) = 1 \times 0 - 1 = -1$.

2. Réponse a.

$\ln 1 = 0$, donc $f(1) = e^{1 \times \ln 1} = e^0 = 1$.

2 Résolutions d'équations

Réponse a.

Pour tout x réel, on a $3e^{-x} = 1 \Leftrightarrow e^{-x} = \frac{1}{3}$ qui est toujours strictement positif.

Donc $3e^{-x} = 1 \Leftrightarrow \ln\left(e^{-x}\right) = \ln\left(\frac{1}{3}\right) \Leftrightarrow -x = -\ln 3 \Leftrightarrow x = \ln 3$.

À NOTER

L'expression $\ln(x) + \ln(x+1)$ n'est pas définie pour $x = -2$.
De même, l'expression $\ln(x^2 + 4x + 1) = \ln(x - 1)$ n'est définie ni pour $x = -1$ ni pour $x = -2$.

3 Résolutions d'inéquations

Réponse b.

Comme $\frac{1}{2} > 0$, par croissance de la fonction ln, on a pour tout x réel,

$e^{-x} > \frac{1}{2} \Leftrightarrow -x > \ln\left(\frac{1}{2}\right) \Leftrightarrow x < -\ln\left(\frac{1}{2}\right) \Leftrightarrow x < \ln 2$.

4 Calculs de dérivées

1. Réponse c.

La fonction $u : x \mapsto x \ln x$ est dérivable sur $]0\,;+\infty[$ (produit de deux fonctions dérivables), et $u'(x) = 1 \times \ln x + x \times \frac{1}{x} = \ln x + 1$.

2. Réponse c.

La fonction $u : x \mapsto \frac{1}{x}$ est dérivable sur $]0\,;+\infty[$ et $u'(x) = -\frac{1}{x^2}$.

La fonction $f : x \mapsto e^{\frac{1}{x}}$ est de la forme e^u. Elle est donc dérivable sur $]0\,;+\infty[$, et $f'(x) = u'(x)e^{u(x)} = \frac{-1}{x^2}e^{\frac{1}{x}}$.

5 Calculs de limites

Réponse a.

La fonction $f : x \mapsto \ln(1+x)$ est de la forme $\ln u$, avec $u(x) = x + 1$.

u est strictement positive et dérivable sur $]-1\,;+\infty[$, et $u'(0) = 1$. On en déduit que f est dérivable en 0, et $f'(0) = \dfrac{u'(0)}{u(0)} = 1$.

$\lim\limits_{x\to 0} \dfrac{f(x)}{x}$ est la limite du taux d'accroissement de f en 0, donc $\lim\limits_{x\to 0} \dfrac{f(x)}{x} = f'(0) = 1$.

À NOTER

- $\lim\limits_{x\to 0^+} \ln x = -\infty$ et $\lim\limits_{x\to 0^+} e^x - 1 = 0^+$, donc par quotient, $\lim\limits_{x\to 0^+} \dfrac{\ln x}{e^x - 1} = -\infty$.
- On a montré que $\lim\limits_{x\to 0^+} \dfrac{\ln(1+x)}{x} = 1$. Or $\lim\limits_{x\to 0^+} \dfrac{e^x - 1}{x} = 1$ (limite du taux d'accroissement de la fonction exp en 0). Donc par quotient, on a $\lim\limits_{x\to 0^+} \dfrac{\ln(1+x)}{e^x - 1} = \lim\limits_{x\to 0^+} \dfrac{\dfrac{\ln(1+x)}{x}}{\dfrac{e^x-1}{x}} = 1$.

DÉMONSTRATIONS CLÉS

6 Propriétés algébriques de la fonction ln

→ FICHE 12

a. Soient a et b des réels strictement positifs. On a $e^{\ln a + \ln b} = e^{\ln a} \times e^{\ln b} = ab$. Donc en prenant le logarithme : $\ln a + \ln b = \ln(ab)$.

b. Soit a un réel strictement positif. D'après la question précédente, on a $\ln a + \ln\left(\dfrac{1}{a}\right) = \ln\left(a \times \dfrac{1}{a}\right) = \ln 1 = 0$. Donc $\ln\left(\dfrac{1}{a}\right) = -\ln a$.

7 Dérivée de la fonction logarithme népérien

a. Par définition de la fonction logarithme népérien, pour tout réel strictement positif x, on a $f(x) = x$.

b. On a f dérivable sur $]0\,;+\infty[$ et $f'(x) = e^{\ln x} \times \ln'(x) = x\ln'(x)$.

c. Sur $]0\,;+\infty[$, $f(x) = x$ donc $f'(x) = 1 = x\ln'(x)$ d'où $\ln'(x) = \dfrac{1}{x}$.

S'ENTRAÎNER

8 Simplifier une expression

- $\ln 8 = \ln(2^3) = 3\ln 2$;
- $\ln(2e) = \ln 2 + \ln e = (\ln 2) + 1$;
- $\dfrac{\ln 12 - \ln 3}{(\ln 2)^2} = \dfrac{\ln \frac{12}{3}}{(\ln 2)^2} = \dfrac{\ln 4}{(\ln 2)^2} = \dfrac{\ln(2^2)}{(\ln 2)^2} = \dfrac{2\ln 2}{(\ln 2)^2} = \dfrac{2}{\ln 2}$;
- $\ln 2 = \ln\left(\left(\sqrt{2}\right)^2\right) = 2\ln\left(\sqrt{2}\right)$ donc $\ln\left(\sqrt{2}\right) = \frac{1}{2}\ln 2$ d'où $\ln\left(\frac{1}{\sqrt{2}}\right) = -\ln\left(\sqrt{2}\right) = -\frac{\ln 2}{2}$;

À NOTER
On ne peut pas simplifier davantage cette écriture.

- $\ln\left(\sqrt{3}+1\right) + \ln\left(\sqrt{3}-1\right) = \ln\left(\left(\sqrt{3}+1\right)\left(\sqrt{3}-1\right)\right) = \ln(3-1) = \ln 2$.

9 Résoudre des équations

À NOTER
Il faut toujours penser à restreindre le domaine d'étude des fonctions de la forme $\ln(u(x))$ aux réels x vérifiant $u(x) > 0$.

a. ■ $\begin{cases} x-2>0 \\ x-1>0 \\ 2x-5>0 \end{cases} \Leftrightarrow \begin{cases} x>2 \\ x>1 \\ x>\frac{5}{2} \end{cases}$. Donc (E_1) est définie sur $I_1 = \left]\frac{5}{2} ; +\infty\right[$.

■ Pour tout $x \in I_1$:

$(E_1) \Leftrightarrow \ln((x-2)(x-1)) = \ln(2(2x-5)) \Leftrightarrow \ln(x^2-3x+2) = \ln(4x-10)$

$\Leftrightarrow x^2 - 3x + 2 = 4x - 10 \Leftrightarrow x^2 - 7x + 12 = 0$.

Les deux solutions $x = 3$ et $x = 4$ appartiennent bien à I_1 donc $\mathcal{S} = \{3 ; 4\}$.

b. ■ $(x+3)(x+2) > 0 \Leftrightarrow x^2 + 5x + 6 > 0 \Leftrightarrow x < -3$ ou $x > -2$.

Donc (E_2) est définie sur $I_2 =]-\infty ; -3[\cup]-2 ; +\infty[$.

■ Pour tout $x \in I_2$:

$(E_2) \Leftrightarrow x^2 + 5x + 6 = 6 \Leftrightarrow x^2 + 5x = 0 \Leftrightarrow x(x+5) = 0$.

Les deux solutions $x = 0$ et $x = -5$ appartiennent à I_2 donc $\mathcal{S} = \{0 ; -5\}$.

c. ■ $\begin{cases} x+3>0 \\ x+2>0 \end{cases} \Leftrightarrow \begin{cases} x>-3 \\ x>-2 \end{cases}$. Donc (E_3) est définie sur $I_3 =]-2 ; +\infty[$.

■ Pour tout $x \in I_3$:

$(E_3) \Leftrightarrow \ln((x+3)(x+2)) = \ln 6$. (On retrouve l'équation du b.)

Mais ici, seule la solution $x = 0$ appartient à I_3. Donc $\mathcal{S} = \{0\}$.

10 Calculer des dérivées

a. f est de la forme e^u avec $u(x) = x \ln x$. Sa dérivée est de la forme $u'e^u$ avec $u'(x) = 1 \times \ln x + x \times \frac{1}{x} = \ln x + 1$. Donc sur I, $f'(x) = (\ln x + 1)e^{x\ln x}$.

b. La fonction f est de la forme e^u avec $u(x) = \sqrt{x}$. Sa dérivée est de la forme $u'e^u$ avec $u'(x) = \frac{1}{2\sqrt{x}}$ pour $x > 0$. Donc sur I, $f'(x) = \frac{e^{\sqrt{x}}}{2\sqrt{x}}$.

c. Soit g la fonction définie sur I par $g(x) = e^{\frac{1}{x}}$. g est de la forme e^u avec $u(x) = \frac{1}{x}$.

Sa dérivée est de la forme $u'e^u$ avec $u'(x) = -\frac{1}{x^2}$. Donc sur I, $g'(x) = -\frac{1}{x^2}e^{\frac{1}{x}}$.

Pour tout $x \in$ I, $f(x) = \frac{1}{x}g(x)$, donc en dérivant le produit, on a

$$f'(x) = -\frac{1}{x^2}e^{\frac{1}{x}} + \frac{1}{x} \times \left(-\frac{1}{x^2}e^{\frac{1}{x}}\right) = -\frac{1}{x^2}e^{\frac{1}{x}}\left(1 + \frac{1}{x}\right).$$

À NOTER

On a dérivé f comme un produit, on pouvait la dériver comme un quotient.

d. f est de la forme $\ln u$ avec $u(x) = \ln x$. Sa dérivée est de la forme $\frac{u'}{u}$ avec $u'(x) = \frac{1}{x}$.

Donc sur I, $f'(x) = \frac{1}{x\ln x}$.

e. f est de la forme $\ln u$ avec $u(x) = x + \sqrt{1 + x^2}$. Sa dérivée est de la forme $\frac{u'}{u}$ avec

$$u'(x) = 1 + \frac{2x}{2\sqrt{1+x^2}} = 1 + \frac{x}{\sqrt{1+x^2}}.$$

Donc sur I, $$f'(x) = \frac{1 + \frac{x}{\sqrt{1+x^2}}}{x + \sqrt{1+x^2}} = \frac{\frac{\sqrt{1+x^2} + x}{\sqrt{1+x^2}}}{x + \sqrt{1+x^2}} = \frac{1}{\sqrt{1+x^2}}.$$

11 Étudier une fonction avec un logarithme

a. Par somme et produit, f est dérivable sur $\left[\frac{1}{e} ; +\infty\right[$ et on a

$$f'(x) = (2x)\ln x + x^2 \times \frac{1}{x} - \frac{1}{2} \times 2x = 2x\ln x.$$

Sur $\left[\frac{1}{e} ; +\infty\right[$, $f'(x) \geqslant 0 \Leftrightarrow \ln x \geqslant 0 \Leftrightarrow x \geqslant 1$.

La fonction f est donc **décroissante sur $\left[\frac{1}{e} ; 1\right]$ et croissante sur $]1 ; +\infty[$**.

b. • $f\left(\frac{1}{e}\right) = \frac{\ln\left(\frac{1}{e}\right)}{e^2} - \frac{1}{2e^2} = \frac{-1}{e^2} - \frac{1}{2e^2} = \frac{-3}{2e^2}$.

• On a $f(x) = x^2\left(\ln x - \frac{1}{2}\right)$. Par produit, on déduit que $\lim\limits_{x \to +\infty} f(x) = +\infty$.

c. On cherche le réel $x > \frac{1}{e}$ tel que $f(x) = 0$, ce qui équivaut, avec la factorisation précédente, à $\ln x = \frac{1}{2}$. Ainsi, la courbe coupe l'axe des abscisses au point de coordonnées $\left(e^{\frac{1}{2}} ; 0\right)$.

En ce point, la tangente a pour pente

$$f'\left(e^{\frac{1}{2}}\right) = 2e^{\frac{1}{2}} \ln\left(e^{\frac{1}{2}}\right) = 2e^{\frac{1}{2}} \times \frac{1}{2} = e^{\frac{1}{2}}.$$

À NOTER
La tangente ayant pour équation $y = f'(a)(x - a) + f(a)$, le coefficient directeur (ou pente) de la tangente est $f'(a)$.

12 Étudier une fonction pour prouver une inégalité

a. On a $\lim\limits_{x \to -1^+} (1 + x) = 0^+$ et $\lim\limits_{X \to 0^+} \ln X = -\infty$. Donc par composition, $\lim\limits_{x \to -1} -\ln(1 + x) = +\infty$. Par somme, $\lim\limits_{x \to -1} f(x) = +\infty$.

b. Pour $x \geqslant 4$, on définit la fonction g par $g(x) = f(x) - \frac{x}{2} = \frac{x}{2} - \ln(1 + x)$.

g est dérivable sur $[4 ; +\infty[$ et $g'(x) = \frac{1}{2} - \frac{1}{1 + x} = \frac{x - 1}{2(1 + x)} > 0$.

Donc la fonction g est croissante et pour tout $x \geqslant 4$, on a $g(x) \geqslant g(4)$.

Or $g(4) = 4 - \ln 5 - 2 = 2 - \ln 5 > 0$. Donc $g(x) > 0$ et $f(x) > \frac{x}{2}$.

On a $\lim\limits_{x \to +\infty} \frac{x}{2} = +\infty$ donc, par minoration, on en déduit que $\lim\limits_{x \to +\infty} f(x) = +\infty$.

c. f est dérivable sur $]-1 ; +\infty[$ comme somme de fonctions dérivables.

Pour tout $x \in]-1 ; +\infty[$, $f'(x) = 1 - \frac{1}{1 + x} = \frac{x}{1 + x}$.

On a donc :

x	-1		0		$+\infty$
$f'(x)$	‖	$-$		$+$	
f	‖ $+\infty$	↘	0	↗	$+\infty$

d. f admet un minimum en 0 égal à 0, donc f est positive sur $]-1 ; +\infty[$.

e. Pour tout entier naturel n non nul, $\frac{1}{n} > 0$, donc, d'après la question précédente, on a $\frac{1}{n} - \ln\left(1 + \frac{1}{n}\right) > 0$, c'est-à-dire $\ln\left(1 + \frac{1}{n}\right) < \frac{1}{n}$.

f. Pour tout entier naturel n non nul, on a

$$\ln\left(1+\frac{1}{n}\right) < \frac{1}{n} \Leftrightarrow n\ln\left(1+\frac{1}{n}\right) < 1 \Leftrightarrow \ln\left(\left(1+\frac{1}{n}\right)^n\right) < 1 \Leftrightarrow \left(1+\frac{1}{n}\right)^n < e^1,$$

car la fonction exponentielle est strictement croissante. Donc $\left(1+\frac{1}{n}\right)^n < e$.

13 Problème d'économie

Partie A Étude d'une fonction auxiliaire

a. $f(x)$ est défini si et seulement si $x^3 - x^2 > 0 \Leftrightarrow x^2(x-1) > 0 \Leftrightarrow x > 1$.

Donc $I =]1\,;+\infty[$.

b. • $\lim\limits_{x\to 1^+}\left(x^3 - x^2\right) = 0^+$ et $\lim\limits_{X\to 0^+} \ln X = -\infty$. Donc $\lim\limits_{x\to 1^+} f(x) = -\infty$.

• $\lim\limits_{x\to+\infty}\left(x^3 - x^2\right) = \lim\limits_{x\to+\infty}\left(x^3\left(1-\frac{1}{x}\right)\right) = +\infty$ et $\lim\limits_{X\to+\infty} \ln X = +\infty$. Donc $\lim\limits_{x\to+\infty} f(x) = +\infty$.

c. La fonction f est de la forme $\ln u$ avec $u : x \mapsto x^3 - x^2$ strictement positive et dérivable sur I. Donc f est dérivable sur I, et pour tout $x \in$ I,

$$f'(x) = \frac{3x^2 - 2x}{x^3 - x^2} = \frac{3x - 2}{x^2 - x} = \frac{3x-2}{x(x-1)} > 0.$$

On en déduit que la fonction f est strictement croissante sur I.

d. La fonction f est continue et strictement croissante sur I. $\lim\limits_{x\to 1^+} f(x) = -\infty$ et $\lim\limits_{x\to+\infty} f(x) = +\infty$. D'après le corollaire du théorème des valeurs intermédiaires, l'équation $f(x) = 0$ admet une unique solution α dans I.

On a $f(1{,}4) \approx -0{,}243 < 0$, et $f(1{,}5) \approx 0{,}118 > 0$. Donc $1{,}4 < \alpha < 1{,}5$.

Partie B Interprétation économique

a. On a $C_T(2) = 4\ln 2 + 1 \times \ln 1 - 6 + 10 = 4\ln 2 + 4 \approx 6{,}773$. Donc le coût total de production des deux premiers hectolitres de vin est environ 6 773 €.

b. On a $C_m(x) = C_T'(x) = 2\ln x + 2x \times \frac{1}{x} + \ln(x-1) + (x-1) \times \frac{1}{x-1} - 3$.

$C_m(x) = 2\ln x + 2 + \ln(x-1) + 1 - 3 = \ln(x^2) + \ln(x-1) = \ln(x^2(x-1))$.

Donc on a $C_m(x) = f(x)$ pour $x \in [2\,;9]$.

c. On a vu dans la partie A que la fonction f est strictement positive pour tout $x > \alpha$ avec $\alpha < 1{,}5$. On en déduit donc que le coût marginal de production est positif sur l'intervalle $[2\,;9]$.

d. Puisque le coût marginal de production est positif sur l'intervalle $[2\,;9]$, on en déduit que le coût total de production est croissant, donc qu'il est maximal pour $x = 9$. On a $C_T(9) = 18\ln 9 + 8\ln 8 - 27 + 10 \simeq 39{,}186$.

Donc l'exploitation doit débourser au maximum 39 186 €, ce qui est inférieur aux 50000 € qu'elle encaisse chaque année. Elle est donc bien bénéficiaire tous les ans.

OBJECTIF BAC

14 Modélisation temporelle

Partie A

a. Par définition de la période radioactive T, on a pour tout t positif, $N(t+\mathrm{T}) = \frac{1}{2}N(t)$. D'où $\frac{1}{2} = \frac{N(t+\mathrm{T})}{N(t)} = \frac{N_0\,\mathrm{e}^{-\lambda(t+\mathrm{T})}}{N_0\,\mathrm{e}^{-\lambda t}} = \mathrm{e}^{-\lambda\mathrm{T}}$.

Donc $-\lambda\mathrm{T} = \ln\left(\frac{1}{2}\right) = -\ln 2 \Leftrightarrow \lambda = \frac{\ln 2}{\mathrm{T}}$.

b. Si l'échantillon de bois fossile ne contient plus que 6,25 % de son carbone 14 initial, alors on a $\frac{N(t)}{N_0} = 6{,}25\,\% = 0{,}0625$.

On en déduit que $\mathrm{e}^{-\lambda t} = 0{,}0625 \Leftrightarrow -\lambda t = \ln 0{,}0625 \Leftrightarrow t = -\frac{\ln 0{,}0625}{\lambda}$.

Donc $t = -\frac{\mathrm{T}\times\ln 0{,}0625}{\ln 2} \approx 22\,280$.

L'échantillon de bois fossile a approximativement **22 280 ans.**

Partie B

a. Il devait y avoir $2\,300 \times 2^2 = 9\,200$ **transistors par puce en 1973,** et $2\,300 \times 2^6 = 147\,200$ **transistors en 1977.**

b. Si n est le nombre d'années pour avoir 10^{12} transistors par puce, alors on a $2300 \times 2^n \geqslant 10^{12} \Leftrightarrow 2^n \geqslant \frac{10^{12}}{2300} \Leftrightarrow \ln\left(2^n\right) \geqslant \ln\left(\frac{10^{12}}{2300}\right) \Leftrightarrow n\ln 2 \geqslant \ln\left(\frac{10^{12}}{2300}\right)$.

Or $\ln 2 > 0$, donc $2^n \geqslant \frac{10^{12}}{2300} \Leftrightarrow n \geqslant \frac{\ln\left(10^{12}\right) - \ln 2300}{\ln 2}$.

Comme $\frac{\ln\left(10^{12}\right) - \ln 2300}{\ln 2} \approx 28{,}7$, on a $n = 29$. Il aura donc fallu attendre **l'an 2000** pour atteindre les 10^{12} transistors par puce.

À NOTER

On résout ici une inéquation car il n'y a pas de raison pour que l'on obtienne directement un nombre entier (n représente un nombre d'années, donc est nécessairement entier).

5 Primitives, équations différentielles

Déduites des lois de Newton, les équations du mouvement d'un corps en chute libre sont des équations différentielles dont les solutions donnent la position du corps en fonction de son altitude à tout instant.

13 Notions d'équation différentielle et de primitive

En bref *Les équations différentielles permettent de relier une fonction et ses dérivées, alors que la recherche de primitives est l'opération inverse de la dérivation.*

I Solution d'une équation différentielle

■ **Définition :** On appelle **équation différentielle** une équation liant une fonction (qui est donc l'inconnue de l'équation) et ses dérivées.

Exemples : $y' = 1 - y$; $y' = y^2$; $y'' + \omega^2 y = 0$.

■ On appelle **solution de l'équation différentielle** (E) sur un intervalle I une fonction définie sur I qui vérifie (E) pour tous les réels de I.

Exemple : La fonction $x \mapsto -\dfrac{1}{x}$ est solution sur $]0\,;+\infty[$ de l'équation différentielle $y' = y^2$.

■ **Résoudre** une équation différentielle (E) sur un intervalle I revient à trouver l'ensemble des solutions de (E) sur I.

Exemple : Les solutions sur $\mathbb{R}$ de l'équation différentielle $y' = y$ sont les fonctions de la forme $x \mapsto Ce^x$ où C est un réel quelconque.

À NOTER
La fonction exponentielle est l'unique solution f de l'équation différentielle $y' = y$, qui vérifie $f(0) = 1$.

II Notion de primitive et propriétés

Soit f une fonction continue sur un intervalle I.

■ **Définition :** On appelle **primitive** de f sur I toute solution sur I de l'équation différentielle $y' = f$.

■ *Conséquence* : F est une primitive de f sur I si et seulement si F est dérivable sur I et :

$$\text{pour tout réel } x \text{ de I, } F'(x) = f(x)$$

■ **Propriétés :**

- Toute fonction continue sur un intervalle I admet des primitives sur I.
- Si F et G sont deux primitives d'une même fonction f sur I, alors il existe un réel k tel que pour tout $x \in$ I, $F(x) = G(x) + k$.

À NOTER
Deux primitives d'une même fonction diffèrent d'une constante.

Méthode

Approcher une solution par la méthode d'Euler

On considère l'équation différentielle $(E) : y' = -y + 2$.

On note f la solution de (E) telle que $f(x_0) = y_0$ (on admet qu'il en existe une et une seule).

Pour $a > x_0$, écrire un algorithme qui permet de déterminer, par la méthode d'Euler, une approximation de $f(a)$, avec un pas h.

Rappel : La courbe représentative de f admet une tangente en chacun de ses points $M(\alpha ; f(\alpha))$, et pour h très petit, on a $f(\alpha + h) \approx f(\alpha) + h \times f'(\alpha)$. On peut ainsi obtenir des valeurs approchées de $f(x)$ pour x proche de α.

CONSEILS

Étape 1 On définit les suites (x_n) et (y_n) pour $n \geqslant 1$ par $x_n = x_{n-1} + h$ et $y_n = f(x_n)$. Donnez une approximation du terme général y_n.

Étape 2 Écrivez l'algorithme demandé.

SOLUTION

Étape 1 On pose $M_0(x_0 ; y_0)$. On construit une suite de points $M_n(x_n ; y_n)$ tels que, pour $n \geqslant 1$, $x_n = x_{n-1} + h$ et $y_n = f(x_n) = f(x_{n-1} + h)$.

On a donc $y_n \approx f(x_{n-1}) + h \times f'(x_{n-1})$. Or $f(x_{n-1}) = y_{n-1}$ et f est solution de (E) donc $f'(x_{n-1}) = -f(x_{n-1}) + 2 = -y_{n-1} + 2$. D'où $y_n \approx y_{n-1}(1 - h) + 2h$.

Étape 2

```
Entrer α, h
Entrer x0, y0
x, y = x0, y0
Tant que x < α :
        x = x + h
        y = y × (1 − h) + 2h
Fin Tant que
Afficher y
```

14 Équation différentielle $y' = ay + b$

En bref *On connaît la forme des solutions des équations différentielles $y' = ay + b$ où a et b sont des constantes, ce qui n'est pas le cas pour la plupart des autres équations.*

I Équation différentielle $y' = ay$, a réel

Les solutions sur $\mathbb{R}$ de l'équation différentielle $y' = ay$ sont les fonctions de la forme :

$$x \mapsto Ce^{ax}, \text{ où } C \text{ est une constante réelle}$$

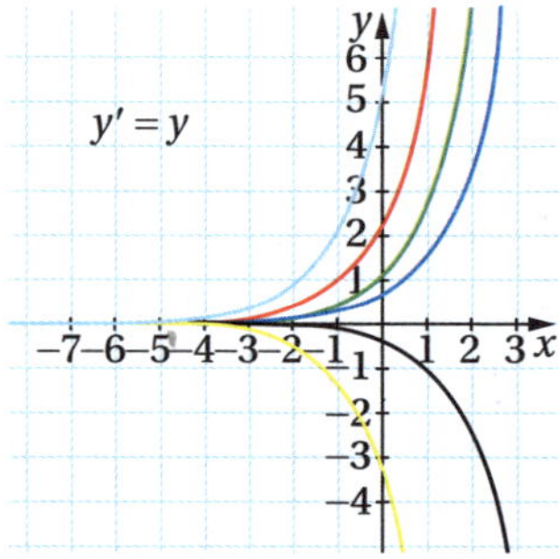

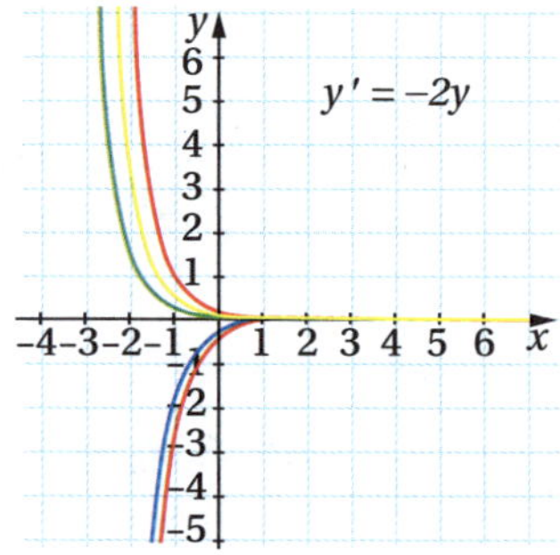

II Équation différentielle $y' = ay + b$, a réel non nul, b réel

Les solutions sur $\mathbb{R}$ de l'équation différentielle $y' = ay + b$ sont les fonctions de la forme :

$$x \mapsto Ce^{ax} - \frac{b}{a}, \text{ où } C \text{ est une constante réelle}$$

À NOTER
Lorsque $b = 0$, on retrouve le cas précédent.

III Équation logistique

Une équation logistique est une équation différentielle de la forme $y' = ky(m - y)$, où k et m sont des réels strictement positifs.

Elle se résout par un changement de la fonction variable, qui permet de se ramener à une équation différentielle de la forme $y' = ay + b$.

Le modèle logistique, dû à Pierre François Verhulst, permet de modéliser l'évolution de certaines populations.

À NOTER
Dans les exercices, le changement de la fonction variable est systématiquement donné, il n'est pas à trouver.

Méthode

Résoudre une équation différentielle de la forme $y' = ay + b$

On considère l'équation différentielle (E) : $2y' + y = 0$.

1. Déterminer les solutions de (E) sur $\mathbb{R}$.

2. Déterminer la (ou les) solution(s) éventuelle(s) de (E) vérifiant la condition précisée dans chacun des cas suivants :

a. $f(1) = 1$ **b.** $f(2) = (f(1))^2$ **c.** $\lim\limits_{x \to +\infty} f(x) = +\infty$

CONSEILS

1. On se ramène à la forme $y' = ay + b$; c'est alors une question de cours.

2. Exprimez la contrainte par une condition sur la constante C de la solution générale.

SOLUTION

1. y solution de $(E) \Leftrightarrow y' = -\frac{1}{2}y$. Donc $\mathcal{S} = \left\{x \mapsto Ce^{-\frac{x}{2}}, C \in \mathbb{R}\right\}$.

2. f est solution de (E) donc f est de la forme $f(x) = Ce^{-\frac{x}{2}}$ avec $C \in \mathbb{R}$.

a. $f(1) = 1 \Leftrightarrow Ce^{-\frac{1}{2}} = 1 \Leftrightarrow C = e^{\frac{1}{2}}$. Donc l'unique fonction f solution de (E) vérifiant $f(1) = 1$ est définie par $f_0(x) = e^{\frac{1}{2}} \times e^{-\frac{x}{2}}$ et $\mathcal{S} = \left\{f_0 : x \mapsto e^{\frac{1-x}{2}}\right\}$.

b. $f(2) = (f(1))^2 \Leftrightarrow Ce^{-1} = \left(Ce^{-\frac{1}{2}}\right)^2 \Leftrightarrow Ce^{-1} = C^2e^{-1} \Leftrightarrow C = C^2$

$\Leftrightarrow C - C^2 = 0 \Leftrightarrow C(C-1) = 0 \Leftrightarrow C = 0$ *ou* $C = 1$

On a donc deux solutions et $\mathcal{S} = \left\{f_0 : x \mapsto 0 ; f_1 : x \mapsto e^{-\frac{x}{2}}\right\}$.

À NOTER

$e^{-1} \neq 0$ on peut donc bien simplifier par e^{-1}. En revanche, on ne sait rien de C. Il ne faut donc surtout pas « simplifier » par C dans d'égalité $C = C^2$ (on remarque d'ailleurs que $C = 0$ donne une solution).

c. On sait que $\lim\limits_{x \to +\infty} e^{-\frac{x}{2}} = 0$. Donc quel que soit C, $\lim\limits_{x \to +\infty} f(x) = 0$. Il n'y a donc pas de solution vérifiant la condition $\lim\limits_{x \to +\infty} f(x) = +\infty$.

15 Calculs de primitives

En bref *La recherche d'une primitive d'une fonction est l'opération inverse de la dérivation.*

I Primitives usuelles

On déduit du tableau des dérivées, le tableau des primitives usuelles.

Fonction f	Une primitive F	
$x \mapsto a$ (a réel)	$x \mapsto ax$	sur $\mathbb{R}$
$x \mapsto x^n (n \in \mathbb{Z} \setminus \{-1\})$	$x \mapsto \dfrac{x^{n+1}}{n+1}$	sur $\mathbb{R}$ si $n \geqslant 0$ sur $]0\,;+\infty[$ et $]-\infty\,;0[$ si $n \leqslant -2$
$x \mapsto \dfrac{1}{x}$	$x \mapsto \ln x$	sur $]0\,;+\infty[$
$x \mapsto \dfrac{1}{\sqrt{x}}$	$x \mapsto 2\sqrt{x}$	sur $]0\,;+\infty[$
$x \mapsto e^x$	$x \mapsto e^x$	sur $\mathbb{R}$

II Opérations et composition

Soient u et v deux fonctions dérivables sur un intervalle I.

Fonction f	Une primitive F (sur I)
ku' (k réel)	$k\,u$
$u' + v'$	$u + v$
$u'u$	$\dfrac{u^2}{2}$
$\dfrac{u'}{u}$	$\ln\lvert u\rvert$ c'est-à-dire $\ln u$ si u strictement positive sur I $\ln(-u)$ si u strictement négative sur I
$u'e^u$	e^u

Exemple : $f : x \mapsto \dfrac{2x-1}{x^2-x}$ admet pour primitive $F : x \mapsto \ln\lvert x^2 - x\rvert$ sur tout intervalle ne contenant ni 0 ni 1.

Méthode

Déterminer des primitives

Déterminer les primitives des fonctions suivantes :

a. $f(x) = 2x^3 + \dfrac{3}{x}$, pour tout $x \in]0\,;+\infty[$;

b. $g(x) = \dfrac{x}{1+x^2}$, pour tout $x \in \mathbb{R}$.

CONSEILS

Étape 1 Justifiez l'existence des primitives.

Étape 2 Déterminez s'il s'agit d'une primitive de référence ou reconnaissez uneopération ou une fonction composée (dans ce cas, définir *u* et exprimer *u'*). Concluez.

SOLUTION

a. **Étape 1** La fonction f est continue sur $]0\,;+\infty[$ comme somme de fonctions continues; elle y admet donc des primitives.

Étape 2 $x \mapsto \dfrac{x^4}{4}$ est une primitive de $x \mapsto x^3$, et $x \mapsto \ln x$ est une primitive de $x \mapsto \dfrac{1}{x}$ sur $]0\,;+\infty[$; donc les primitives de f sur $]0\,;+\infty[$ sont de la forme $F(x) = 2 \times \dfrac{x^4}{4} + 3\ln x + C = \dfrac{x^4}{2} + 3\ln x + C$, où C est une constante réelle.

b. **Étape 1** La fonction g est continue sur $\mathbb{R}$ comme quotient de fonctions continues dont le dénominateur ne s'annule pas; elle admet donc des primitives sur $\mathbb{R}$.

Étape 2 Posons $u(x) = 1 + x^2$. La fonction u est dérivable sur $\mathbb{R}$ et $u'(x) = 2x$.

Pour tout $x \in \mathbb{R}$, $g(x) = \dfrac{1}{2} \times \dfrac{2x}{1+x^2} = \dfrac{1}{2}\dfrac{u'(x)}{u(x)}$, avec pour tout réel x, $u(x) = 1 + x^2 > 0$.

Donc les primitives de g sur $\mathbb{R}$ sont de la forme $G(x) = \dfrac{1}{2}\ln\left(1 + x^2\right) + C$ où C est une constante réelle.

Définitions

Qu'est-ce qu'une équation différentielle ?

Équation différentielle

- On appelle **équation différentielle** une équation liant une fonction (qui est l'inconnue de l'équation) et ses dérivées.
- On appelle **solution** de l'équation différentielle (E) sur un intervalle I une fonction définie sur I qui vérifie (E) pour tous les réels de I.
- **Résoudre** une équation différentielle (E) sur un intervalle I revient à trouver l'ensemble des solutions de (E) sur I.

ÉQUATIONS DIFFÉRENTIELLES

Comment résoudre certaines équations différentielles ?

Solutions de certaines équations différentielles

(E) : $y' = ay$, a réel
Les solutions sur $\mathbb{R}$ sont de la forme $x \mapsto Ce^{ax}$ où C est une constante réelle

(E) : $y' = ay + b$, a réel non nul, b réel
Les solutions sur $\mathbb{R}$ sont de la forme $x \mapsto Ce^{ax} - \frac{b}{a}$ où C est une constante réelle.
Lorsque $b = 0$, on retrouve le cas précédent.

ET PRIMITIVES

Primitives

Qu'est-ce qu'une primitive ?

Définition

Soit f une fonction continue sur un intervalle I.

- On appelle **primitive** de f sur I toute solution sur I de l'équation différentielle $y' = f$.
- F est une primitive de f sur I si et seulement si F est dérivable sur I, et pour tout réel x de I, $F'(x) = f(x)$.

Propriété des primitives

- Toute fonction continue sur un intervalle I admet des primitives sur I.
- Deux primitives d'une même fonction sur un intervalle I diffèrent d'une constante.

Tableau des primitives

Comment déterminer une primitive ?

Soient u et v deux fonctions dérivables sur un intervalle I.

Fonction f	Une primitive F (sur I)
ku' (k réel)	ku
$u' + v'$	$u + v$
$u'u$	$\dfrac{u^2}{2}$
$\dfrac{u'}{u}$	$\ln\lvert u\rvert$
$u'\mathrm{e}^u$	e^u

Fonction f	Une primitive F	
$x \mapsto a$ (a réel)	$x \mapsto ax$	sur $\mathbb{R}$
$x \mapsto x^n$ ($n \in \mathbb{Z} \setminus \{-1\}$)	$x \mapsto \dfrac{x^{n+1}}{n+1}$	sur $\mathbb{R}$ si $n \geqslant 0$ sur $]0\,;+\infty[$ et $]-\infty\,;0[$ si $n \leqslant -2$
$x \mapsto \dfrac{1}{x}$	$x \mapsto \ln x$	sur $]0\,;+\infty[$
$x \mapsto \dfrac{1}{\sqrt{x}}$	$x \mapsto 2\sqrt{x}$	sur $]0\,;+\infty[$
$x \mapsto \mathrm{e}^x$	$x \mapsto \mathrm{e}^x$	sur $\mathbb{R}$

SE TESTER QUIZ

Vérifiez que vous avez bien compris les points clés des **fiches 13 à 15**.

C désigne une constante réelle.

1 Résolution d'une équation différentielle

→ FICHES 13 et 14

1. Les solutions sur $\mathbb{R}$ de l'équation différentielle $2y' - 3y = 0$ sont :

☐ **a.** $x \mapsto Ce^{\frac{2}{3}x}$ ☐ **b.** $x \mapsto Ce^{-\frac{3}{2}x}$ ☐ **c.** $x \mapsto Ce^{\frac{3}{2}x}$

2. Les solutions sur $\mathbb{R}$ de l'équation différentielle $3y' - 2y = 6$ sont :

☐ **a.** $x \mapsto Ce^{\frac{2}{3}x} - 3$ ☐ **b.** $x \mapsto Ce^{\frac{2}{3}x} - \frac{1}{3}$ ☐ **c.** $x \mapsto Ce^{-\frac{2}{3}x} - 1$

2 Solutions d'une équation différentielle

→ FICHES 13 et 14

Dans chaque cas, indiquez si les affirmations sont vraies ou fausses.

1. Si f et g sont des solutions non nulles de l'équation différentielle $(E) : y' - 3y = 0$, alors est aussi solution de (E) :

☐ **a.** $f + g$ ☐ **b.** $f \times g$ ☐ **c.** $f + C$ avec $C \neq 0$

2. On considère l'équation différentielle $(E) : y' = ay$, où a est un réel non nul.

☐ **a.** Aucune des solutions de (E) ne s'annule.

☐ **b.** Il existe une unique solution f de (E) vérifiant $f(0) = f(1)$.

☐ **c.** Deux solutions de (E) diffèrent d'une constante.

3 Reconnaissance d'une primitive

→ FICHES 13 et 15

1. La fonction définie sur $]0 ; +\infty[$ par $F(x) = x\ln x - x$ est une primitive de :

☐ **a.** $x \mapsto \frac{1}{x} - 1$ ☐ **b.** $x \mapsto \ln x$ ☐ **c.** la fonction nulle

2. La fonction définie sur $\mathbb{R}$ par $F(x) = \frac{1}{1+e^{-x}}$ admet pour primitive :

☐ **a.** $x \mapsto \ln(1 + e^{x})$ ☐ **b.** $x \mapsto -\ln(1 + e^{-x})$ ☐ **c.** $x \mapsto -\frac{\ln(1+e^{-x})}{e^{-x}}$

DÉMONSTRATIONS CLÉS

4 Deux primitives diffèrent d'une constante

→ FICHE 13

On considère deux fonctions F et G primitives sur un intervalle I d'une même fonction f.

On admet que les primitives de la fonction nulle sont les fonctions constantes.

a. Donner une équation différentielle vérifiée par F et G.

b. En déduire une équation différentielle vérifiée par $F - G$, puis conclure.

5 Solutions de l'équation différentielle $y' = ay$

→ FICHE 14

Soit a un réel. On note (E) l'équation différentielle $y' = ay$.

a. Justifier que la fonction $x \mapsto e^{ax}$ est solution de (E).

b. Soit f une solution de (E). Montrer que la fonction $x \mapsto f(x)e^{-ax}$ est constante.

c. En déduire l'ensemble des solutions de (E).

CONSEILS
Les fonctions constantes sont les primitives de la fonction nulle.

S'ENTRAÎNER

6 Appliquer la méthode d'Euler pour approcher une solution d'équation différentielle

→ FICHE 13

On considère l'équation différentielle $(E) : y' = y^2$.

On suppose que f est la solution sur $[0 ; +\infty[$ de (E) telle que $f(0) = -1$.

a. Par la méthode d'Euler, donner une valeur approchée de $f(0{,}1)$.

b. Écrire un algorithme permettant de déterminer, pour a un réel strictement positif donné, une approximation de $f(a)$, un pas h étant fixé.

c. Déterminer une approximation de $f(1)$ en choisissant successivement comme pas 0,5 ; 0,1 ; puis 0,01.

d. Représenter une solution approchée de f sur $[0 ; 2]$ avec un pas de 0,2.

7 Calculer des primitives

→ FICHE 15

Déterminer une primitive F des fonctions f suivantes, sur l'intervalle I donné :

a. $f : x \mapsto x^2 + \dfrac{x^3}{3} + e^{2x}$, $I = \mathbb{R}$

b. $f : x \mapsto \dfrac{1}{x} + \dfrac{2}{x^2} - \dfrac{3}{x^3}$, $I =]0 ; +\infty[$

c. $f : x \mapsto \dfrac{e^x}{1 + e^x}$, $I = \mathbb{R}$

d. $f : x \mapsto x e^{-x^2}$, $I = \mathbb{R}$

e. $f : x \mapsto \dfrac{\ln x}{x}$, $I =]0 ; +\infty[$

8 Résoudre des équations différentielles de la forme $y' = ay + b$

→ FICHE 14

Résoudre sur $\mathbb{R}$ les équations différentielles suivantes, puis préciser la solution f qui vérifie la condition donnée :

a. $y' = 3y + 2, \quad f(0) = 0$

b. $\frac{1}{2}y' - 2y = 0, \quad f'(0) = 1$

c. $2y' - 3y = 4, \quad f(0) = -1$

d. $y - y' + 1 = 0, \quad \lim\limits_{x \to +\infty} f(x) = -1$

9 Charge et décharge d'un condensateur

→ FICHE 14

On considère le circuit suivant constitué d'un conducteur ohmique de résistance R et d'un condensateur de capacité C montés en série avec un interrupteur K et un générateur délivrant une tension continue E :

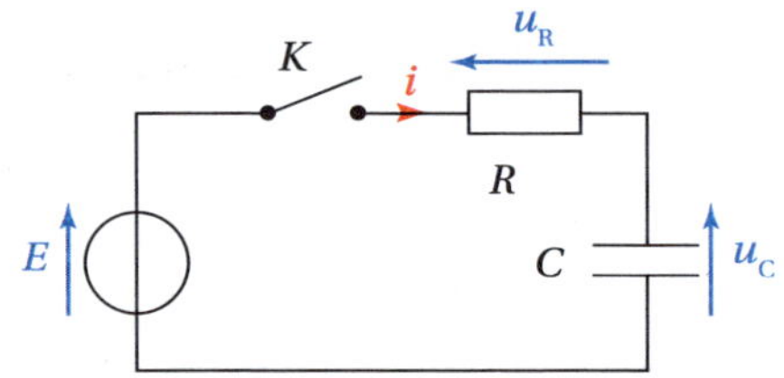

Partie A Charge d'un condensateur

On rappelle que la tension u_C aux bornes du condensateur est une fonction continue et dérivable du temps. À l'instant $t = 0$, on a $u_C(0) = 0$ (condensateur déchargé) ; on ferme l'interrupteur K.

La loi des mailles nous donne $E = u_R(t) + u_C(t)$. Comme l'intensité dans le circuit vaut $i(t) = C u'_C(t)$, on en déduit que u_C vérifie l'équation différentielle $E = RC u'_C(t) + u_C(t)$.

(Le produit $RC = \tau$ s'exprime en secondes et il est appelé constante de temps.)

a. Déterminer $u_C(t)$ pour t réel positif.

b. Tracer la représentation graphique de la fonction u_C dans un repère adapté et déterminer l'intersection de la tangente à l'origine avec la droite d'équation $y = E$.

c. Déterminer, en fonction de C, le temps que met le condensateur pour se charger à 80 %, c'est-à-dire le temps t tel que $u_C(t) = 0{,}8E$.

Partie B Décharge d'un condensateur

On retire le générateur et on obtient le schéma ci-contre.

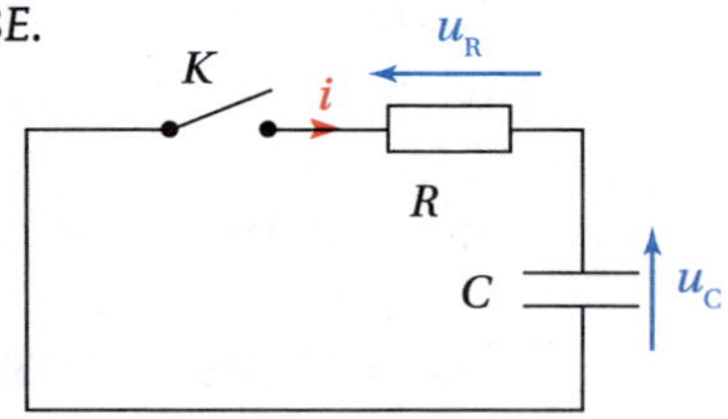

À l'instant $t = 0$, on a $u_C(0) = E$ (condensateur chargé) et on ferme l'interrupteur K. En utilisant le même principe que pour la charge on obtient cette fois-ci l'équation différentielle suivante $0 = RC u'_C(t) + u_C(t)$.

a. Déterminer $u_C(t)$ pour t réel positif.

b. Tracer la représentation graphique de la fonction u_C dans un repère adapté. Déterminer l'intersection de la tangente à l'origine avec l'axe des abscisses.

c. Est-il possible de décharger complètement un condensateur ?

10 Résoudre une équation logistique

→ FICHES 14 et 15

On note $f(t)$ le nombre de fourmis dans une fourmilière (t exprimé en jours, $f(t)$ en centaines de fourmis). On sait que la population initiale (à $t = 0$) comporte 50 fourmis.

Le modèle logistique de Verhulst permet d'estimer que, sur une période d'un mois, f est solution de l'équation différentielle $(E_1) : y' = 2{,}2y(10 - y)$.

a. On suppose que f ne s'annule pas sur $\mathrm{I} = [0 ; 30]$. Pour $t \in \mathrm{I}$, on pose $g(t) = \dfrac{1}{f(t)}$.

Montrer que f est solution de (E_1) sur I si et seulement si g est solution sur I de $(E_2) : y' = -22y + 2{,}2$.

b. Résoudre l'équation différentielle (E_2).

c. En déduire le nombre théorique de fourmis dans la fourmilière au bout de 30 jours.

> **CONSEILS**
> Exprimez f et f' en fonction de g et g', puis remplacez dans (E_1).

> **CONSEILS**
> Déterminez $f(0)$ avec les données de l'énoncé, puis utilisez la question précédente pour expliciter f et calculer $f(30)$.

OBJECTIF BAC

11 Équations différentielles en biologie

60 min

→ FICHE 14

De nombreuses disciplines scientifiques font appel aux équations différentielles, notamment pour étudier des phénomènes qui évoluent au cours du temps.

LE SUJET

Partie A Préambule

1. On considère deux nombres réels strictement positifs α et μ, et l'équation différentielle $(E_1) : y' + \alpha y = \mu t$, où y est une fonction de la variable réelle t.

a. Résoudre l'équation différentielle $(H_1) : y' + \alpha y = 0$.

b. Trouver une solution particulière y_p de (E_1) sur $\mathbb{R}$ de la forme $y_p : t \mapsto at + b$, où a et b seront déterminés en fonction de α et μ.

c. Montrer qu'une fonction dérivable f est solution de (E_1) sur $\mathbb{R}$ si et seulement si la fonction $f - y_p$ est solution de (H_1) sur $\mathbb{R}$.

d. Déduire des questions précédentes l'ensemble des solutions de (E_1) sur $\mathbb{R}$.

e. Déterminer la solution particulière de (E_1) qui prend la valeur 0 pour $t = 0$.

2. On considère maintenant un nombre réel strictement positif β et l'équation différentielle (E_2) : $y' + \alpha y = \beta$.

a. Résoudre (E_2).

b. Soit λ une constante réelle donnée. Déterminer la solution particulière de (E_2) qui prend la valeur λ pour $t = \frac{1}{\alpha}$.

Partie B Application à la biologie

Un produit S passe sans être altéré d'un milieu A à un milieu B. À l'instant t, la concentration de S dans A est notée $x(t)$, celle de S dans B est notée $y(t)$. La variation instantanée de concentration de S dans B est alors $y'(t)$.

Nous nous plaçons dans le cas où il existe une constante k strictement positive telle que $y'(t) = k(2x(t) - y(t))$ pour tout réel t positif.

À l'instant $t = 0$, les concentrations dans A et B sont nulles. On injecte alors du produit S dans A de façon régulière de manière à avoir, pour tout réel t strictement positif, $x(t) + y(t) = 3kt$.

a. Écrire l'équation différentielle (E_3) vérifiée par la fonction y.

b. Déterminer $y(t)$ en fonction de t et de k.

c. À l'instant $t_1 = \frac{1}{3k}$, on arrête l'injection du produit S dans A. Pour tout $t > t_1$, on a alors $x(t) + y(t) = 3kt_1 = 1$, et toujours $y'(t) = k(2x(t) - y(t))$. Donner alors l'expression de y en fonction du temps t, pour $t > t_1$.

Partie C Exploitation des résultats

On considère une constante k strictement positive.

a. Étudier les variations de la fonction f définie sur $\left[0\,;\frac{1}{3k}\right]$ par :

$$f(t) = 2kt + \frac{2}{3}\left(e^{-3kt} - 1\right)$$

b. Étudier les variations de la fonction g définie sur $\left[\frac{1}{3k}\,;+\infty\right[$ par $g(t) = \frac{2}{3}\left(1 + (1-e)e^{-3kt}\right)$, ainsi que sa limite en $+\infty$. En donner une interprétation graphique.

c. Représenter graphiquement les variations de la concentration du produit S dans B, en fonction du temps, pour $k = \frac{1}{24}$, dans un repère adapté.

LIRE LE SUJET

Partie A

1. a. Déterminez les solutions de l'équation différentielle $y' = -\alpha y$.
b. Dire que $f : t \mapsto at + b$ est solution de (E_1) revient à dire que pour tout t, $f'(t) + \alpha f(t) = \mu t$.
c. Montrez une équivalence.
d. Déterminez l'ensemble des solutions de l'équation différentielle initiale.
e. Déterminez l'unique solution de (E_1) qui prend la valeur 0 pour $t = 0$.
2. a. Déterminez les solutions de l'équation différentielle $y' = -\alpha y + \beta$.
b. Déterminez l'unique solution de (E_2) qui vérifie la condition donnée.

Partie B

a. Éliminez la fonction x dans la relation $y'(t) = k(2x(t) - y(t))$.
b. Résolvez l'équation différentielle établie à la question précédente.
c. Procédez de la même façon, mais avec une nouvelle relation entre x et y.

Partie C

a. et b. Il s'agit d'études classiques de fonctions.
c. Faites le lien entre les différentes parties du sujet pour trouver l'expression des variations de la concentration en fonction du temps, puis tracez le graphe.

LA FEUILLE DE ROUTE

Partie A

1. a. Résoudre l'équation annexe (H_1)

Mettez l'équation différentielle sous la forme $y' = -\alpha y$, et appliquez le cours.

b. Trouver une solution particulière de l'équation initiale (E_1)

Déterminez a et b par identification, après avoir dérivé la fonction $t \mapsto at + b$ et l'avoir remplacée dans l'équation différentielle. Concluez grâce au cours.

→ FICHE 14

À NOTER

Les réels α et μ étant strictement positifs, on peut diviser par ces valeurs sans problème.

c. Ramener la résolution de (E_1) à celle de (H_1)

Raisonnez par équivalences, en partant de f et y_p solutions de (E_1).

d. Trouver toutes les solutions de (E_1)

Utilisez les questions précédentes pour résoudre (E_1).

e. Trouver une solution de (E_1) vérifiant une condition particulière

Appliquez la condition $f(0) = 0$ pour déterminer la valeur de la constante.

2. a. Résoudre l'équation différentielle (E_2) → FICHE 14

Appliquez un résultat du cours.

b. Trouver une solution de (E_2) vérifiant une condition particulière

Appliquez la condition pour déterminer la valeur de la constante.

Partie B

a. Obtenir une équation différentielle

Exprimez x en fonction de y. Obtenez une relation reliant uniquement y et y'.

b. Résoudre l'équation différentielle obtenue

Utilisez la partie A en identifiant les coefficients de (E_1) à ceux de (E_3).

c. Résoudre une nouvelle équation différentielle

Déterminez la condition initiale (à $t = t_1$). Utilisez les solutions de (E_2) obtenues avec les constantes correspondant à la nouvelle équation différentielle que vérifie maintenant y.

Partie C

À NOTER

Cette partie est l'étude des fonctions trouvées précédemment. On se rassure si on a trouvé les mêmes, sinon on cherche son erreur.

a. Étudier les variations d'une fonction

Dérivez f puis déterminez le signe de la dérivée.

b. Étudier les variations d'une fonction et déterminer une limite.

Dérivez g puis déterminez le signe de la dérivée. La limite en l'infini s'obtient directement.

c. Tracer une représentation graphique

Respectez les intervalles de définition lors du tracé.

CORRIGÉS

SE TESTER QUIZ

1 Résolution d'une équation différentielle

1. Réponse c. $2y' - 3y = 0 \Leftrightarrow y' = \frac{3}{2}y$. On applique le résultat du cours avec $a = \frac{3}{2}$.

2. Réponse a. $3y' - 2y = 6 \Leftrightarrow y' = \frac{2}{3}y + 2$. On applique le résultat du cours avec $a = \frac{2}{3}$ et $b = 2$.

2 Solutions d'une équation différentielle

1. a. Vrai. Si f et g sont solutions de (E), alors $f' = 3f$ et $g' = 3g$. On a donc $(f+g)' = f' + g' = 3f + 3g = 3(f+g)$ et $f + g$ est solution de (E).

b. Faux. *Contre-exemple* : $f(x) = \mathrm{e}^{3x}$ et $g(x) = 2\mathrm{e}^{3x}$ sont solutions de (E). On a $(f \times g)(x) = 2\mathrm{e}^{3x+3x} = 2\mathrm{e}^{6x}$ et $(f \times g)'(x) = 12\mathrm{e}^{6x} \neq 3 \times (f \times g)(x)$. Donc $f \times g$ n'est pas solution de (E).

> **À NOTER**
> Pour montrer qu'une affirmation est fausse, il suffit de trouver un contre-exemple.

c. Faux. *Contre-exemple* : $f(x) = \mathrm{e}^{3x}$ est solution de (E). On a donc $f(x) + 1 = \mathrm{e}^{3x} + 1$ et $(f(x)+1)' = f'(x) = 3\mathrm{e}^{3x} \neq 3 \times (f(x)+1)$. Donc $f + C$ n'est pas solution de (E).

2. a. Faux. *Contre-exemple* : la fonction nulle est solution de (E).

b. Vrai. Soit f une solution de (E) telle que $f(0) = f(1)$. On a f de la forme $f(x) = C\mathrm{e}^{ax}$ et $f(0) = f(1) \Leftrightarrow C = C\mathrm{e}^{a} \Leftrightarrow C = 0$ (car $a \neq 0$). Donc la fonction nulle est la seule solution vérifiant ces conditions.

c. Faux. $f(x) = \mathrm{e}^{ax}$ et la fonction nulle sont solutions de (E). Pourtant leur différence n'est pas constante.

3 Reconnaissance d'une primitive

1. Réponse b. $F'(x) = 1 \times \ln x + x \times \frac{1}{x} - 1 = \ln x$.

2. Réponse a. La fonction $f : x \mapsto \ln(1 + \mathrm{e}^x)$ est dérivable sur $\mathbb{R}$, de dérivée

$$f'(x) = \frac{\mathrm{e}^x}{1+\mathrm{e}^x} = \frac{\mathrm{e}^x}{\mathrm{e}^x\left(\mathrm{e}^{-x}+1\right)} = \frac{1}{1+\mathrm{e}^{-x}} = F(x).$$

f est bien une primitive de F.

> **À NOTER**
> On montre de la même façon avec les fonctions en b. et c. que leurs dérivées ne sont pas égales à F. Elles ne peuvent donc pas être des primitives de F.

DÉMONSTRATIONS CLÉS

4 Deux primitives diffèrent d'une constante

a. F et G sont deux primitives de f donc $F' = G' = f$. Donc F et G sont solutions sur I de l'équation différentielle $y' = f$.

b. On en déduit que $(F - G)' = F' - G' = f - f = 0$. Donc $F - G$ est solution sur I de l'équation différentielle $y' = 0$. $F - G$ est donc une fonction constante sur I. Donc **F et G diffèrent bien d'une constante.**

5 Solutions de l'équation différentielle $y' = ay$

a. La fonction $u : x \mapsto e^{ax}$ est dérivable sur $\mathbb{R}$, de dérivée $u'(x) = ae^{ax} = au(x)$. C'est donc bien une **solution de (E)**.

b. Soit g la fonction définie pour tout réel x par $g(x) = f(x)e^{-ax}$.
g est dérivable sur $\mathbb{R}$ comme produit de fonctions dérivables, et pour tout réel x, $g'(x) = f'(x)e^{-ax} - af(x)e^{-ax} = (f'(x) - af(x))e^{-ax} = 0$ (car f est solution de (E) donc $f'(x) = af(x) \Leftrightarrow f'(x) - af(x) = 0$).
g ayant une dérivée nulle, on en déduit que c'est une **fonction constante**.

c. D'après la question **b.**, si f est une solution de (E) alors il existe une constante réelle C telle que pour tout réel x, $f(x)e^{-ax} = C \Leftrightarrow f(x) = Ce^{ax}$.
(On s'assure facilement qu'une telle fonction vérifie bien (E)).
Les solutions de (E) sont donc de la forme **$x \mapsto Ce^{ax}$ avec $C \in \mathbb{R}$.**

S'ENTRAÎNER

6 Appliquer la méthode d'Euler pour approcher une solution d'équation différentielle

a. $f(0,1) = f(0 + 0,1) \approx f(0) + 0,1 \times f'(0)$. Or f est solution de (E) donc $f'(0) = (f(0))^2 = (-1)^2 = 1$. D'où $f(0,1) \approx -1 + 0,1$ soit **$f(0,1) \approx -0,9$.**

b. On pose $M_0(0\,;-1)$. On construit une suite de points $M_n(x_n\,;y_n)$ tels que pour $n \geqslant 1$, $x_n = x_{n-1} + h$ et $y_n = f(x_n) = f(x_{n-1} + h) \approx f(x_{n-1}) + hf'(x_{n-1})$.
Or $f(x_{n-1}) = y_{n-1}$ et $f'(x_{n-1}) = (f(x_{n-1}))^2 = (y_{n-1})^2$.
Donc **$y_n \approx y_{n-1} + h(y_{n-1})^2$.**

```
Entrer a, h
Entrer x0, y0
x, y = x0, y0
Tant que x < a :
        x = x + h
        y = y + h × y²
Fin Tant que
Afficher y
```

c. On fait tourner l'algorithme précédent avec $a = 1$, $x_0 = 0$, $y_0 = -1$.

h	0,5	0,1	0,01
$f(1)$	**−0,375**	**−0,482**	**−0,498**

d. On fait tourner l'algorithme avec $a = 2$, $x_0 = 0$, $y_0 = -1$ et $h = 0{,}2$.

x_n	0	0,2	0,4	0,6	0,8	1	1,2	1,4	1,6	1,8	2
y_n	−1	−0,8	−0,67	−0,58	−0,51	−0,46	−0,42	−0,38	−0,35	−0,33	−0,31

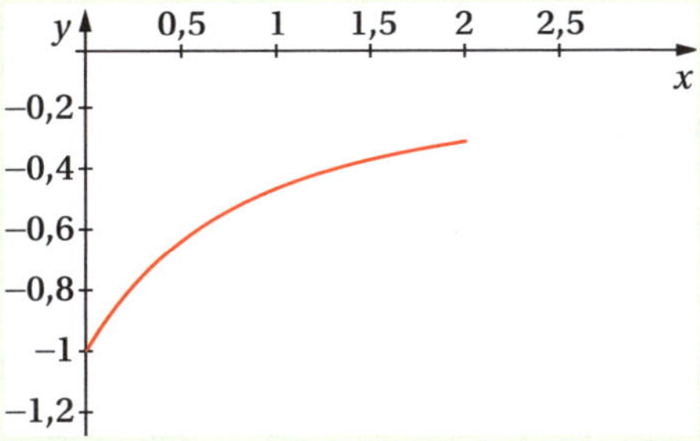

7 Calculer des primitives

a. $f(x) = x^2 + \frac{1}{3}x^3 + \frac{1}{2}\left(2e^{2x}\right)$. Donc en déterminant une primitive de chacun des termes de cette somme grâce au tableau des primitives usuelles, on obtient, par exemple, $F(x) = \frac{x^3}{3} + \frac{1}{3}\frac{x^4}{4} + \frac{1}{2}e^{2x} = \mathbf{\frac{x^3}{3} + \frac{x^4}{12} + \frac{e^{2x}}{2}}$.

À NOTER
Les primitives d'une fonction sont définies à une constante près, on peut prendre pour F n'importe quelle fonction $x \mapsto \frac{x^3}{3} + \frac{x^4}{12} + \frac{e^{2x}}{2} + k$, $k \in \mathbb{R}$.

b. $f(x) = \frac{1}{x} + 2x^{-2} - 3x^{-3}$. Donc en déterminant une primitive de chacun des termes de cette somme grâce au tableau des primitives usuelles, on obtient, par exemple, $F(x) = \ln|x| + 2\frac{x^{-1}}{-1} - 3\frac{x^{-2}}{-2}$. Or sur $]0\,;+\infty[$, $\ln|x| = \ln x$.

Donc on a $\mathbf{F(x) = \ln x - \frac{2}{x} + \frac{3}{2x^2}}$.

c. Soit u définie sur $\mathbb{R}$ par $u(x) = 1 + e^x$. On a $u'(x) = e^x$. Or $f(x) = \frac{u'(x)}{u(x)}$. Donc, d'après le tableau des primitives usuelles, on a, par exemple, $F(x) = \ln|u(x)| = \ln|1 + e^x|$. Or sur $\mathbb{R}$, $1 + e^x > 0$. Donc $\mathbf{F(x) = \ln(1 + e^x)}$.

d. Soit u la fonction définie sur $\mathbb{R}$ par $u(x) = -x^2$. On a $u'(x) = -2x$.

$f(x) = -\frac{1}{2}(-2x)e^{-x^2} = -\frac{1}{2}u'(x)e^{u(x)}$. Donc, d'après le tableau des primitives usuelles, on a, par exemple, $F(x) = -\frac{1}{2}e^{u(x)} = \mathbf{-\frac{1}{2}e^{-x^2}}$.

e. Soit u la fonction définie sur $]0\,;+\infty[$ par $u(x) = \ln x$. On a $u'(x) = \dfrac{1}{x}$. $f(x) = u'(x)u(x)$. Donc d'après le tableau des primitives usuelles, on a, par exemple, $F(x) = \dfrac{1}{2}(u(x))^2 = \dfrac{1}{2}(\ln x)^2$.

8 Résoudre des équations différentielles de la forme $y' = ay + b$

a. D'après le cours, on a $\mathscr{S} = \left\{x \mapsto Ce^{3x} - \dfrac{2}{3}, C \in \mathbb{R}\right\}$.

$f(0) = 0 \Leftrightarrow C - \dfrac{2}{3} = 0 \Leftrightarrow C = \dfrac{2}{3}$. Donc l'unique solution vérifiant la condition est la fonction f définie sur $\mathbb{R}$ par $f(x) = \dfrac{2}{3}\left(e^{3x} - 1\right)$.

b. $\dfrac{1}{2}y' - 2y = 0 \Leftrightarrow y' = 4y$. Donc on a $\mathscr{S} = \{x \mapsto Ce^{4x}, C \in \mathbb{R}\}$.

$f'(0) = 1 \Leftrightarrow 4f(0) = 1 \Leftrightarrow 4C = 1 \Leftrightarrow C = \dfrac{1}{4}$. Donc l'unique solution vérifiant la condition est la fonction f définie sur $\mathbb{R}$ par $f(x) = \dfrac{1}{4}e^{4x}$.

c. $2y' - 3y = 4 \Leftrightarrow y' = \dfrac{3}{2}y + 2$. Donc on a $\mathscr{S} = \left\{x \mapsto Ce^{\frac{3}{2}x} - \dfrac{4}{3}, C \in \mathbb{R}\right\}$.

$f(0) = -1 \Leftrightarrow C - \dfrac{4}{3} = -1 \Leftrightarrow C = \dfrac{1}{3}$. Donc l'unique solution vérifiant la condition est la fonction f définie sur $\mathbb{R}$ par $f(x) = \dfrac{1}{3}\left(e^{\frac{3}{2}x} - 4\right)$.

d. $y - y' + 1 = 0 \Leftrightarrow y' = y + 1$. Donc on a $\mathscr{S} = \{x \mapsto Ce^{x} - 1, C \in \mathbb{R}\}$.
$\lim\limits_{x \to +\infty} f(x) = -1 \Leftrightarrow \lim\limits_{x \to +\infty} \left(Ce^{x} - 1\right) = -1 \Leftrightarrow \lim\limits_{x \to +\infty} \left(Ce^{x}\right) = 0$. Or $\lim\limits_{x \to +\infty} e^{x} = +\infty$, donc on a nécessairement $C = 0$. Donc l'unique solution vérifiant la condition est la fonction f définie sur $\mathbb{R}$ par $f(x) = -1$.

9 Charge et décharge d'un condensateur

Partie A Charge d'un condensateur

a. L'équation différentielle se met sous la forme $u'_C(t) = -\dfrac{1}{RC}u_C(t) + \dfrac{E}{RC}$.

Donc u_C est solution de l'équation différentielle $y' = -\dfrac{1}{RC}y + \dfrac{E}{RC}$. D'après le cours, u_C est donc de la forme $u_C(t) = Ae^{\frac{-t}{RC}} + E$, pour $t \geqslant 0$.
Or $u_C(0) = 0 = A + E \Leftrightarrow A = -E$, donc $u_C(t) = E\left(1 - e^{\frac{-t}{RC}}\right)$.

b. On obtient le graphe ci-contre :

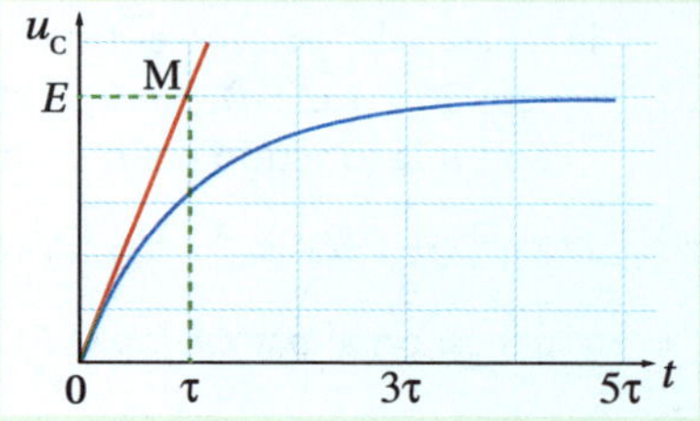

La tangente à l'origine a pour équation $y = u'_C(0)(t-0) + u_C(0) = \dfrac{E}{RC}t$.

Donc $E = \dfrac{E}{RC}t \Leftrightarrow t = RC = \tau$.

La tangente à l'origine coupe la droite d'équation $y = E$ au point **$M(\tau\,;E)$**.

c. $u_C(t) = 0{,}8\,E \Leftrightarrow E\left(1 - e^{\frac{-t}{RC}}\right) = 0{,}8\,E \Leftrightarrow e^{\frac{-t}{RC}} = 0{,}2 \Leftrightarrow \dfrac{-t}{RC} = \ln 0{,}2$.

Donc pour se charger à 80 %, le condensateur met **$t = -RC\ln 0{,}2$ s**.

Partie B Décharge d'un condensateur

a. L'équation différentielle se met sous la forme $u'_C(t) = -\dfrac{1}{RC}u_C(t)$.

Donc u_C est solution de $y' = -\dfrac{1}{RC}y$. D'après le cours, on a $u_C(t) = A\,e^{\frac{-t}{RC}}$, pour $t \geqslant 0$. Or $u_C(0) = E = A$. Donc **$u_C(t) = E\,e^{\frac{-t}{RC}}$**.

b. On obtient le graphe ci-contre :

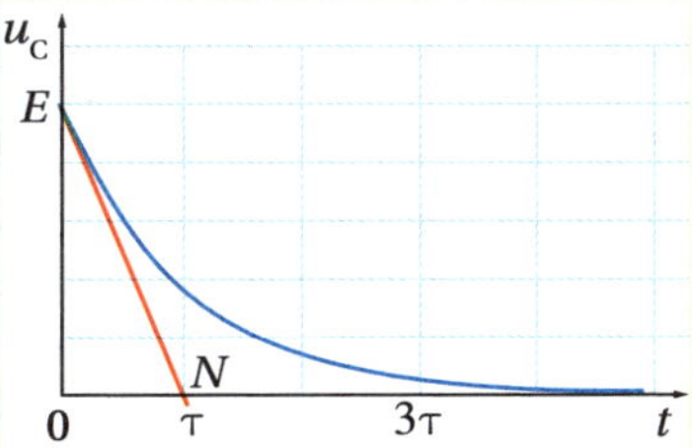

La tangente à l'origine a pour équation $y = u'_C(0)(t-0) + u_C(0) = -\dfrac{E}{RC}t + E$.

Donc $0 = -\dfrac{E}{RC}t + E \Leftrightarrow t = RC = \tau$.

La tangente à l'origine coupe l'axe des abscisses au point **$N(\tau\,;0)$**.

c. Pour tout $t \geqslant 0$, $u_C(t) = E\,e^{\frac{-t}{RC}} > 0$, donc **il est impossible de décharger complètement un condensateur.**

10 Résoudre une équation logistique

a. g est dérivable sur I comme inverse d'une fonction dérivable ne s'annulant pas. On a $f = \dfrac{1}{g}$ donc, pour tout $t \in I$, $f'(t) = \dfrac{-g'(t)}{g^2(t)}$.

> **À NOTER**
> Si f ne s'annule pas sur I, alors $g = \dfrac{1}{f}$ ne s'annule pas non plus.

f est solution de (E_1) $\Leftrightarrow$ pour tout $t \in I$, $-\dfrac{g'(t)}{g^2(t)} = \dfrac{2{,}2}{g(t)}\left(10 - \dfrac{1}{g(t)}\right)$

$\Leftrightarrow g'(t) = -22g(t) + 2{,}2 \Leftrightarrow$ **g solution de (E_2)**

b. D'après le cours, **$\mathcal{S} = \{t \mapsto Ce^{-22t} + 0{,}1,\ C \in \mathbb{R}\}$**.

c. f est solution de (E_1) sur I, donc si elle ne s'annule pas, il existe C tel que, pour tout $t \in I$, $f(t) = \dfrac{1}{Ce^{-22t} + 0{,}1}$. Or $f(0) = \dfrac{1}{C + 0{,}1} = 0{,}5 \Leftrightarrow C = 1{,}9$.

La fonction $f : x \mapsto \dfrac{1}{1{,}9\,e^{-22t}+0{,}1}$ ne s'annule pas sur [0 ; 30], elle est bien solution de (E_1). On a alors $f(30) \approx 10$.

Il y aura environ **1 000 fourmis dans la fourmilière au bout d'un mois.**

OBJECTIF BAC

11 Équations différentielles en biologie

Partie A Préambule

1. a. D'après le cours, les solutions de (H_1) sont $\mathcal{S} = \{t \mapsto Ce^{-\alpha t},\ C \in \mathbb{R}\}$.

b. Soit $y_p : t \mapsto at + b$ une solution particulière de (E_1), on a $y'(t) = a$ et pour tout réel t, $a + \alpha(at + b) = \mu t \Leftrightarrow (\alpha a - \mu)t + (a + \alpha b) = 0$.

Donc $\begin{cases} \alpha a - \mu = 0 \\ a + \alpha b = 0 \end{cases} \Leftrightarrow \begin{cases} a = \dfrac{\mu}{\alpha} \\ b = -\dfrac{a}{\alpha} = -\dfrac{\mu}{\alpha^2} \end{cases}$, puisque α est non nul.

On vérifie que $y_p : t \mapsto \dfrac{\mu}{\alpha}t - \dfrac{\mu}{\alpha^2}$ est bien une solution particulière de (E_1).

c. On a y_p est solution de (E_1) donc pour tout réel t, $y'_p(t) + \alpha y_p(t) = \mu t$.

f **est solution de** $(E_1) \Leftrightarrow$ pour tout réel t, $f'(t) + \alpha f(t) = \mu t$

$\Leftrightarrow$ pour tout réel t, $f'(t) + \alpha f(t) = y'_p(t) + \alpha y_p(t)$

$\Leftrightarrow$ pour tout réel t, $f'(t) - y'_p(t) + \alpha\big(f(t) - y_p(t)\big) = 0$

$\Leftrightarrow$ pour tout réel t, $\big(f - y_p\big)'(t) + \alpha\big(f - y_p\big)(t) = 0$

$\Leftrightarrow$ **$f - y_p$ est solution de (H_1)**

d. On déduit que f est solution de (E_1) $\Leftrightarrow f - y_p$ est de la forme $t \mapsto Ce^{-\alpha t}$, $C \in \mathbb{R}$.

Donc $\mathcal{S} = \left\{t \mapsto \dfrac{\mu}{\alpha}t - \dfrac{\mu}{\alpha^2} + Ce^{-\alpha t}, C \in \mathbb{R}\right\}$.

e. Soit f la solution particulière recherchée, on a $f(0) = 0 = -\dfrac{\mu}{\alpha^2} + C \Leftrightarrow C = \dfrac{\mu}{\alpha^2}$.

Donc $f : t \mapsto \dfrac{\mu}{\alpha}t + \dfrac{\mu}{\alpha^2}\left(e^{-\alpha t} - 1\right)$.

2. a. $y' + \alpha y = \beta \Leftrightarrow y' = -\alpha y + \beta$. Donc $\mathcal{S} = \left\{t \mapsto Ce^{-\alpha t} + \dfrac{\beta}{\alpha}, C \in \mathbb{R}\right\}$.

b. Soit g la solution recherchée, on a

$g\left(\dfrac{1}{\alpha}\right) = \lambda = Ce^{-1} + \dfrac{\beta}{\alpha} \Leftrightarrow C = \left(\lambda - \dfrac{\beta}{\alpha}\right)e$.

Donc $g : t \mapsto \dfrac{\beta}{\alpha} + \left(\lambda - \dfrac{\beta}{\alpha}\right)e^{1-\alpha t}$.

À NOTER
On a utilisé les relations $e^{-x} = \dfrac{1}{e^x}$ et $e^{x+y} = e^x e^y$.

Partie B Application à la biologie

a. Pour tout $t \geqslant 0$, $x(t) = 3kt - y(t)$ et $y'(t) = k(2x(t) - y(t))$, donc $y'(t) = k(2(3kt - y(t)) - y(t)) = 6k^2t - 3ky(t)$.

Donc y est solution de l'équation différentielle $(E_3) : y' + 3ky = 6k^2t$.

b. L'équation (E_3) correspond à (E_1) avec $\alpha = 3k$ et $\mu = 6k^2$. La condition initiale $y(0) = 0$ permet de déduire immédiatement de la question **1. e.** de la **partie A** que pour tout $t \geqslant 0$, $y(t) = \dfrac{6k^2}{3k}t + \dfrac{6k^2}{(3k)^2}\left(e^{-3kt} - 1\right)$. On a donc $\mathbf{y(t) = 2kt + \dfrac{2}{3}\left(e^{-3kt} - 1\right)}$.

c. Pour tout $t \geqslant t_1$, $x(t) = 1 - y(t)$. Or $y'(t) = k(2x(t) - y(t))$. Donc $y'(t) = k(2 - 3y(t)) \Leftrightarrow y'(t) + 3ky(t) = 2k$ et y est solution de l'équation différentielle (E_2) avec $\alpha = 3k$ et $\beta = 2k$.

Or, d'après la question précédente, $y(t_1) = y\left(\dfrac{1}{3k}\right) = \dfrac{2}{3} + \dfrac{2}{3}\left(e^{-1} - 1\right) = \dfrac{2}{3e}$.

En posant $\lambda = \dfrac{2}{3e}$, la question **2. b.** de la **partie A** nous donne $y(t) = \dfrac{2k}{3k} + \left(\dfrac{2}{3e} - \dfrac{2k}{3k}\right)e^{1-3kt} = \dfrac{2}{3} + \dfrac{2}{3}\left(\dfrac{1-e}{e}\right)e^{1-3kt} = \mathbf{\dfrac{2}{3}\left(1 + (1-e)e^{-3kt}\right)}$.

Partie C

a. La fonction f est dérivable sur $\left[0\,;\dfrac{1}{3k}\right]$ comme somme de fonctions dérivables.

Pour tout $t \in \left[0\,;\dfrac{1}{3k}\right]$, $f'(t) = 2k + \dfrac{2}{3} \times (-3k)e^{-3kt} = 2k\left(1 - e^{-3kt}\right)$. Or $-3kt < 0$ sur $\left]0\,;\dfrac{1}{3k}\right]$ donc $e^{-3kt} < 1$ et $f'(t) > 0$. La fonction f est donc **strictement croissante** sur $\left[0\,;\dfrac{1}{3k}\right]$.

b. • La fonction g est dérivable sur $\left[\dfrac{1}{3k}\,;+\infty\right[$ comme somme de fonctions dérivables. Pour $t \in \left[\dfrac{1}{3k}\,;+\infty\right[$, $g'(t) = \dfrac{2}{3}(1-e) \times (-3k)e^{-3kt} = 2k(e-1)e^{-3kt}$. Donc $g'(t) > 0$ et la fonction g est **strictement croissante** sur $\left[\dfrac{1}{3k}\,;+\infty\right[$.

• $\lim\limits_{t\to+\infty} e^{-3kt} = 0$ donc $\lim\limits_{t\to+\infty} g(t) = \lim\limits_{t\to+\infty}\left(\dfrac{2}{3}\left(1 + (1-e)e^{-3kt}\right)\right) = \dfrac{2}{3}$.

La courbe représentative de la fonction g admet, au voisinage de $+\infty$, une **asymptote horizontale d'équation $y = \dfrac{2}{3}$**.

c. En prenant $k = \dfrac{1}{24}$, on trace en bleu les variations de la concentration pour $t \leqslant \dfrac{1}{3k}$, c'est-à-dire pour $t \leqslant 8$, puis en rouge pour $t \geqslant 8$. On obtient le graphe ci-contre :

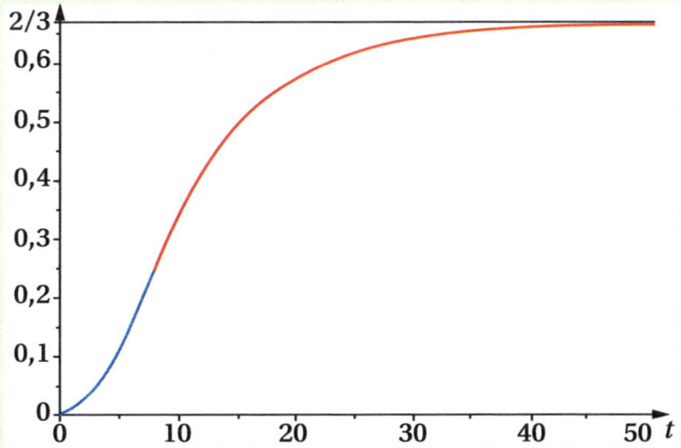

6 Calcul intégral

Dans le cas particulier d'un pavage, comme celui de la cour de Marbre du château de Versailles, l'aire d'une surface peut être déterminée en comptant le nombre de carreaux. Dans le cas général d'une surface quelconque, il faut avoir recours au calcul intégral.

16 Définition de l'intégrale

En bref *L'intégrale d'une fonction positive sur un intervalle I est l'aire de la surface comprise entre sa courbe et l'axe des abscisses.*

I Intégrale d'une fonction continue positive

Le plan est rapporté à un repère orthogonal $(O ; \vec{i} ; \vec{j})$. f désigne une fonction continue sur un intervalle $[a ; b]$, $a \leqslant b$. On note $\mathscr{C}$ la courbe représentative de f dans le repère $(O ; \vec{i} ; \vec{j})$.

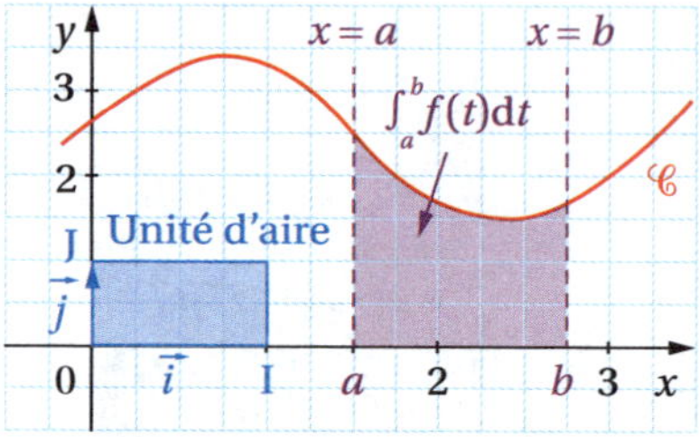

■ Soient I et J des points du plan tels que $\overrightarrow{OI} = \vec{i}$, $\overrightarrow{OJ} = \vec{j}$.

On appelle **unité d'aire** (notée u.a.) l'aire du rectangle de longueur OI et de largeur OJ.

■ **Définition :** Si f est positive sur $[a ; b]$, **l'intégrale de f sur $[a ; b]$** est l'aire, exprimée en u.a., du domaine délimité par $\mathscr{C}$, l'axe des abscisses et les droites d'équations $x = a$ et $x = b$.

On la note $\int_a^b f(t)\mathrm{d}t$.

a et b s'appellent les bornes de l'intégrale.

> **À NOTER**
> La variable t est « muette ».
> On peut noter indifféremment $\int_a^b f(t)\mathrm{d}t$, $\int_a^b f(x)\mathrm{d}x$, etc.

■ Par convention, pour tous réels a et b tels que $a \leqslant b$:

$$\int_a^a f(t)\mathrm{d}t = 0 \text{ et } \int_b^a f(t)\mathrm{d}t = -\int_a^b f(t)\mathrm{d}t$$

II Intégrale d'une fonction continue de signe quelconque

■ **Définition :** Si f est négative sur $[a ; b]$, l'intégrale de f sur $[a ; b]$, toujours notée $\int_a^b f(t)\mathrm{d}t$, est l'opposée de l'aire du domaine délimité par $\mathscr{C}$, l'axe des abscisses et les droites d'équations $x = a$ et $x = b$.

■ **Définition :** Si f n'est pas de signe constant sur $[a ; b]$, on découpe $[a ; b]$ en intervalles $[a ; a_1]$, $[a_1 ; a_2]$, ... , $[a_n ; b]$ sur lesquels f est de signe constant ; l'intégrale de f sur $[a ; b]$ est la somme des intégrales de f sur ces segments.

■ **Relation de Chasles :** Soit f une fonction continue sur un intervalle I. Pour tous a, b, c de I, on a :

$$\int_a^c f(t)\mathrm{d}t = \int_a^b f(t)\mathrm{d}t + \int_b^c f(t)\mathrm{d}t$$

Méthode

Encadrer une intégrale par la méthode des rectangles

On considère la fonction inverse f définie sur $\mathbb{R}^*$ par $f(x) = \frac{1}{x}$, et $\mathscr{C}$ sa courbe représentative dans un repère orthogonal. On note D le domaine compris entre l'axe des abscisses, la courbe $\mathscr{C}$, et les droites d'équations $x = 1$ et $x = 2$. On cherche à encadrer l'aire de ce domaine, notée A.

Soit n un entier naturel non nul. On découpe l'intervalle $[1 ; 2]$ en n intervalles de même longueur. En considérant l'aire des rectangles « sous la courbe » et l'aire des rectangles « sur la courbe », montrer que :

$$\frac{1}{n+1} + \frac{1}{n+2} + \dots + \frac{1}{n+n} \leqslant A \leqslant \frac{1}{n} + \frac{1}{n+1} + \dots + \frac{1}{n+(n-1)}$$

puis que $0 \leqslant A - \left(\frac{1}{n+1} + \frac{1}{n+2} + \dots + \frac{1}{2n}\right) \leqslant \frac{1}{2n}$.

SOLUTION

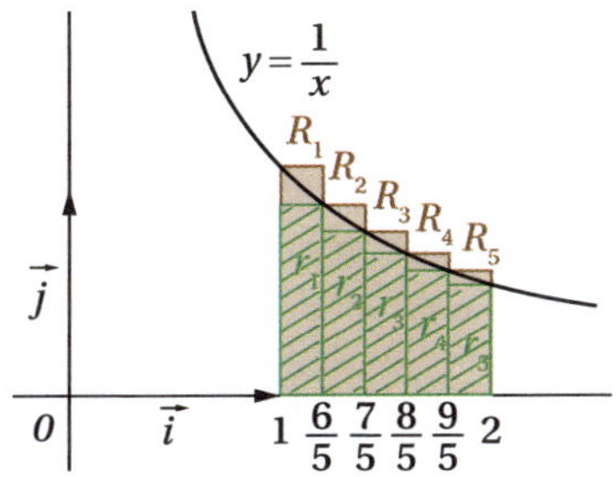

Soit $k \in \{1, 2, \dots, n\}$.

Sur $\left[1 + \frac{k-1}{n} ; 1 + \frac{k}{n}\right]$, on construit deux rectangles R_k et r_k de hauteurs respectives $f\left(1 + \frac{k-1}{n}\right)$ et $f\left(1 + \frac{k}{n}\right)$.

On a, par décroissance de f,

aire(r_1) + aire (r_2) + … + aire(r_n) $\leqslant A \leqslant$ aire(R_1) + aire(R_2) + … + aire(R_n),

avec
$$\begin{cases} \text{aire}(R_k) = \frac{1}{n} \times f\left(1 + \frac{k-1}{n}\right) = \frac{1}{n} \times \frac{n}{n-1+k} = \frac{1}{n-1+k} \\ \text{aire}(r_k) = \frac{1}{n} \times f\left(1 + \frac{k}{n}\right) = \frac{1}{n} \times \frac{n}{n+k} = \frac{1}{n+k} \end{cases}$$

On en déduit que

$$\frac{1}{n+1} + \frac{1}{n+2} + \dots + \frac{1}{n+n} \leqslant A \leqslant \frac{1}{n} + \frac{1}{n+1} + \dots + \frac{1}{n+(n-1)}.$$

En retranchant $\frac{1}{n+1} + \frac{1}{n+2} + \dots + \frac{1}{n+n}$ à tous les membres, on obtient

$$0 \leqslant A - \left(\frac{1}{n+1} + \frac{1}{n+2} + \dots + \frac{1}{2n}\right) \leqslant \frac{1}{n} - \frac{1}{2n} = \frac{1}{2n}.$$

17 Calcul d'intégrales, valeur moyenne

En bref *Une intégrale se calcule à l'aide des primitives de la fonction que l'on intègre.*

I Lien entre intégrale et primitives d'une fonction continue

■ **Théorème fondamental :** Si f est une fonction continue sur un intervalle $[a\,;b]$, la fonction F_a définie sur $[a\,;b]$ par $F_a(x) = \int_a^x f(t)\mathrm{d}t$ est la primitive de f qui s'annule en a. → FICHE 13

■ *Conséquence* : Soit f une fonction continue sur un intervalle I, et F une primitive de f sur I. Pour tous a et b de I, on a :

$$\int_a^b f(t)\mathrm{d}t = [F(t)]_a^b = F(b) - F(a)$$

II Linéarité de l'intégrale

Soient f et g des fonctions continues sur un intervalle I. Pour tous a, b de I et pour tout λ réel, on a :

- $\int_a^b (f(t) + g(t))\mathrm{d}t = \int_a^b f(t)\mathrm{d}t + \int_a^b g(t)\mathrm{d}t$
- $\int_a^b \lambda f(t)\mathrm{d}t = \lambda \int_a^b f(t)\mathrm{d}t$

III Valeur moyenne

■ **Définition :** Soit f une fonction continue sur un intervalle $[a\,;b]$. On appelle **valeur moyenne** de f sur $[a\,;b]$ le réel :

$$\mu = \frac{1}{b-a}\int_a^b f(t)\mathrm{d}t$$

■ *Interprétation graphique* : Pour une fonction positive f, la valeur moyenne μ est le réel tel que le rectangle de côtés de mesures μ et $(b - a)$ ait la même aire que le domaine délimité par la courbe représentative de f, l'axe des abscisses, et les droites d'équations $x = a$ et $x = b$.

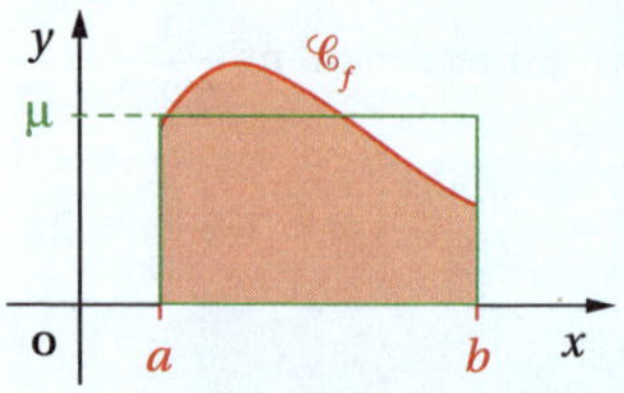

Méthode

Calculer l'aire d'un domaine limité par deux courbes

On considère les fonctions f et g définies sur $]0\,;\,+\infty[$ par $f(x)=x-2+\dfrac{\ln x}{x}$ et $g(x)=x-2$.

On note $\mathscr{C}$ et $\mathscr{C}'$ leurs courbes respectives dans un repère orthogonal d'unités graphiques 2 cm sur l'axe des abscisses et 1 cm sur l'axe des ordonnées.

Calculer l'aire en cm^2, du domaine D du plan limité par les courbes $\mathscr{C}$, $\mathscr{C}'$ et les droites d'équation $x=\dfrac{1}{\mathrm{e}}$ et $x=2$.

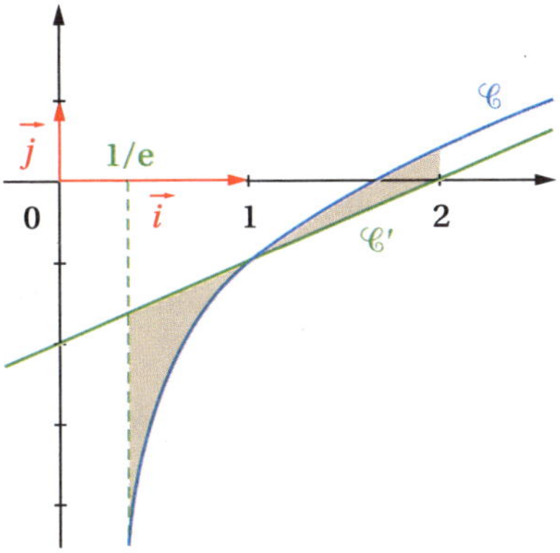

CONSEILS

Étape 1 Cherchez le signe de la fonction $f-g$ sur l'intervalle $\left[\dfrac{1}{\mathrm{e}}\,;2\right]$.

Étape 2 Découpez $\left[\dfrac{1}{\mathrm{e}}\,;2\right]$ en intervalles sur lesquels le signe de $f-g$ est constant.
L'aire de chacun des domaines ainsi délimités est égale à l'intégrale de $f-g$ si $f-g$ est positive, et à l'opposé de l'intégrale de $f-g$ si $f-g$ est négative.
L'aire de D (en u.a.) est alors la somme de l'aire de chacun des domaines.

Étape 3 Convertissez le résultat précédent en cm^2.

SOLUTION

Étape 1 Pour tout $x>0$, on a $f(x)-g(x)=\dfrac{\ln x}{x}\geqslant 0 \Leftrightarrow x\geqslant 1$.

Donc $f-g$ est négative sur $\left[\dfrac{1}{\mathrm{e}}\,;1\right]$, positive sur $[1\,;2]$.

Étape 2 On a $A=A_1+A_2=-\displaystyle\int_{\frac{1}{\mathrm{e}}}^{1}\left(\frac{\ln t}{t}\right)\mathrm{d}t+\int_{1}^{2}\left(\frac{\ln t}{t}\right)\mathrm{d}t$. Or une primitive de $t\mapsto\dfrac{\ln t}{t}$, fonction de la forme $u'u$ avec $u(t)=\ln t$, est $t\mapsto\dfrac{1}{2}(\ln t)^2$. Donc

$$A=-\left[\frac{1}{2}(\ln t)^2\right]_{\frac{1}{\mathrm{e}}}^{1}+\left[\frac{1}{2}(\ln t)^2\right]_{1}^{2}=-\left(-\frac{1}{2}\left(\ln\frac{1}{\mathrm{e}}\right)^2\right)+\frac{1}{2}(\ln 2)^2=\frac{1}{2}+\frac{(\ln 2)^2}{2}\text{ u.a.}$$

Étape 3 On a 1 u.a. $=1\times 2$ cm$^2=2$ cm^2. Donc $A=1+(\ln 2)^2$ cm^2.

CALCUL

Définition de l'intégrale

Qu'est-ce que l'intégrale d'une fonction *f* continue positive ?

Soit f une fonction continue **positive** sur un intervalle, $[a\,;b]$, $a = b$.

• $\int_a^b f(t)\mathrm{d}t$ est l'aire, en u.a., du domaine délimité par C, l'axe des abscisses et les droites d'équations $x = a$ et $x = b$.

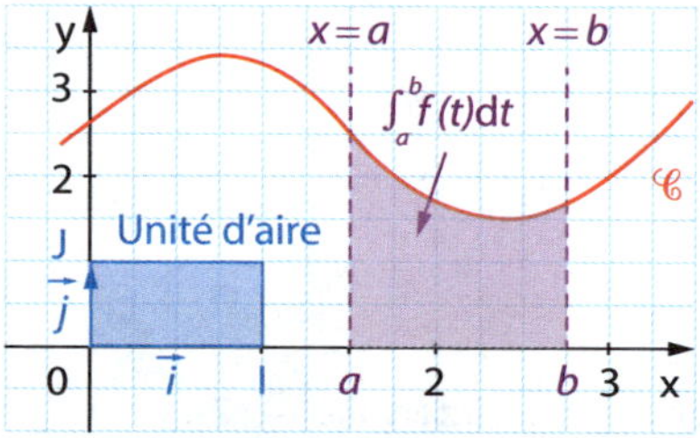

• Si f est **négative** sur $[a\,;b]$, alors l'intégrale de f sur $[a\,;b]$ est l'opposée de l'aire du domaine précédent.

• La **valeur moyenne** de f est

$$\mu = \frac{1}{b-a}\int_a^b f(t)\mathrm{d}t$$

Calculer une intégrale

Comment calculer une intégrale à l'aide d'une primitive ?

Intégrale d'une fonction continue de signe quelconque

Soit f une fonction continue sur un intervalle $[a\,;b]$, et F une primitive de f sur $[a\,;b]$.

$$\int_a^b f(t)\mathrm{d}t = \left[F(t)\right]_a^b = F(b) - F(a)$$

INTÉGRAL

Quelles sont les propriétés de l'intégrale ?

Propriétés de l'intégrale

Propriétés relatives aux bornes

Soit f une fonction continue sur un intervalle I. Pour tous a, b, c de I, on a :

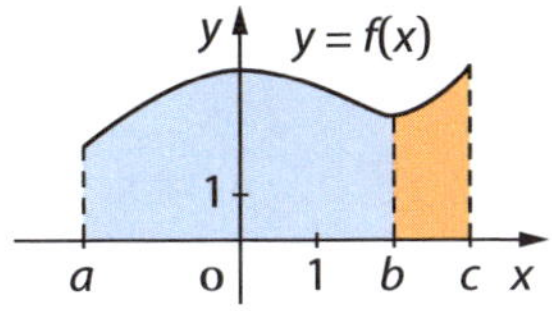

- $\int_a^a f(t)\,dt = 0$
- $\int_b^a f(t)\,dt = -\int_a^b f(t)\,dt$
- Relation de Chasles :

$$\int_a^c f(t)\,dt = \int_a^b f(t)\,dt + \int_b^c f(t)\,dt$$

Linéarité de l'intégrale

Soient f et g des fonctions continues sur un intervalle I. Pour tous a, b de I et pour tout λ réel, on a :

- $\int_a^b \big(f(t)+g(t)\big)\,dt = \int_a^b f(t)\,dt + \int_a^b g(t)\,dt$
- $\int_a^b \lambda f(t)\,dt = \lambda \int_a^b f(t)\,dt$

Comment encadrer une intégrale de fonction positive ?

Méthode des rectangles

Soit f une fonction monotone, continue et positive sur un intervalle $[a\,;b]$

Pour obtenir un encadrement de $\int_a^b f(t)\,dt$ on découpe le domaine en rectangles : $\sum_i \text{Aire}(r_i) \quad \int_a^b f(t)\,dt \quad \sum_i \text{Aire}(R_i)$

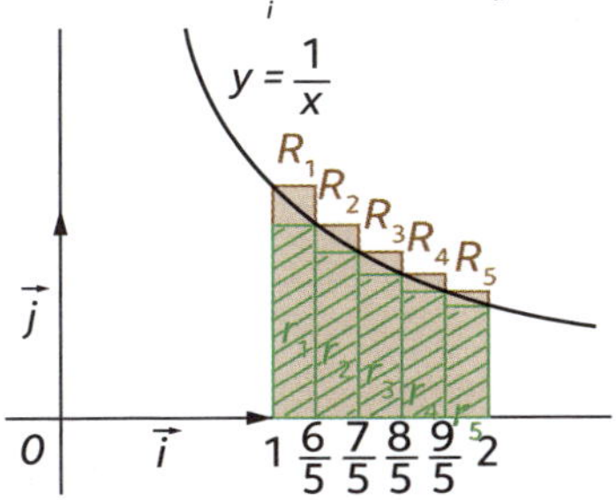

SE TESTER QUIZ

Vérifiez que vous avez bien compris les points clés des fiches **16 et 17**.

1 Calcul d'une intégrale

→ FICHE 17

1. Soit $I = \int_0^2 e^2 \, dt$. Alors $I = \ldots$

☐ **a.** $2e^2$ ☐ **b.** $e^2 - 1$ ☐ **c.** $e^4 - 1$

2. Soit $I = \int_1^x t^2 dt$. Alors $I = \ldots$

☐ **a.** $\frac{1}{3}x^3$ ☐ **b.** $\frac{1}{3}x^3 - 1$ ☐ **c.** $\frac{1}{3}(x^3 - 1)$

2 Valeur moyenne

→ FICHE 17

1. La valeur moyenne de $x \mapsto 4x + 1$ sur $[-1 ; 1]$ est :

☐ **a.** 8 ☐ **b.** 1 ☐ **c.** 0

2. La valeur moyenne de $x \mapsto \frac{3}{x}$ sur $[1 ; 7]$ est :

☐ **a.** $\frac{\ln 7}{2}$ ☐ **b.** $\frac{\ln 6}{2}$ ☐ **c.** $-\frac{\ln 7}{2}$

3 Propriétés de l'intégrale

→ FICHES 16 et 17

Parmi les affirmations suivantes, lesquelles sont vraies ?

☐ **a.** $A = \int_0^3 f(t)dt - \int_0^{-3} f(t)dt = \int_{-3}^3 f(t)dt$ avec f fonction continue sur $\mathbb{R}$.

☐ **b.** $B = \int_2^4 (\ln t)dt + \int_4^7 (3\ln t)dt = \int_2^7 (4\ln t)dt$.

☐ **c.** Soit g une fonction continue positive sur $[2 ; 5]$, alors $\int_4^3 g(t)dt \geqslant 0$.

4 Théorème fondamental de l'intégration

→ FICHE 17

Sur $\mathbb{R}$, la fonction F définie par $F(x) = \int_0^x \frac{1}{1+t^2} dt$ est :

☐ **a.** croissante

☐ **b.** décroissante

☐ **c.** strictement positive

DÉMONSTRATION CLÉ

5 Théorème fondamental pour une fonction croissante

→ FICHE 17

On considère une fonction f positive, croissante et continue sur un intervalle $\mathrm{I} = [a \,;\, b]$, avec $a \leqslant b$. On note $\mathscr{C}$ sa courbe représentative dans le plan muni d'un repère orthogonal.

Pour tout réel x_0 de I, on note $F(x_0) = \int_a^{x_0} f(t)\mathrm{d}t$ l'aire, en unités d'aire, du domaine délimité par $\mathscr{C}$, l'axe des abscisses et les droites d'équations $x = a$ et $x = x_0$.

On veut montrer que la fonction F ainsi définie est dérivable, de dérivée f.

On pose $\int_b^a f(t)\mathrm{d}t = -\int_a^b f(t)\mathrm{d}t$.

1. Pour $x_0 \in \mathrm{I}$ et $h \neq 0$ tel que $x_0 + h \in \mathrm{I}$, montrer que :

$$F(x_0 + h) - F(x_0) = \int_{x_0}^{x_0+h} f(t)\mathrm{d}t$$

2. En déduire que si $h > 0$,

$$f(x_0) \leqslant \frac{F(x_0 + h) - F(x_0)}{h} \leqslant f(x_0 + h),$$

et si $h < 0$,

$$f(x_0 + h) \leqslant \frac{F(x_0 + h) - F(x_0)}{h} \leqslant f(x_0).$$

CONSEIL
Utilisez la croissance de f et déterminez l'aire de rectangles bien choisis.

3. Conclure.

CONSEIL
Utilisez la continuité de f.

S'ENTRAÎNER

6 Calculer des intégrales

→ FICHES 16 et 17

Calculer les intégrales suivantes :

a. $I_1 = \int_0^1 t^2 + \frac{t^3}{3} + \mathrm{e}^{2t}\,\mathrm{d}t$

b. $I_2 = \int_1^{\mathrm{e}} \frac{1}{t} + \frac{2}{t^2} - \frac{3}{t^3}\,\mathrm{d}t$

c. $I_3 = \int_0^1 \frac{\mathrm{e}^t}{1 + \mathrm{e}^t}\,\mathrm{d}t$

d. $I_4 = \int_0^1 t\,\mathrm{e}^{-t^2}\,\mathrm{d}t$

e. $I_5 = \int_2^3 \frac{t^2 + 1}{t^3 + 3t - 4}\,\mathrm{d}t$

f. $I_6 = \int_1^{\mathrm{e}} \frac{\ln t}{t}\,\mathrm{d}t$

g. $I_7 = \int_0^2 (t - 1)\left(t^2 - 2t\right)\mathrm{d}t$

h. $I_8 = \int_1^2 \frac{(t + 1)(t + 2)(t + 3)}{t^2}\,\mathrm{d}t$

i. $I_9 = \int_{-1}^{1} \frac{2t+1}{t^2+t+1}\,dt$ j. $I_{10} = \int_{0}^{\ln 2} \frac{1}{1+e^{-t}}\,dt$

CONSEIL
Transformez la fonction à intégrer pour faire apparaître une forme $\frac{u'}{u}$.

7 Calculer une aire

→ FICHES 16 et 17

On considère les fonctions f et g définies sur $\mathbb{R}$ par $f(x) = (x-1)^2$ et $g(x) = -x^2 + 6x - 5$. On note $\mathscr{C}_f$ et $\mathscr{C}_g$ leurs courbes respectives dans le plan muni d'un repère orthogonal.

a. Déterminer les points d'intersection de $\mathscr{C}_f$ et $\mathscr{C}_g$, puis tracer ces courbes. On prendra pour unités graphiques 2 cm sur l'axe des abscisses et 1 cm sur l'axe des ordonnées.

b. Calculer l'aire A_1 en cm^2 du domaine délimité par $\mathscr{C}_f$, $\mathscr{C}_g$ et les droites d'équations $x = 1$ et $x = 3$.

c. Calculer l'aire A_2 en cm^2 du domaine délimité par $\mathscr{C}_f$, $\mathscr{C}_g$, l'axe des ordonnées et la droite d'équation $x = 2$.

8 Estimer et calculer une valeur moyenne

→ FICHE 17

La courbe $\mathscr{C}$ ci-contre est la coupe d'une colline. L'ordonnée du point M sur $\mathscr{C}$ représente l'altitude (en mètres) d'un lieu situé à une distance horizontale x (en kilomètres) d'un village D.

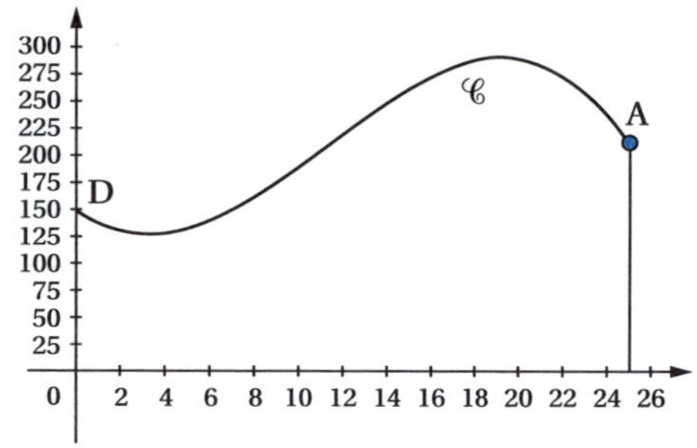

a. Estimer graphiquement la hauteur moyenne entre le village D et le village A situé à une distance horizontale de 25 km de D.

b. On modélise l'altitude en fonction de la distance horizontale x au village D par la fonction f définie sur $[0\,;\,25]$ par $f(x) = -0{,}08x^3 + 2{,}7x^2 - 15x + 150$. Déterminer par le calcul la hauteur moyenne précédente.

9 La quadrature de l'hyperbole

→ FICHES 16 et 17

Nous allons nous intéresser aux aires de deux portions de plan situées sous la partie de l'hyperbole $\mathcal{H}$ d'équation $y = \frac{1}{x}$ pour $x > 0$. On considère trois réels a, b et c strictement positifs. Pour le dessin, on a choisi $c = 4$.

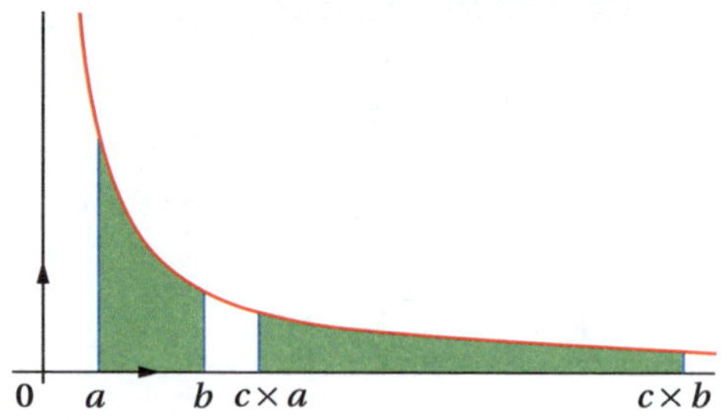

a. On peut approcher ces deux aires par des aires de rectangles comme indiqué sur le dessin ci-dessous :

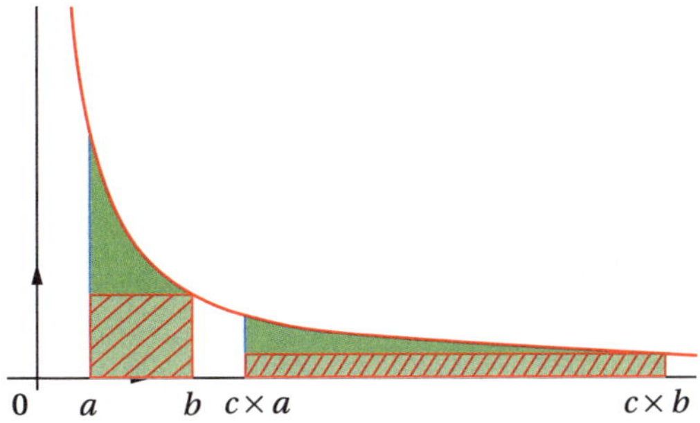

Montrer que ces deux rectangles ont la même aire.

b. On va maintenant remplacer chaque rectangle par deux rectangles sous la courbe comme indiqué ci-dessous, avec m la moyenne géométrique de a et b, c'est-à-dire $m = \sqrt{ab}$.

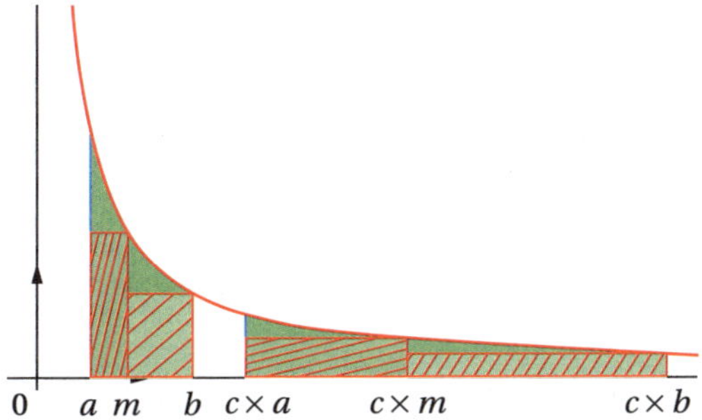

Montrer que les aires des rectangles sous l'hyperbole de bases $[a\,;\,m]$ et $[m\,;\,b]$ sont égales.

c. Montrer que les aires des rectangles sous l'hyperbole de bases $[c \times a\,;\,c \times m]$ et $[c \times m\,;\,c \times b]$ sont égales.

Les quatre rectangles ainsi obtenus ont donc tous la même aire.

d. À l'aide de ces quatre rectangles, on approche les aires sous la courbe avec plus de précision. On peut ensuite répéter le procédé au-dessus de chaque nouvel intervalle, et ainsi de suite... Ainsi, on peut conjecturer que l'aire de la portion de plan sous l'hyperbole située au-dessus de $[a\,;\,b]$ est égale à l'aire de la portion de plan sous l'hyperbole située au-dessus de $[c \times a\,;\,c \times b]$.

En déduire que, pour tout couple $(x\,;\,y)$ de réels strictement positifs, on a $\ln(xy) = \ln x + \ln y$.

10 Mettre en œuvre un algorithme pour encadrer une intégrale

→ FICHE 16

Soit f la fonction définie sur $[0\,;\,1]$ par $f(x)=\sqrt{1+x^2}$. On veut encadrer l'intégrale $I=\int_0^1 f(t)\,\mathrm{d}t$.

CONSEILS
Utilisez la croissance de f et encadrez l'aire sous la courbe de f par l'aire de rectangles bien choisis.

1. Montrer que f est monotone et positive sur $[0\,;\,1]$.

2. Montrer que pour tout $t\in[0\,;\,1]$, $1\leqslant f(t)\leqslant\sqrt{2}$.
En déduire un premier encadrement de I.

3. a. Montrer que pour tout $t\in\left[0\,;\,\frac{1}{2}\right]$, $1\leqslant f(t)\leqslant\frac{\sqrt{5}}{2}$, et pour tout $t\in\left[\frac{1}{2}\,;\,1\right]$, $\frac{\sqrt{5}}{2}\leqslant f(t)\leqslant\sqrt{2}$.

b. En déduire un nouvel encadrement de I.

4. Proposer un algorithme qui, pour un entier naturel n non nul donné, fournit un encadrement de I dans le cas où l'on découpe l'intervalle $[0\,;\,1]$ en n sous-intervalles $\left[0\,;\,\frac{1}{n}\right]$, $\left[\frac{1}{n}\,;\,\frac{2}{n}\right]$, …, $\left[\frac{n-1}{n}\,;\,n\right]$.

11 Étudier une suite d'intégrales

→ FICHES 16 et 17

Pour tout entier naturel n non nul, on définit $I_n=\int_1^{\mathrm{e}}(\ln t)^n\,\mathrm{d}t$.

1. a. Calculer la dérivée de la fonction $\varphi : x\mapsto x\ln x$, définie sur $[1\,;\,\mathrm{e}]$. En déduire la valeur de I_1.

b. Calculer la dérivée de la fonction $\psi : x\mapsto x(\ln x)^{n+1}$ définie sur $[1\,;\,\mathrm{e}]$. En déduire que, pour tout $n\geqslant 1$, $I_{n+1}=\mathrm{e}-(n+1)I_n$.

2. L'entier naturel non nul n étant fixé, on note F_n une primitive de la fonction $f_n : x\mapsto(\ln x)^n$ sur $]0\,;\,+\infty[$.

a. Justifier que la fonction $G_n : x\mapsto F_n(\mathrm{e}^x)$ est dérivable sur $\mathbb{R}$, et exprimer sa fonction dérivée.

b. En déduire que pour tout entier naturel n non nul, $I_n=F_n(\mathrm{e})-F_n(1)=\int_0^1 t^n\,\mathrm{e}^t\,\mathrm{d}t$.

c. Déduire de l'égalité précédente que pour tout entier naturel n non nul, $\frac{1}{n+1}\leqslant I_n\leqslant\frac{\mathrm{e}}{n+1}$.

d. Donner la limite de I_n lorsque n tend vers $+\infty$.

CONSEILS
Encadrez e^t puis $t^n\,\mathrm{e}^t$ pour $t\in[0\,;\,1]$.

OBJECTIF BAC

12 Valeur approchée de π

35 min

→ FICHES 16 et 17

Cet exercice regroupe plusieurs notions : calcul intégral, théorèmes de convergence des suites, usage du symbole Σ.

LE SUJET

On considère les applications continues f et g définies sur $[1\,;+\infty[$ par $f(x)=\dfrac{4}{x^2}$

et $\begin{cases} g(2p-1)=0\,;\ g(2p)=\dfrac{4}{(2p)^2}\,; \\ g \text{ affine sur } [2p-1\,;2p] \text{ et sur } [2p\,;2p+1] \end{cases}$ pour tout entier $p \geqslant 1$.

a. Représenter sur un même graphique les courbes de f et de g dans un repère adapté.

b. Calculer $I_n=\int_1^{2n+1} f(t)\mathrm{d}t$, pour $n \in \mathbb{N}^*$.

c. Calculer $\int_{2k-1}^{2k+1} g(t)\mathrm{d}t$ pour $k \in \mathbb{N}^*$. En déduire que $J_n=\int_1^{2n+1} g(t)\mathrm{d}t=\sum_{k=1}^{n}\dfrac{1}{k^2}$ pour tout $n \in \mathbb{N}^*$.

d. Justifier que $J_n \leqslant \dfrac{8n}{2n+1}$ pour tout $n \in \mathbb{N}^*$.

e. En déduire que la suite $(J_n)_{n\geqslant 1}$ converge vers une valeur $\alpha \leqslant 4$.

f. On admet, pour cette dernière question, que $\alpha=\dfrac{\pi^2}{6}$. On donne l'algorithme ci-dessous :

```
Variables : S est un nombre réel, n est un nombre entier
Initialisation : Affecter à S la valeur 1 ;
      Affecter à n la valeur 1 ;
Traitement : Tant que n < 600
      Affecter à n la valeur n + 1 ;
      Affecter à S la valeur S + 1/n² ;
   Fin tant que ;
   Affecter à S la valeur √(6 × S).
Sortie : Afficher S.
```

Expliquer ce que fait cet algorithme, donner une approximation de S et interpréter ce résultat.

LIRE LE SUJET

a. Tracez les deux courbes en utilisant la continuité de g pour la seconde.

b. Calculez explicitement l'intégrale demandée.

c. Calculez l'intégrale sur $[2k - 1 ; 2k + 1]$ et déduisez-en celle sur $[1 ; 2n + 1]$.

d. Majorez J_n.

e. Montrez que la suite $(J_n)_{n \geqslant 1}$ converge et donnez un majorant de la limite.

f. Programmez l'algorithme pour approcher S et expliquez le résultat.

LA FEUILLE DE ROUTE

a. Tracer des courbes

Pour f, il s'agit d'une courbe classique. Pour g, placez d'abord les points d'abscisse entière, puis finissez en reliant à la règle les points précédemment positionnés.

b. Déterminer une intégrale

Utilisez le tableau des primitives des fonctions de référence.

c. Calculer une intégrale

Déterminez la première intégrale géométriquement (aire d'un triangle), puis la seconde à l'aide de la relation de Chasles.

d. Déterminer un majorant

Comparez les aires sous les courbes de g et f.

e. Étudier la convergence d'une suite

Montrez que la suite $(J_n)_{n \geqslant 1}$ est croissante et majorée.

f. Utiliser un algorithme

Faites tourner l'algorithme proposé pour obtenir une valeur approchée de S et donc de π.

CORRIGÉS

SE TESTER QUIZ

1 Calcul d'une intégrale

1. Réponse a. $I = \int_0^2 e^2 dt = \left[e^2 t\right]_0^2 = 2e^2$.

> **À NOTER**
> On intègre une fonction constante.

2. Réponse c. $I = \int_1^x t^2 dt = \left[\frac{t^3}{3}\right]_1^x = \frac{1}{3}x^3 - \frac{1}{3}$.

2 Valeur moyenne

1. Réponse b. $\mu = \frac{1}{1-(-1)}\int_{-1}^1 (4x+1)dx = \frac{1}{2}\left[2x^2 + x\right]_{-1}^1 = \frac{3-1}{2} = 1$.

2. Réponse a. $\mu = \frac{1}{7-1}\int_1^7 \frac{3}{x}dx = \frac{1}{6}[3\ln x]_1^7 = \frac{3\ln 7 - 3\ln 1}{6} = \frac{\ln 7}{2}$.

3 Propriétés de l'intégrale

a. Vrai. $A = \int_0^3 f(t)dt - \left(-\int_{-3}^0 f(t)dt\right) = \int_0^3 f(t)dt + \int_{-3}^0 f(t)dt = \int_{-3}^3 f(t)dt$

> **À NOTER**
> On utilise la relation de Chasles.

b. Faux. Pour pouvoir utiliser la relation de Chasles, la fonction à intégrer doit être la même dans les deux intégrales, ce qui n'est pas le cas ici.

c. Faux. g est une fonction positive donc $\int_3^4 g(t)dt \geqslant 0$ car elle correspond exactement à une aire. On a donc $\int_4^3 g(t)dt = -\int_3^4 g(t)dt \leqslant 0$.

4 Théorème fondamental de l'intégration

Réponse a. En effet, la fonction $f : t \mapsto \frac{1}{1+t^2}$ est continue sur $\mathbb{R}$, donc d'après le théorème fondamental de l'intégration, la fonction F est la primitive de f qui s'annule en 0. Donc F est dérivable sur $\mathbb{R}$, et sa dérivée est f. Or $f(t) = \frac{1}{1+t^2} > 0$ pour tout $t \in \mathbb{R}$. Donc F est strictement croissante sur $\mathbb{R}$.

DÉMONSTRATION CLÉ

5 Théorème fondamental pour une fonction croissante

1. $F(x_0 + h)$ est l'aire du domaine délimité par $\mathscr{C}$, l'axe des abscisses et les droites d'équations $x = a$ et $x = x_0 + h$.

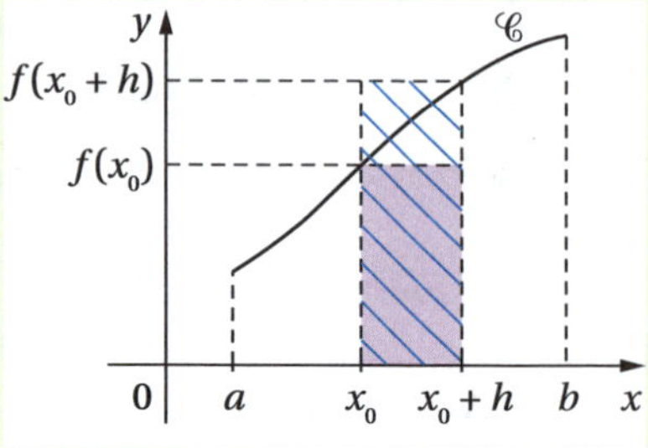

■ **Cas où $h > 0$**

$F(x_0 + h) - F(x_0)$ est l'aire du domaine délimité par $\mathscr{C}$, l'axe des abscisses et les droites d'équations $x = x_0$ et $x = x_0 + h$. On a donc, par définition,

$$F(x_0 + h) - F(x_0) = \int_{x_0}^{x_0+h} f(t)\,\mathrm{d}t.$$

■ **Cas où $h < 0$**

$F(x_0) - F(x_0 + h)$ est l'aire du domaine délimité par $\mathscr{C}$, l'axe des abscisses et les droites d'équations $x = x_0 + h$ et $x = x_0$.

Donc, par définition, $F(x_0) - F(x_0 + h) = \int_{x_0+h}^{x_0} f(t)\,\mathrm{d}t = -\int_{x_0}^{x_0+h} f(t)\,\mathrm{d}t$.

On a donc bien aussi $F(x_0 + h) - F(x_0) = \int_{x_0}^{x_0+h} f(t)\,\mathrm{d}t$.

2. ■ **Cas où $h > 0$**

La fonction f est croissante sur $[x_0 ;\ x_0 + h]$, $f(x_0 + h) > f(x_0)$ donc l'aire $F(x_0 + h) - F(x_0)$ est comprise entre l'aire du rectangle de base h et de hauteur $f(x_0)$ et celle du rectangle de base h et de hauteur $f(x_0 + h)$.

On a donc $h \times f(x_0) \leqslant F(x_0 + h) - F(x_0) \leqslant h \times f(x_0 + h)$.

En divisant cette double inégalité par $h > 0$, on obtient :

$$f(x_0) \leqslant \frac{F(x_0 + h) - F(x_0)}{h} \leqslant f(x_0 + h)$$

■ **Cas où $h < 0$**

La fonction f est croissante sur $[x_0 + h ;\ x_0]$, $f(x_0 + h) < f(x_0)$ donc l'aire $F(x_0) - F(x_0 + h)$ est comprise entre l'aire du rectangle de base $-h$ et de hauteur $f(x_0 + h)$ et celle du rectangle de base $-h$ et de hauteur $f(x_0)$.

On a donc $(-h) \times f(x_0 + h) \leqslant F(x_0) - F(x_0 + h) \leqslant (-h) \times f(x_0)$.

En divisant cette double inégalité par $-h > 0$, on obtient :

$$f(x_0 + h) \leqslant \frac{F(x_0 + h) - F(x_0)}{h} \leqslant f(x_0)$$

3. La fonction f est continue en x_0 donc $\lim\limits_{h \to 0} f(x_0 + h) = f(x_0)$.

On applique le théorème des gendarmes à chacune des doubles inégalités de la question précédente et on obtient que :

$$\lim_{h \to 0^+} \frac{F(x_0 + h) - F(x_0)}{h} = \lim_{h \to 0^-} \frac{F(x_0 + h) - F(x_0)}{h} = f(x_0)$$

On a donc **F dérivable en x_0 et $F'(x_0) = f(x_0)$.**

S'ENTRAÎNER

6 Calculer des intégrales

a. $I_1 = \left[\frac{t^3}{3} + \frac{t^4}{12} + \frac{1}{2}e^{2t}\right]_0^1 = \frac{1}{3} + \frac{1}{12} + \frac{e^2}{2} - \frac{1}{2} = \frac{6e^2 - 1}{12}$.

b. $I_2 = \left[\ln t - \frac{2}{t} + \frac{3}{2t^2}\right]_1^e = 1 - \frac{2}{e} + \frac{3}{2e^2} + 2 - \frac{3}{2} = \frac{3}{2} - \frac{2}{e} + \frac{3}{2e^2}$.

c. On note f la fonction définie par $f(t) = \frac{e^t}{1 + e^t}$. Soit u la fonction définie sur $\mathbb{R}$ par $u(t) = 1 + e^t$. On a $u'(t) = e^t$ et $f(t) = \frac{u'(t)}{u(t)}$. Donc, d'après le tableau des primitives usuelles, une primitive F de f est donnée par : $F(t) = \ln|u(t)| = \ln\left|1 + e^t\right|$. Or sur $\mathbb{R}$, $1 + e^t > 0$. Donc $F(t) = \ln(1 + e^t)$.

Ainsi, $I_3 = \int_0^1 f(t)\mathrm{d}t = \left[\ln\left(1 + e^t\right)\right]_0^1 = \ln(1 + e) - \ln 2$.

d. On note f la fonction définie par $f(t) = t\,e^{-t^2}$. Soit u la fonction définie sur $\mathbb{R}$ par $u(t) = -t^2$. On a $u'(t) = -2t$ et $f(t) = -\frac{1}{2}(-2t)e^{-t^2} = -\frac{1}{2}u'(t)e^{u(t)}$. Donc, d'après le tableau des primitives usuelles, une primitive F de f est donnée par $F(t) = -\frac{1}{2}e^{-t^2}$.

Ainsi, $I_4 = \int_0^1 f(t)\,\mathrm{d}t = \left[-\frac{1}{2}e^{-t^2}\right]_0^1 = \frac{1}{2}\left(1 - \frac{1}{e}\right)$.

e. On note f la fonction définie sur $[2\,;3]$ par $f(t) = \frac{t^2 + 1}{t^3 + 3t - 4}$. Soit u la fonction définie sur $[2\,;3]$ par $u(t) = t^3 + 3t - 4$.

On a $u'(t) = 3t^2 + 3 = 3(t^2 + 1)$ et $f(t) = \frac{1}{3}\frac{3\left(t^2 + 1\right)}{\left(t^3 + 3t - 4\right)} = \frac{1}{3}\frac{u'(t)}{u(t)}$.

Pour tout $t \in [2\,;3]$, $u(t) > 0$, donc d'après le tableau des primitives usuelles, une primitive F de f est donnée par $F(t) = \frac{1}{3}\ln\left(t^3 + 3t - 4\right)$.

> **À NOTER**
> $u'(t) = 3(t^2 + 1) > 0$ donc u est croissante et pour tout $t \in [2\,;3]$, $u(t) \geqslant u(2) > 0$.

Ainsi, $I_5 = \int_2^3 f(t)\,\mathrm{d}t = \left[\frac{1}{3}\ln\left(t^3 + 3t - 4\right)\right]_2^3 = \frac{1}{3}\ln 32 - \frac{1}{3}\ln 10 = \frac{1}{3}\ln\left(\frac{16}{5}\right)$.

f. On note f la fonction définie sur $[1\,;e]$ par $f(t) = \frac{\ln t}{t}$. Soit u la fonction définie sur $[1\,;e]$ par $u(t) = \ln t$. On a $u'(t) = \frac{1}{t}$ et $f(t) = u'(t)u(t)$. Donc d'après le tableau des primitives usuelles, une primitive F de f est donnée par $F(x) = \frac{1}{2}(\ln x)^2$. Ainsi, $I_6 = \int_1^e f(t)\,\mathrm{d}t = \left[\frac{1}{2}(\ln t)^2\right]_1^e = \frac{1}{2}$.

g. $I_7 = \int_0^2 (t-1)(t^2-2t)\,\mathrm{d}t = \int_0^2 (t^3-3t^2+2t)\,dt = \left[\frac{t^4}{4} - t^3 + t^2\right]_0^2 = \mathbf{0}.$

À NOTER

On pouvait remarquer que la fonction à intégrer est de la forme $\frac{1}{2}u'u$ avec $u : t \mapsto t^2 - 2t$. On a donc $I_7 = \int_0^2 (t-1)(t^2-2t)\,\mathrm{d}t = \left[\frac{1}{4}(t^2-2t)^2\right]_0^2 = 0.$

h. $I_8 = \int_1^2 \frac{(t+1)(t+2)(t+3)}{t^2}\,\mathrm{d}t = \int_1^2 \frac{t^3+6t^2+11t+6}{t^2}\,\mathrm{d}t$

$= \int_1^2 \left(t + 6 + \frac{11}{t} + \frac{6}{t^2}\right)\mathrm{d}t = \left[\frac{t^2}{2} + 6t + 11\ln t - \frac{6}{t}\right]_1^2 = \mathbf{\frac{21}{2} + 11\ln 2}.$

i. $I_9 = \int_{-1}^1 \frac{2t+1}{t^2+t+1}\,\mathrm{d}t = \left[\ln(t^2+t+1)\right]_{-1}^1 = \mathbf{\ln 3}.$

j. $I_{10} = \int_0^{\ln 2} \frac{1}{1+\mathrm{e}^{-t}}\,\mathrm{d}t = \int_0^{\ln 2} \frac{\mathrm{e}^t}{\mathrm{e}^t+1}\,\mathrm{d}t = \left[\ln(\mathrm{e}^t+1)\right]_0^{\ln 2} = \ln 3 - \ln 2 = \mathbf{\ln\left(\frac{3}{2}\right)}.$

7 Calculer une aire

1. Les abscisses des points d'intersection de $\mathscr{C}_f$ et $\mathscr{C}_g$ sont les solutions de l'équation $f(x) = g(x) \Leftrightarrow (x-1)^2 = -x^2 + 6x - 5 \Leftrightarrow 2x^2 - 8x + 6 = 0.$

Ce trinôme du second degré a pour discriminant $\Delta = 16$, pour racines 1 et 3. On a alors $f(1) = g(1) = 0$ et $f(3) = g(3) = 4$.

Les points d'intersection de $\mathscr{C}_f$ et $\mathscr{C}_g$ sont donc **A(1 ; 0)** et **B(3 ; 4)**.

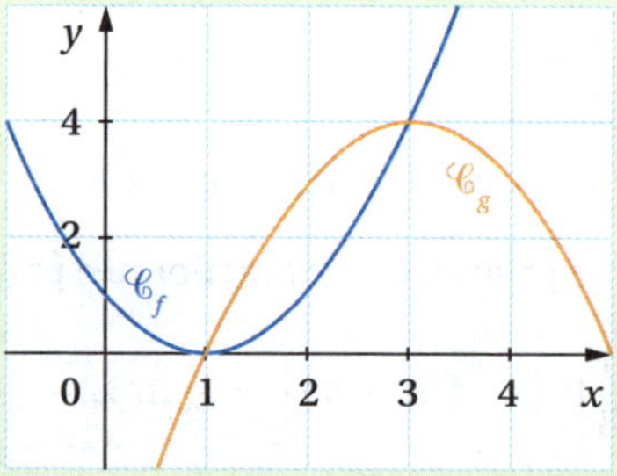

2. Pour tout réel x, $f(x) - g(x) = 2x^2 - 8x + 6 = 2(x-1)(x-3)$, d'après l'étude précédente. Donc sur [1 ; 3], $\mathscr{C}_f$ est en dessous de $\mathscr{C}_g$, $f(x) - g(x) \leqslant 0$.

On en déduit que l'aire, en u.a., du domaine délimité par $\mathscr{C}_f$, $\mathscr{C}_g$ et les droites d'équations $x = 1$ et $x = 3$ est donnée par $A_1 = \int_1^3 (g(t) - f(t))\,\mathrm{d}t$.

$$A_1 = \int_1^3 (-2t^2 + 8t - 6)\,\mathrm{d}t = \left[-2\frac{t^3}{3} + 4t^2 - 6t\right]_1^3 = 0 - \left(-\frac{8}{3}\right) = \frac{8}{3}\text{ u.a.}$$

Or 1 u.a. = 1×2 cm², donc $A_1 = \frac{16}{3}$ cm².

3. Sur [0 ; 1], $\mathscr{C}_f$ est au-dessus de $\mathscr{C}_g$, $f(x) - g(x) \geqslant 0$; sur [1 ; 2], $\mathscr{C}_f$ est en dessous de $\mathscr{C}_g$, $f(x) - g(x) \leqslant 0$. On en déduit que l'aire, en u.a., du domaine délimité par $\mathscr{C}_f$, $\mathscr{C}_g$, l'axe des ordonnées et la droite d'équation $x = 2$ est donnée par $A_2 = \int_0^1 (f(t) - g(t))\mathrm{d}t + \int_1^2 (g(t) - f(t))\mathrm{d}t$.

Donc $A_2 = \int_0^1 \left(2t^2 - 8t + 6\right)\mathrm{d}t + \int_1^2 \left(-2t^2 + 8t - 6\right)\mathrm{d}t$.

D'où $A_2 = \left[\frac{2}{3}t^3 - 4t^2 + 6t\right]_0^1 + \left[\frac{-2}{3}t^3 + 4t^2 - 6t\right]_1^2 = 4$ u.a. donc $A_2 = 8$ cm².

8 Estimer et calculer une valeur moyenne

a. La hauteur moyenne semble être 210 m.

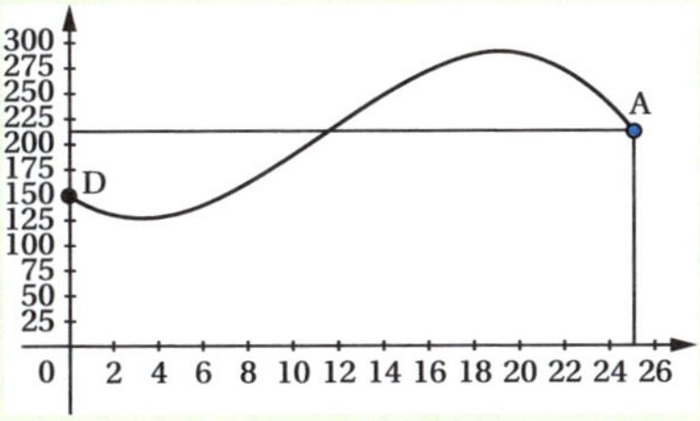

b. La valeur moyenne de la fonction f est donnée par la formule $\mu = \frac{1}{25 - 0}\int_0^{25} f(x)\mathrm{d}x = \frac{1}{25}\int_0^{25}\left(-0{,}08x^3 + 2{,}7x^2 - 15x + 150\right)\mathrm{d}x$.

On a donc $\mu = \frac{1}{25}\left[\frac{-0{,}08}{4}x^4 + \frac{2{,}7}{3}x^3 - \frac{15}{2}x^2 + 150x\right]_0^{25} = 212{,}5$.

La hauteur moyenne est donc 212,5 mètres.

9 La quadrature de l'hyperbole

a. $A_2 = (cb - ca) \times \frac{1}{cb} = (b - a) \times \frac{1}{b} = A_1$ et les rectangles ont la même aire.

b. Soit $m = \sqrt{ab}$. On note A_{1-1} l'aire du rectangle de base $[a\,;\,m]$, A_{1-2} celle du rectangle de base $[m\,;\,b]$. On a $A_{1-1} = (m - a) \times \frac{1}{m} = \frac{\sqrt{ab} - a}{\sqrt{ab}} = 1 - \sqrt{\frac{a}{b}}$ et $A_{1-2} = (b - m) \times \frac{1}{b} = \frac{b - \sqrt{ab}}{b} = 1 - \sqrt{\frac{a}{b}}$. Donc les deux aires sont égales.

c. De même, on note A_{2-1} l'aire du rectangle de base $[ca\,;\,cm]$, A_{2-2} celle du rectangle de base $[cm\,;\,cb]$. On a $A_{2-1} = (cm - ca) \times \frac{1}{cm} = 1 - \frac{a}{m} = 1 - \sqrt{\frac{a}{b}}$ et $A_{2-2} = (cb - cm) \times \frac{1}{cb} = 1 - \frac{m}{b} = 1 - \sqrt{\frac{a}{b}}$. Donc $A_{1-2} = A_{1-1} = A_{2-1} = A_{2-2}$.

Les quatre rectangles ont ainsi tous la même aire.

d. Soit $(x\,;y)$ un couple de réels strictement positifs. En prenant $a=1$, $b=x$ et $c=y$, on en déduit que $\int_1^x \frac{1}{t}\,\mathrm{d}t$ (qui est l'aire située au-dessus de $[1\,;x]$) est égale à $\int_y^{xy} \frac{1}{t}\,\mathrm{d}t$ (qui est l'aire située au-dessus de $[y\times 1\,;y\times x]$).

Or $\int_1^x \frac{1}{t}\,\mathrm{d}t=[\ln t]_1^x=\ln x$ et $\int_y^{xy} \frac{1}{t}\,\mathrm{d}t=[\ln t]_y^{xy}=\ln(xy)-\ln y$. Donc on obtient $\ln x=\ln(xy)-\ln y$ soit $\ln(xy)=\ln x+\ln y$.

10 Mettre en œuvre un algorithme pour encadrer une intégrale

1. La fonction $x\mapsto 1+x^2$ est croissante et positive sur $[0\,;1]$. La fonction racine carrée est positive et croissante sur $\mathbb{R}^+$. Par composition, on en déduit donc que f est croissante et positive sur $[0\,;1]$.

2. f est croissante sur $[0\,;1]$, donc pour tout $t\in[0\,;1]$, $f(0)\leqslant f(t)\leqslant f(1)$. On a donc pour tout $t\in[0\,;1]$, $1\leqslant f(t)\leqslant\sqrt{2}$.

On se place dans un repère orthonormé, et on note $\mathscr{C}_f$ la courbe de f. $\int_0^1 f(t)\,\mathrm{d}t$ est l'aire du domaine D délimité par $\mathscr{C}_f$, l'axe des abscisses et les droites d'équations $x=0$ et $x=1$. On en déduit que le domaine D contient le rectangle de base $[0\,;1]$ et de hauteur 1, et qu'il est contenu dans le rectangle de base $[0\,;1]$ et de hauteur $\sqrt{2}$. On a donc $1\leqslant I\leqslant\sqrt{2}$.

3. a. • f est en particulier croissante sur $\left[0\,;\frac{1}{2}\right]$, donc pour tout $t\in\left[0\,;\frac{1}{2}\right]$, $f(0)\leqslant f(t)\leqslant f\left(\frac{1}{2}\right)$. On a donc pour tout $t\in\left[0\,;\frac{1}{2}\right]$, $1\leqslant f(t)\leqslant\frac{\sqrt{5}}{2}$.

• f est en particulier croissante sur $\left[\frac{1}{2}\,;1\right]$, donc pour tout $t\in\left[\frac{1}{2}\,;1\right]$, $f\left(\frac{1}{2}\right)\leqslant f(t)\leqslant f(1)$. On a donc pour tout $t\in\left[\frac{1}{2}\,;1\right]$, $\frac{\sqrt{5}}{2}\leqslant f(t)\leqslant\sqrt{2}$.

b. On déduit de la question précédente que le domaine D contient la réunion du rectangle de base $\left[0\,;\frac{1}{2}\right]$ et de hauteur 1, et du rectangle de base $\left[\frac{1}{2}\,;1\right]$ et de hauteur $\frac{\sqrt{5}}{2}$; il est contenu dans la réunion du rectangle de base $\left[0\,;\frac{1}{2}\right]$ et de hauteur $\frac{\sqrt{5}}{2}$, et du rectangle de base $\left[\frac{1}{2}\,;1\right]$ et de hauteur $\sqrt{2}$. On a donc $\frac{1}{2}+\frac{\sqrt{5}}{4}\leqslant I\leqslant\frac{\sqrt{5}}{4}+\frac{\sqrt{2}}{2}$.

4.

```
Entrer n
Inf, Sup = 0, 0
Pour k allant de 0 à n – 1 :
    Inf = Inf + 1/n √(1 + (k/n)²)
    Sup = Sup + 1/n √(1 + ((k+1)/n)²)
Fin Pour
Afficher Inf, Sup
```

11 Étudier une suite d'intégrales

1. a. La fonction $\varphi : x \mapsto x\ln x$ est dérivable sur $[1\,;\,\mathrm{e}]$ comme produit de fonctions dérivables et $\varphi'(x) = 1 \times \ln x + x \times \dfrac{1}{x} = \ln x + 1$. On a donc $I_1 = \int_1^{\mathrm{e}} \ln t\,\mathrm{d}t = \int_1^{\mathrm{e}} (\varphi'(t) - 1)\,\mathrm{d}t = [\varphi(t) - t]_1^{\mathrm{e}} = [t\ln t - t]_1^{\mathrm{e}} = \mathrm{e} - \mathrm{e} + 1 = \mathbf{1}$.

b. Soit n un entier naturel non nul. La fonction $\psi : x \mapsto x(\ln x)^{n+1}$ est dérivable sur $[1\,;\,\mathrm{e}]$ comme composée et produit de fonctions dérivables, et $\psi'(x) = 1 \times (\ln x)^{n+1} + x \times (n+1) \times \dfrac{1}{x}(\ln x)^n = (\ln x)^{n+1} + (n+1)(\ln x)^n$. On a donc $I_{n+1} + (n+1)I_n = \int_1^{\mathrm{e}} \psi'(t)\,\mathrm{d}t = [\psi(t)]_1^{\mathrm{e}} = \left[t(\ln t)^{n+1}\right]_1^{\mathrm{e}} = \mathrm{e}$. Ce qui nous donne bien $\mathbf{I_{n+1} = e - (n+1)I_n}$.

2. a. La fonction F_n est une primitive de la fonction f_n sur $\mathbb{R}$ elle est donc dérivable sur $\mathbb{R}$, tout comme la fonction $x \mapsto \mathrm{e}^x$. Donc, par composition, la fonction **G_n est dérivable sur $\mathbb{R}$**.

Pour tout réel x, on a $G_n'(x) = F_n'(\mathrm{e}^x) \times \mathrm{e}^x = f_n(\mathrm{e}^x) \times \mathrm{e}^x = \mathbf{x^n\,e^x}$.

b. Pour n entier naturel non nul, $I_n = \int_1^{\mathrm{e}} f_n(t)\,\mathrm{d}t = [F_n(t)]_1^{\mathrm{e}} = F_n(\mathrm{e}) - F_n(1)$.

Or $G_n(0) = F_n(\mathrm{e}^0) = F_n(1)$ et $G_n(1) = F_n(\mathrm{e}^1) = F_n(\mathrm{e})$.

Donc $I_n = G_n(1) - G_n(0) = [G_n(t)]_0^1 = \int_0^1 G_n'(t)\,\mathrm{d}t = \mathbf{\int_0^1 t^n\,e^t\,dt}$.

c. Soit n un entier naturel non nul. La fonction exponentielle est croissante sur $\mathbb{R}$ donc pour tout $t \in [0\,;\,1]$, on a $\mathrm{e}^0 \leqslant \mathrm{e}^t \leqslant \mathrm{e}^1 \Leftrightarrow 1 \leqslant \mathrm{e}^t \leqslant \mathrm{e}$ et $t^n \geqslant 0$.

Ainsi, $0 \leqslant t^n \leqslant t^n\mathrm{e}^t \leqslant \mathrm{e}t^n$ pour tout $t \in [0\,;\,1]$. Les aires sous chacune des courbes correspondantes vérifient les mêmes inégalités et par définition de l'intégrale de fonction positive, on en déduit que $\int_0^1 t^n\mathrm{d}t \leqslant \int_0^1 t^n\,\mathrm{e}^t\,\mathrm{d}t \leqslant \int_0^1 \mathrm{e}t^n\mathrm{d}t \Leftrightarrow \left[\dfrac{t^{n+1}}{n+1}\right]_0^1 \leqslant I_n \leqslant \mathrm{e} \times \left[\dfrac{t^{n+1}}{n+1}\right]_0^1$.

On en conclut que pour tout entier naturel n non nul, $\mathbf{\dfrac{1}{n+1} \leqslant I_n \leqslant \dfrac{e}{n+1}}$.

d. $\lim\limits_{n \to +\infty} \dfrac{1}{n+1} = 0$ donc le théorème des gendarmes donne $\mathbf{\lim\limits_{n \to +\infty} I_n = 0}$.

OBJECTIF BAC

12 Valeur approchée de π

a. Voici les deux courbes, celle de f étant en bleu, celle de g en rouge :

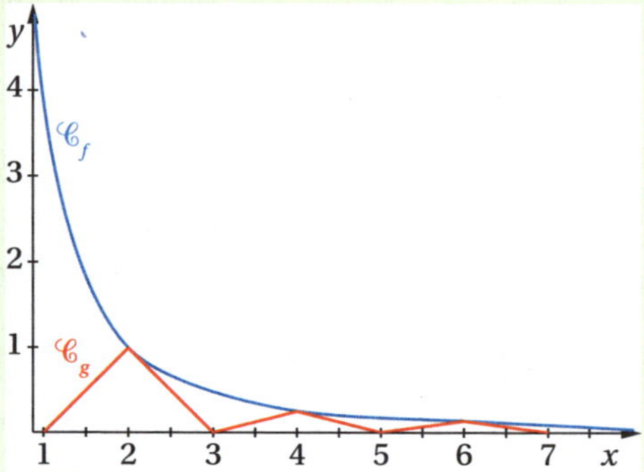

b. On a $I_n = \int_1^{2n+1} f(t)\,\mathrm{d}t = \int_1^{2n+1} \frac{4}{t^2}\,\mathrm{d}t$

$= \left[-\frac{4}{t}\right]_1^{2n+1} = \frac{-4}{2n+1} + 4 = \mathbf{\frac{8n}{2n+1}}.$

c. • Pour tout entier $k \geqslant 1$, l'intégrale $\int_{2k-1}^{2k+1} g(t)\,\mathrm{d}t$ est l'aire d'un triangle de base $(2k+1) - (2k-1) = 2$, de hauteur $g(2k) = \frac{4}{(2k)^2} = \frac{1}{k^2}$.

Donc $\int_{2k-1}^{2k+1} g(t)\,\mathrm{d}t = \frac{1}{2} \times \left(2 \times \frac{1}{k^2}\right) = \mathbf{\frac{1}{k^2}}.$

• On en déduit alors immédiatement, à l'aide de la relation de Chasles, que

$J_n = \int_1^{2n+1} g(t)\,\mathrm{d}t = \sum_{k=1}^{n} \int_{2k-1}^{2k+1} g(t)\,\mathrm{d}t = \mathbf{\sum_{k=1}^{n} \frac{1}{k^2}}.$

d. Comme les deux fonctions f et g sont positives, avec $1 \leqslant 2n+1$, les deux intégrales correspondent aux aires des domaines délimités par l'axe des abscisses, les droites d'équations $x = 1$ et $x = 2n+1$ et les courbes de f et de g respectivement. De plus, la courbe représentative de g est toujours en dessous de celle de f, donc

$J_n = \int_1^{2n+1} g(t)\,\mathrm{d}t \leqslant \int_1^{2n+1} f(t)\,\mathrm{d}t$, d'où $\mathbf{J_n \leqslant \frac{8n}{2n+1}}$.

e. ■ Étudions les variations de la suite $(J_n)_{n \geqslant 1}$:

$$J_n - J_{n-1} = \int_1^{2n+1} g(t)\,\mathrm{d}t - \int_1^{2n-1} g(t)\,\mathrm{d}t = \int_1^{2n+1} g(t)\,\mathrm{d}t + \int_{2n-1}^{1} g(t)\,\mathrm{d}t.$$

D'après la relation de Chasles, on a $J_n - J_{n-1} = \int_{2n-1}^{2n+1} g(t)\,\mathrm{d}t = \frac{1}{n^2} > 0$.
La suite $(J_n)_{n \geqslant 1}$ est donc strictement croissante.

■ Comme $J_n \leqslant \frac{8n}{2n+1} < \frac{8n}{2n} = 4$, alors la suite $(J_n)_{n \geqslant 1}$ est majorée, ce qui implique donc qu'elle **converge vers une valeur $\alpha \leqslant 4$.**

f. Cet algorithme calcule dans un premier temps $S = J_{600}$, puis $S = \sqrt{6 \times J_{600}}$. En programmant cet algorithme dans une calculatrice, on obtient $\mathbf{S \approx 3{,}14}$, ce qui nous donne une approximation de π. (En effet, la limite de la suite $(J_n)_{n \geqslant 1}$ étant $\alpha = \frac{\pi^2}{6}$, on a $\lim\limits_{n \to +\infty} \sqrt{6 \times J_n} = \pi$.)

7 Lois discrètes

Pour gérer les excès de la surréservation qu'elles pratiquent, les compagnies aériennes ou ferroviaires recourent en première analyse à des lois binomiales puis raffinent leurs résultats.

18 Schéma de Bernoulli et loi uniforme

En bref *En 1713 paraît* Ars Conjectandi *de Jacques Bernoulli, un ouvrage très important dans l'histoire des probabilités. On y trouve son schéma présenté dans le cadre d'un tirage sans remise pour un modèle d'urne.*

I Schéma de Bernoulli

■ **Définition :** Une **épreuve de Bernoulli** est une épreuve à deux issues : vrai/faux, pile/face, blanc/noir, etc.

On convient d'appeler « succès » et « échec » les deux issues, que l'on symbolise respectivement par 1 et 0.

■ **Définition :** Une **variable aléatoire de Bernoulli** est une variable aléatoire X caractérisée par :

- $X(\Omega) = \{0 ; 1\}$ (X ne prend que deux valeurs) ;
- $P(X = 1) = p$ et donc $P(X = 0) = 1 - p = q$ (p étant un nombre de $[0 ; 1]$).

■ **Définition :** Un **schéma de Bernoulli** est la répétition de la même épreuve de Bernoulli un certain nombre de fois (noté n), chaque fois étant indépendante des autres.

À NOTER
On peut schématiser la succession d'épreuves par un arbre de probabilités, d'où le terme de « schéma ».

■ Arbre de probabilités :

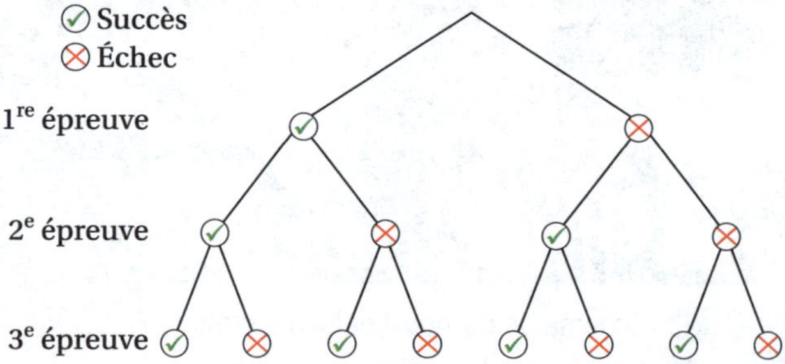

II Loi uniforme de paramètre *n*

■ **Définition :** Une variable aléatoire X suit une **loi uniforme de paramètre n** lorsque :

- $X(\Omega) = \{1, ..., n\}$;
- pour tout $k \in \{1, ..., n\}$, $P(X = k) = \frac{1}{n}$.

■ **Propriétés :** On a alors :

- espérance de X, $E(X) = \frac{n+1}{2}$;
- variance de X, $V(X) = \frac{n^2 - 1}{12}$.

À NOTER
Tous les événements $\{X = k\}$ sont équiprobables.

Méthodes

1 Reconnaître un schéma de Bernoulli

Dans les situations suivantes, dire s'il est possible d'utiliser un schéma de Bernoulli pour les modéliser.

a. Le nombre de lancers d'un dé cubique nécessaires pour obtenir un 6 pour la première fois.

b. Le nombre de filles dans une famille de quatre enfants.

c. Le nombre de boules blanches obtenues lors du tirage de trois boules dans une urne comportant quatre boules blanches et six boules noires.

CONSEILS

a. et b. Vérifiez si chaque situation répond aux conditions caractéristiques d'un schéma de Bernoulli rappelées dans la définition.

c. Discutez selon la nature des tirages : avec ou sans remise.

SOLUTION

a. **Il n'est pas possible d'utiliser un schéma de Bernoulli** car le nombre de répétitions de l'épreuve (lancer d'un dé) n'est pas fixé.

b. Si on suppose que dans une fratrie les sexes des enfants sont indépendants les uns des autres, **on peut utiliser un schéma de Bernoulli** pour connaître le nombre de filles. L'épreuve de Bernoulli de base est l'identification du sexe de l'enfant : F ou G. On la répète 4 fois.

c. Si on effectue les tirages *avec remise*, **on peut modéliser la situation par un schéma de Bernoulli**, l'épreuve de base étant l'identification de la couleur : B ou N.

Si on effectue les tirages *sans* remise, **on ne peut pas utiliser un schéma de Bernoulli**. En effet dans ce cas les tirages ne sont pas indépendants, l'issue d'un tirage dépend de la composition de l'urne, variable d'un tirage à l'autre.

2 Utiliser une loi uniforme

On jette un dé cubique ordinaire une fois. Soit X la variable aléatoire égale au nombre porté par le dé.

a. Déterminer la loi de X.

b. En déduire son espérance et sa variance.

CONSEILS

b. Utiliser les formules du cours.

SOLUTION

a. On a évidemment $X(\Omega) = \{1, ..., 6\}$ et, puisque le dé est équilibré, pour tout $k \in X(\Omega)$, $P(X = k) = \frac{1}{6}$. Donc **X suit la loi uniforme de paramètre 6**.

b. On sait alors que $E(X) = \frac{6+1}{2} = \mathbf{3{,}5}$ et $V(X) = \frac{6^2 - 1}{12} = \mathbf{\frac{35}{12}}$.

19 Coefficients binomiaux

En bref *Lorsqu'on construit un arbre relatif à un schéma de Bernoulli il est utile de savoir combien de chemins comportent exactement k succès. Les coefficients binomiaux apportent la réponse.*

I Définition des coefficients binomiaux

On dispose de n objets. Le nombre de façons d'en choisir k ($k \leqslant n$) se note $\binom{n}{k}$ et se lit « k parmi n ». Ce nombre s'appelle un **coefficient binomial**.

Exemple : On dispose de 5 emplacements pour placer des lettres. Le nombre de façons de placer la lettre B sur 3 emplacements est égal à $\binom{5}{3}$. En effet, il y a $\binom{5}{3}$ façons de choisir un emplacement parmi les 5 disponibles ; en voici deux : B _ B B _ et B B _ B _.

II Calcul des coefficients binomiaux

- Pour calculer $\binom{n}{k}$, on peut utiliser le triangle de Pascal :

n \ k	0	1	2	3	4	5	6
0	1						
1	1	1					
2	1	2	1				
3	1	3	3	1			
4	1	4	6	4	1		
5	1	5	10	10	5	1	
6	1	6	15	20	15	6	1

- Il est construit à l'aide de la **formule de Pascal** (démonstration → EXERCICE 7) valable pour tout entier n et tout entier k :

$$\binom{n+1}{k+1} = \binom{n}{k+1} + \binom{n}{k}$$

Exemple : $\binom{6}{4} = \binom{5}{4} + \binom{5}{3} = 15$ (triangle de Pascal avec $n = 5$ et $k = 3$).

Remarque : On a aussi $\binom{n}{k} = \binom{n}{n-k}$, par exemple $\binom{5}{3} = \binom{5}{2} = 10$.

Méthode

Compter des chemins dans un schéma de Bernoulli

On considère un schéma de Bernoulli à n répétitions, la probabilité de succès S étant égale à p.

1. On suppose dans cette question que $n = 3$.

a. Combien y a-t-il de chemins contenant deux succès exactement ?

b. Combien y a-t-il de chemins contenant k succès ($0 \leqslant k \leqslant 3$) ?

2. Dans le cas général, combien y a-t-il de chemins contenant exactement k succès ?

CONSEILS

1. a. Un arbre permet de répondre par simple dénombrement.
b. Utilisez les coefficients binomiaux.
2. Raisonnez en pensant à la position des succès dans le chemin.

SOLUTION

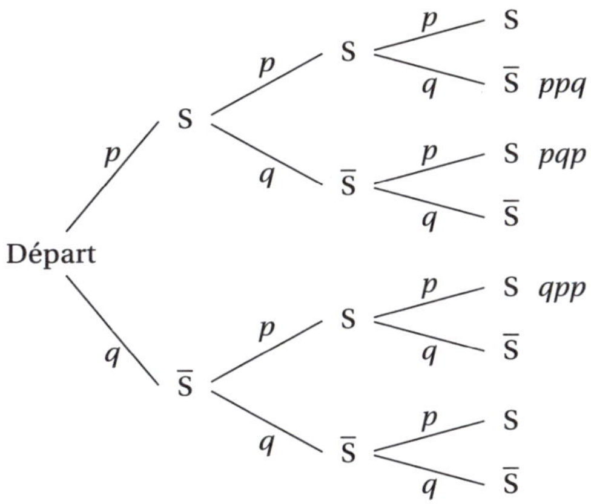

1. a. En comptant simplement, on voit qu'il y a trois chemins contenant 2 succès. On constate que $3 = \binom{3}{2}$.

b. Un chemin est une liste à 3 éléments choisis parmi S (succès) et $\overline{S}$ (échec). Pour savoir combien de chemins contiennent k lettres S, on choisit k places de la liste parmi les 3 dont on dispose, ce qui fait $\binom{3}{k}$ possibilités, donc $\binom{3}{k}$ chemins possibles.

2. Un chemin est ici une liste à n éléments choisis parmi S et $\overline{S}$. En généralisant le raisonnement précédent et en remplaçant 3 par n, on constate qu'il y a $\binom{n}{k}$ chemins contenant exactement k succès.

20 Loi binomiale et loi géométrique

En bref *La loi binomiale formalise un schéma de Bernoulli ; la loi géométrique formalise le temps d'attente du premier succès dans une succession d'épreuves identiques et indépendantes.*

I Loi binomiale

■ **Définition :** Une expérience consiste à répéter n fois une même action, les répétitions étant indépendantes. Une action produit un succès avec une probabilité p.

Soit X la variable aléatoire comptant le nombre de succès au cours des n répétitions. La loi de X est la **loi binomiale** de paramètres n et p et on a :

$X(\Omega) = \{0, 1, 2, ..., n\}$.

■ Pour tout $k \in X(\Omega)$:

$$P(X = k) = \binom{n}{k} p^k (1-p)^{n-k} = \binom{n}{k} p^k q^{n-k}$$

■ Espérance $E(X) = np$ et variance $V(X) = npq$.

■ On écrit que X suit la loi $\mathcal{B}(n\ ;\ p)$, en abrégé : $X \sim \mathcal{B}(n\ ;\ p)$.

À NOTER
On pose habituellement $q = 1 - p$.

■ *Exemple :* Une pièce de monnaie est truquée de telle sorte que la probabilité de pile soit égale à 0,6. Si X est la variable aléatoire comptant le nombre de piles obtenus au cours de 5 lancers, la loi de X est la loi $\mathcal{B}(5\ ;\ 0{,}6)$.

II Loi géométrique

■ **Définition :** Une expérience consiste à répéter un certain nombre de fois une même action, les répétitions étant indépendantes, jusqu'à l'obtention du premier succès, auquel cas on arrête l'expérience. Une action produit un succès avec une probabilité p. Soit X la variable aléatoire égale au rang du premier succès. La loi de X est la **loi géométrique** de paramètre p et on a $X(\Omega) = \mathbb{N}^*$.

■ Pour tout $k \in X(\Omega)$:

$$P(X = k) = q^{k-1} p$$

■ Espérance $E(X) = \dfrac{1}{p}$ et variance $V(X) = \dfrac{q}{p^2}$.

■ On écrit que X suit la loi $\mathcal{G}(p)$, en abrégé : $X \sim \mathcal{G}(p)$.

■ *Exemple :* On considère une pièce de monnaie truquée de telle sorte que la probabilité de pile soit égale à 0,6. On la jette jusqu'à ce que l'on obtienne pile pour la première fois, auquel cas on s'arrête.

Soit X le rang d'apparition du premier pile. Alors $X \sim \mathcal{G}(0{,}6)$.

Méthodes

1 Utiliser une loi binomiale

On jette un dé cubique ordinaire 10 fois. Soit X la variable aléatoire comptant le nombre de faces 4 obtenues.

1. Identifier la loi de X.

2. a. Calculer, à 10^{-3} près, la probabilité d'obtenir au moins trois faces 4.

b. Calculer, à 10^{-3} près, $P(2 \leqslant X < 5)$.

CONSEILS

1. Un succès est l'obtention d'une face 4.

2. a. Pensez à l'événement contraire et utilisez les touches spécialisées de la calculatrice.

b. Bien prendre en compte les inégalités larges et strictes.

SOLUTION

1. On répète dix fois de manières indépendantes la même épreuve. La probabilité de succès est $\frac{1}{6}$ car le dé est cubique. C'est pourquoi $X \sim \mathcal{B}\left(10\ ;\ \frac{1}{6}\right)$.

2. a. La probabilité d'obtenir au moins trois faces 4 est :

$$\begin{aligned} P(X \geqslant 3) &= 1 - P(X \leqslant 2) \\ &= 1 - (P(X=0) + P(X=1) + P(X=2)) \\ &= 1 - \left(\binom{10}{0}\left(\frac{1}{6}\right)^0\left(\frac{5}{6}\right)^{10} + \binom{10}{1}\left(\frac{1}{6}\right)^1\left(\frac{5}{6}\right)^9 + \binom{10}{2}\left(\frac{1}{6}\right)^2\left(\frac{5}{6}\right)^8\right). \end{aligned}$$

La calculatrice fournit $P(X \geqslant 3) \approx 0{,}225$.

b. $P(2 \leqslant X < 5) = P(X=2) + P(X=3) + P(X=4) \approx 0{,}500$.

2 Utiliser une loi géométrique

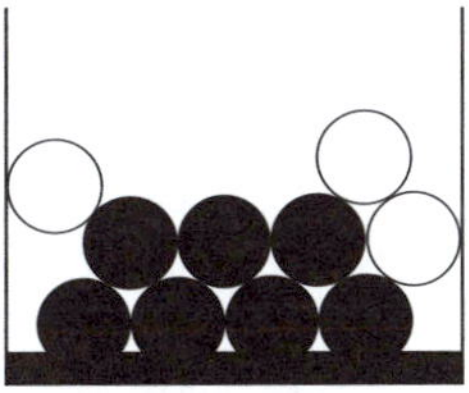

Dans l'urne ci-contre, on effectue des tirages aléatoires d'une boule avec remise. Soit X le rang d'apparition de la première boule blanche.

1. Identifier la loi de X.

2. Calculer la probabilité pour que la première boule blanche apparaisse au quatrième tirage.

CONSEILS

1. Bien considérer la *première* boule blanche obtenue.

2. Les tirages qui précèdent le quatrième comportent alors des boules noires.

SOLUTION

1. Un succès étant l'apparition d'une boule blanche, de probabilité $\frac{3}{10}$, X est égale au rang du premier succès lors de la répétition d'épreuves identiques et indépendantes. C'est pourquoi $X \sim \mathcal{G}(0{,}3)$.

2. On cherche $P(X=4)$ et on trouve $0{,}7^3 \times 0{,}3$ c'est-à-dire $0{,}1\,029$.

MÉMO VISUEL

SCHÉMA DE BERNOULLI

Schéma de Bernoulli — Qu'est-ce qu'un schéma de Bernoulli ?

Schéma de Bernoulli

- Répétition d'un nombre n fixé d'épreuves identiques.
- L'épreuve de Bernoulli a deux issues : succès (de probabilité p) ou échec (de probabilité q).
- Les répétitions sont indépendantes.

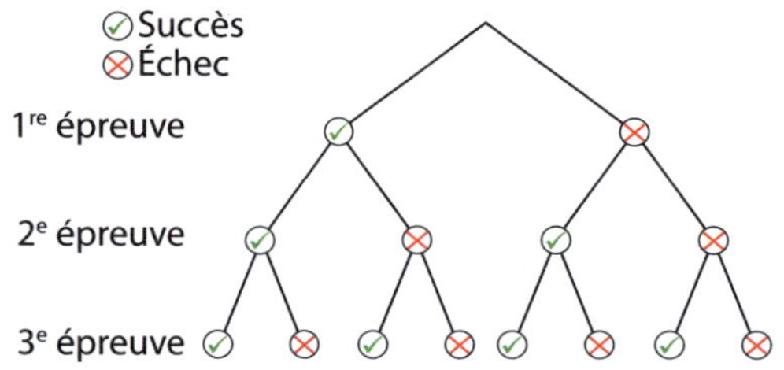

Coefficients binomiaux — Comment calculer les coefficients binomiaux ?

- Le coefficient binomial $\binom{n}{k}$ est le nombre de façons de choisir k objets parmi n.
- $\binom{n}{0}=\binom{n}{n}=1$; $\binom{n}{1}=\binom{n}{n-1}=n$; $\binom{n}{k}=\binom{n}{n-k}$
- Triangle de Pascal : $\binom{n+1}{k+1}=\binom{n}{k+1}+\binom{n}{k}$

n \ k	0	1	…	k	$k+1$	…
0	1					
1	1	1				
…	1	…				
n	1	n	…	$\binom{n}{k}$	$\binom{n}{k+1}$	…
$n+1$	1	$n+1$	…	…	$\binom{n+1}{k+1}$	…

Qu'est-ce qu'une loi binomiale ?

Loi binomiale de paramètres n et p

Définition

X compte le nombre de succès obtenus dans un schéma de Bernoulli à n étapes.

- $X(\Omega) = \{0, 1, \dots, n\}$ (n+1 valeurs).
- Pour tout $k \in X(\Omega)$, $P(X = k) = \binom{n}{k} p^k q^{n-k}$.
- $E(X) = np$ et $V(X) = npq$.

Qu'est-ce qu'une loi uniforme ?

Loi uniforme de paramètre n

Définition

On choisit un objet parmi n objets numérotés de 1 à n avec équiprobabilité des choix. X est le numéro de l'objet choisi.

- $X(\Omega) = \{0, 1, \dots, n\}$.
- Pour tout $k \in X(\Omega)$, $P(X = k) = \frac{1}{n}$.
- $E(X) = \frac{n+1}{2}$ et $V(X) = \frac{n^2 - 1}{12}$.

LOIS DISCRÈTES

Qu'est-ce qu'une loi géométrique ?

Loi géométrique

Définition

On répète un certain nombre de fois la même expérience à deux issues jusqu'à ce que l'on obtienne un succès et on arrête l'expérience.

- $X(\Omega) = \mathbb{N}^*$.
- Pour tout $k \in \mathbb{N}^*$, $P(X = k) = q^{k-1}p$.
- $E(X) = \frac{1}{p}$ et $V(X) = \frac{q}{p^2}$.

SE TESTER QUIZ

Vérifiez que vous avez bien compris les points clés des **fiches 18 à 20**.

1 Reconnaître un schéma de Bernoulli

→ FICHE 18

Parmi les affirmations suivantes, lesquelles sont vraies ?

☐ **a.** Dans un schéma de Bernoulli à n répétitions, chaque épreuve peut avoir 3 issues.

☐ **b.** Un schéma de Bernoulli à n répétitions conduit à 2^n résultats élémentaires.

☐ **c.** On peut modéliser l'expérience consistant à lancer un dé 10 fois et à considérer le nombre de sorties du six par un schéma de Bernoulli.

2 Coefficients binomiaux

→ FICHE 19

1. J'ai 10 billes, toutes de couleurs différentes. Le nombre de façons d'en choisir 4 simultanément est égal à $\binom{10}{6}$.

☐ **a.** Vrai ☐ **b.** Faux

2. Sans calculatrice, $\binom{4}{2} + \binom{4}{3} = \ldots$

☐ **a.** 10 ☐ **b.** $\binom{5}{4}$ ☐ **c.** $\binom{5}{1}$

3 Reconnaître une loi

→ FICHE 20

On prélève 6 fois une boule *avec remise*, dans une urne comportant trois boules bleues, quatre boules blanches et cinq boules rouges. X est le nombre de boules bleues obtenues. La loi de X est la loi :

☐ **a.** uniforme ☐ **b.** binomiale ☐ **c.** géométrique ☐ **d.** aucune des trois

4 Variance d'une variable aléatoire

→ FICHE 20

On tire une carte d'un jeu de 32 cartes. $X = 1, 2, 3$ ou 4 si la couleur est respectivement ♠, ♥, ♦, ♣.

☐ **a.** $V(X) = 32$ ☐ **b.** $V(X) = 1{,}25$ ☐ **c.** $V(X) = 16$

5 Loi binomiale

→ FICHE 20

X suit la loi $\mathcal{B}(20 ; 0{,}6)$. Sa variance vaut alors :

☐ **a.** 12 ☐ **b.** 4,8 ☐ **c.** 0,24.

6 Loi géométrique

→ FICHE 20

L'espérance d'une loi géométrique de paramètre 0,1 est égale à 10.

☐ **a.** Vrai ☐ **b.** Faux

DÉMONSTRATIONS CLÉS

7 Démontrer la formule de Pascal

→ FICHE 19

Démontrer que pour tout entier n et tout entier k :

$$\binom{n+1}{k+1} = \binom{n}{k+1} + \binom{n}{k}.$$

CONSEIL
On comptera le nombre de façons de choisir $k+1$ objets de deux manières différentes. Pour l'une des deux, on choisira un objet a et on comptera les façons de choisir $k+1$ objets contenant a et $k+1$ objets ne le contenant pas.

8 Démontrer que $\binom{n}{k} = \binom{n}{n-k}$

→ FICHE 19

Pour tous entiers naturels n et k tels que $k \leqslant n$ démontrer la formule $\binom{n}{k} = \binom{n}{n-k}$.

CONSEIL
Lorsqu'on choisit k objets parmi n, combien y en a-t-il que l'on n'a pas choisis ?

S'ENTRAÎNER

9 Construire le triangle de Pascal en Python

→ FICHE 19

Le programme ci-dessous permet de construire le triangle de Pascal jusqu'au niveau n.

```
def scalpa(n):
    cb=[1]+[0]*n #initialisation liste
    aux=[1]+[0]*n #initialisation liste auxiliaire
    for i in range(1,n+1):
        for j in range(1,i+1):
            aux[j]=cb[j-1]+cb[j]
        for j in range(1,i+1):
            cb[j]=aux[j]
        print(cb)
```

RAPPEL
Une liste se note entre crochets, par exemple [1, 5, 3].

1. a. On exécute la commande scalpa(3). Commenter le résultat obtenu affiché ci-dessous.

```
[1, 1, 0, 0]
[1, 2, 1, 0]
[1, 3, 3, 1]
```

b. Que donnerait l'exécution de la commande scalpa(10) ?

2. Que fait le programme aux lignes 2 et 3 ?

3. Montrer que aux[j] (ligne 6) contient $\binom{i}{j}$.

4. Comment pourrait-on ajouter une ligne au programme pour que son exécution affiche $\binom{12}{5}$?

10 Calculer $\binom{n}{k}$ en Python

→ FICHES 19 et 28

1. Expliquer le fonctionnement du programme suivant dont l'exécution renvoie $\binom{n}{k}$.

```
def combin(n, k):
    if k==0 or k==n:
        return 1
    return combin(n–1, k–1) + combin(n–1, k)
```

À NOTER
Le double signe « égal » indique que l'on compare deux objets, ici k et 0 d'une part et k et n d'autre part.

2. Comment calcule-t-on $\binom{20}{12}$ avec ce programme ?

11 Connaître les paramètres d'une loi binomiale

→ FICHE 20

Déterminer les paramètres de la loi binomiale d'une variable aléatoire dont l'espérance est égale à 21 et la variance à 14,7.

12 Utiliser l'espérance d'une loi binomiale

→ FICHES 18 à 20

Un élève répond au hasard à chacune des dix questions d'un QCM. Les réponses possibles sont « Vrai » ou « Faux ». Une réponse juste rapporte 1 point et une réponse fausse retire 0,5 point. Combien l'élève peut-il espérer de points ?

CONSEILS
On pourra utiliser une variable aléatoire suivant une loi connue.

13 Gérer un parc d'ambulances

→ FICHE 20

Une entreprise d'ambulances dispose d3e 5 voitures et de 5 chauffeurs. Un jour donné, la probabilité pour qu'une ambulance soit en panne est égale à 0,04 et la probabilité pour qu'un chauffeur soit absent est égale à 0,06. Les causes de panne sont deux à deux indépendantes, de même que les causes d'absence.

1. Quelle est la probabilité pour que, un jour donné, l'entreprise dispose :

a. d'au moins 4 ambulances ;

b. de moins de 4 chauffeurs.

2. Les résultats trouvés vous semblent-ils plausibles ? Pourquoi ?

14 Étudier la proportion de végétariens dans deux restaurants

→ FICHE 20

Dans le restaurant Miam, un menu servis sur trois est végétarien. Dans le restaurant Gloups, sur un échantillon de 10 clients choisis au hasard, un seul a pris un menu végétarien.

Peut-on dire, avec au moins 95 % de certitude, que la proportion de végétariens de Gloups est égale à celle de Miam ?

Si les deux proportions étaient égales (avec au moins 95 % de certitude) alors le nombre X de végétariens de l'échantillon Gloups devrait suivre la loi binomiale $\mathscr{B}\left(10\ ;\ \frac{1}{3}\right)$, dont la loi est résumée par le tableau et l'histogramme ci-dessous.

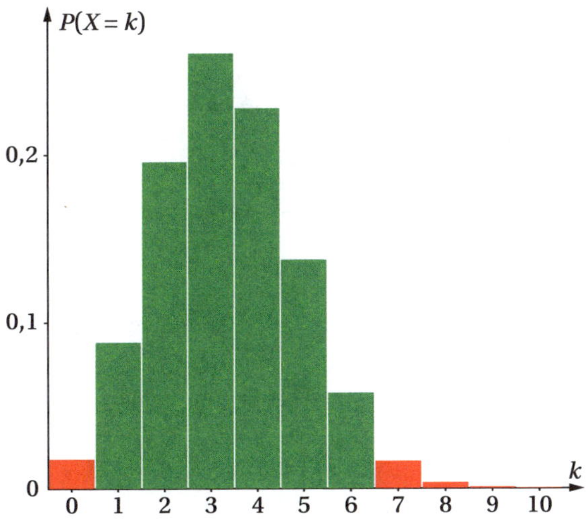

k	$P(X=k)$
0	0,017
1	0,087
2	0,195
3	0,260
4	0,228
5	0,137
6	0,057
7	0,016
8	0,003
9	0,000
10	0,000

1. Quelles sont les valeurs de k qui font que $P(X = k) < 5\ \%$?

2. Déterminer l'intervalle $[a\ ;\ b]$ le plus petit possible tel que $P(a \leqslant X \leqslant b) \geqslant 95\ \%$ (a et b étant des entiers entre 0 et 10).

3. Conclure.

15 Mettre en place une stratégie de surréservation

→ FICHE 18

Une compagnie aérienne sait d'expérience qu'un voyageur sur dix rate son avion, indépendamment des autres voyageurs.

1. a. Sur un vol comptant 310 places, elle a vendu 335 billets. Soit X le nombre de voyageurs se présentant à l'embarquement du vol. Quelle est la loi de X ?

b. Calculer la probabilité pour que la compagnie doive refuser l'entrée d'au moins un passager

2. Sur un autre vol comptant 450 places, on cherche le nombre maximum n de billets que la compagnie peut émettre pour que la probabilité de dépasser la capacité de l'avion soit inférieure ou égale à 5 %.

a. Soit Y le nombre de voyageurs se présentant à l'embarquement du vol. Quelle est la loi de Y ?

b. Montrer que le problème revient à trouver la valeur maximale de n telle que $P(Y \leqslant 450) > 95$ %.

c. Interpréter le tableau ci-dessous obtenu avec un tableur puis conclure sachant que la cellule D2 contient la formule « =LOI.BINOMIALE(C2;A2;B2;VRAI) » recopiée en D3 et D4.

	A	B	C	D
1	n	p	k	$P(Y <= k)$
2	488	0,9	450	0,96
3	489	0,9	450	0,95
4	490	0,9	450	0,93

À NOTER
Le paramètre VRAI de la formule indique que l'on calcule la somme des probabilités $P(X = x)$ pour x de 0 à k.

16 Connaître le paramètre d'une loi géométrique

→ FICHE 20

1. Une variable aléatoire suivant une loi géométrique a pour espérance 20. Déterminer son paramètre.

2. a. Soit X une variable aléatoire dont la loi est une loi géométrique de paramètre p. Déterminer p sachant que $\{X = 2\}$ est cinq fois plus probable que $\{X = 3\}$.

b. Calculer alors la valeur minimale de n pour que $P(X \leqslant n) \geqslant 0{,}995$.

CONSEIL
Pour la question **2. b.** on pourra utiliser le logarithme.

17 Une loi sans mémoire

→ FICHE 20

La loi d'une variable aléatoire X à valeurs dans $\mathbb{N}$ est dite sans mémoire si, pour tous entiers naturels h et n : $P_{X>n}(X > n + h) = P(X > h)$. Autrement dit la probabilité pour qu'un événement se produise ne dépend que de sa durée (h) et non de l'instant (n) où il s'est produit.

1. Montrer que $P_{X>n}(X > n + h) = P(X > h) \Leftrightarrow P(X > n + h) = P(X > n)\, P(X > h)$.

2. Soit Y une variable aléatoire dont la loi est la loi géométrique de paramètre p.

a. Pour tout $m \in \mathbb{N}^*$, montrer que $P(Y \leqslant m) = 1 - q^m$.

b. Montrer que la loi géométrique est sans mémoire.

OBJECTIF BAC

18 Reconnaître des lois

55 min

→ FICHES 19 et 20

Ce sujet montre comment on peut reconnaître une loi et en déduire son espérance et sa variance.

LE SUJET

Partie A

Dans une urne, il y a 15 boules blanches, dont une, appelée b, est marquée d'un point, les quatorze autres étant indiscernables, et 5 boules noires. On effectue 20 tirages d'une boule *sans* remise. On note X la variable aléatoire qui vaut k si la boule tirée au tirage n° k est la boule b.

On veut connaître la loi de X.

1. a. Quelle est la probabilité pour que b apparaisse au tirage n° 1 ? n° 2 ?

b. Quelle est la probabilité pour que b apparaisse au tirage n° k ?

2. a. Déterminer $X(\Omega)$.

b. Quelle est la loi de X ?

c. Calculer l'espérance et la variance de X.

3. Quelle est la probabilité qu'il y ait une boule blanche au tirage n° k ?

Partie B

L'urne contient désormais a boules blanches (dont une marquée b) et n boules noires. On pose $N = a + n$. On effectue N tirages et on définit la variable aléatoire X comme précédemment.

1. En utilisant la méthode des questions précédentes déterminer la loi de X, son espérance et sa variance.

2. On effectue 100 expériences consistant, pour chacune d'elles, à faire N tirages d'une boule *sans* remise dans l'urne. Soit Y la variable aléatoire égale au nombre d'expériences où la boule b est apparue au dernier tirage.

a. Déterminer $Y(\Omega)$.

b. Donner l'expression de $P(Y = k)$ pour tout $k \in X(\Omega)$.

c. Calculer $E(Y)$ et $V(Y)$.

LIRE LE SUJET

Partie A

1. a. Si la boule b apparaît au tirage n° 2, c'est qu'elle n'est pas apparue au tirage n° 1 !

b. Généralisez le raisonnement de la question **a.**

2. a. On demande les valeurs que peut prendre X.

b. On demande de déterminer $P(X = k)$ pour tout $k \in \{1, 2, ..., n\}$.

c. Identifier la loi de X et utiliser les formules qui lui sont liées.

3. Il y a, en plus de la boule b, 14 boules blanches.

Partie B

1. Dans la partie A, $a = 15$ et $n = 5$. Dans la partie B, on généralise les résultats de la partie A.

2. a. On effectue au total 100 fois la même expérience avec une urne contenant N boules.

b. Il s'agir d'identifier la loi de Y.

c. Une fois la loi de Y identifiée, on utilise les résultats de la fiche 19.

LA FEUILLE DE ROUTE

Partie A

1. a. et b. Utiliser un arbre de probabilités

Procédez de proche en proche.

2. Déterminer les valeurs possibles prises par une variable aléatoire

a. Précisez les numéros des tirages où la boule b peut apparaître.

b. Déterminer une loi de probabilité → FICHE 20

Utilisez la question **1. b.**

c. Calculer une espérance et une variance → FICHE 20

La réponse est une restitution de connaissances.

3. Généraliser un résultat

Le résultat de la question **2. b.** s'appliquent aux 14 autres boules blanches.

Partie B

1. Déterminer une loi de probabilité → FICHE 20

Utilisez les méthodes décrites dans les questions **1.** et **2.** de la partie A.

2. Déterminer une loi binomiale → FICHE 20

On répète 100 fois une même expérience dont on doit identifier le succès et trouver la probabilité.

19 Étudier le temps d'attente d'un succès

40 min

→ FICHES 20 et 28

Dans ce sujet, on considère une urne contenant des boules de deux couleurs dans laquelle on effectue des tirages avec remise, les deux couleurs n'étant pas également réparties dans l'urne. On s'intéresse au nombre de tirages à effectuer pour obtenir un tirage donné et à la loi associée qu'il faut identifier.

LE SUJET

On considère une urne contenant quatre boules : une blanche et trois rouges.

1. On tire simultanément deux boules de cette urne. Quelle est la probabilité d'obtenir deux boules rouges ?

2. On effectue maintenant une succession de tirages simultanés de deux boules dans cette urne (en remettant les boules dans l'urne après chaque tirage) jusqu'à obtenir un tirage constitué de deux boules rouges.

Soit N la variable aléatoire égale au rang du tirage où l'expérience s'arrête.

a. Quelles sont les valeurs prises par N ?

b. Reconnaître la loi de N. On précisera $P(N=k)$ pour tout entier $k \geqslant 1$.

c. En déduire son espérance et sa variance.

d. Calculer la probabilité que l'expérience s'arrête au plus tard au quatrième tirage.

3. La succession de tirages s'achève au plus tard au tirage numéro n avec une probabilité de plus de 99,99 %. Écrire un programme en Python permettant de trouver la valeur minimale de n.

LIRE LE SUJET

1. On tire une poignée de deux boules en une seule fois.

2. La succession de tirages s'arrête dès qu'on a obtenu deux boules rouges.

a. La réponse est une réponse théorique qui peut surprendre.

b. Il s'agit d'une loi étudiée en cours.

c. C'est une question de cours.

d. Il s'agit de calculer une somme de probabilités.

3. C'est en quelque sorte la réciproque de la question **2. d.**

▶▶▶ LA FEUILLE DE ROUTE

1. Modéliser un tirage sans remise avec un arbre

Un tirage de deux boules simultanément revient à deux tirages successifs d'une boule *sans remise.*

2. a. Déterminer les valeurs d'une variable aléatoire

Envisagez théoriquement tous les numéros de tirages où l'expérience s'arrête.

b. Déterminer une loi de probabilité → FICHE 20

N mesure le temps d'attente du premier succès.

c. Calculer une espérance et une variance → FICHE 20

Utilisez les formules données pour l'espérance et la variance.

d. Calculer une probabilité avec une loi géométrique → FICHE 20

On peut utiliser la somme de termes consécutifs d'une suite géométrique.

3. Calculer une valeur limite avec un programme Python → FICHE 28

Utilisez une boucle while et un test.

CORRIGÉS

SE TESTER QUIZ

1 Reconnaître un schéma de Bernoulli

Réponses b et c.
L'affirmation a est fausse, par définition on répète des épreuves à deux issues.
L'affirmation b est vraie, car à chaque répétition il y a deux fois plus d'événements élémentaires.
L'affirmation c est vraie, le succès est alors « on a obtenu six ».

2 Coefficients binomiaux

1. Réponse a. Vrai, en effet il y a $\binom{10}{4}$ façons de choisir simultanément les 4 billes et $\binom{10}{6} = \binom{10}{10-6} = \binom{10}{4}$.

2. Réponse a. En utilisant la formule de Pascal on obtient : $\binom{4}{2} + \binom{4}{3} = \binom{5}{3} = 10$.

3 Reconnaître une loi

Réponse b. $X \sim \mathcal{B}\left(5\,;\frac{3}{12}\right)$. En effet la boule tirée est soit bleue soit « non bleue » .

4 Variance d'une variable aléatoire

Réponse b. La loi de X est la loi uniforme de paramètre 4 car chaque couleur a une chance sur 4 d'être choisie. Donc $V(X) = \frac{4^2-1}{12} = \frac{15}{12} = 1{,}25$.

5 Loi binomiale

Réponse b. En effet $n = 20$, $q = 1 - 0{,}6 = 0{,}4$ et $V(X) = npq$, soit $V(X) = 4{,}8$.

6 Loi géométrique

Réponse a. Vrai, $E(X) = \frac{1}{0{,}1} = 10$.

DÉMONSTRATIONS CLÉS

7 Démontrer la formule de Pascal

Considérons $n + 1$ objets. Il y a par définition $\binom{n+1}{k+1}$ façons d'en choisir $k + 1$.

Comptons ce nombre de choix possibles d'une autre manière.

- Choisissons un objet A. Dans les paquets de $k + 1$ objets choisis parmi les $n + 1$, il y a ceux qui contiennent A et ceux qui ne le contiennent pas.
- Pour faire un paquet de $k + 1$ objets contenant A, on doit choisir k objets (différents de A) parmi n objets (tous sauf A). Par définition, il y a $\binom{n}{k}$ façons de le faire.
- Pour faire un paquet de $k + 1$ objets ne contenant pas A, on doit choisir $k + 1$ objets parmi n objets (tous sauf A). Il y a $\binom{n}{k+1}$ manières de le faire.
- Au total, il y a donc $\binom{n}{k} + \binom{n}{k+1}$ manières de choisir des paquets de $k + 1$ objets parmi $n + 1$. Donc : $\binom{n+1}{k+1} = \binom{n}{k} + \binom{n}{k+1}$, ce qu'il fallait démontrer.

8 Démontrer que $\binom{n}{k} = \binom{n}{n-k}$

À chaque fois que l'on choisit k objets parmi n, on fait un paquet de k objets. Il reste alors un paquet de $n - k$ objets. Donc, il y a autant de paquets de k objets que de paquets de $n - k$ objets. C'est pourquoi $\binom{n}{k} = \binom{n}{n-k}$.

S'ENTRAÎNER

9 Construire le triangle de Pascal en Python

1. a. La commande scalpa(3) renvoie le triangle de Pascal jusqu'à la ligne 3.

b. La commande scalpa(10) renvoie le triangle de Pascal jusqu'à la ligne 10.

2. Aux lignes 2 et 3, le programme construit deux listes nommées respectivement cb et aux. Leur premier terme (cb[0] et aux[0]) est égal à 1 et tous les autres sont égaux à 0.

3. On utilise la formule de Pascal à la ligne 6 en se servant de la liste cb complétée à l'étape précédente, au sein de la boucle for qui commence à la ligne 4. La liste contient par conséquent $\binom{i}{j}$ pour tout $j \in \{0, 1, ..., i\}$.

RAPPEL
L'instruction j in range(1,i+1) fait varier j de 1 *inclus* à i+1 *exclu*.

4. Il suffit d'ajouter la ligne 10 (hors de la boucle principale) : **print(cb[5])**. La commande scalpa(12) fournit alors $\binom{12}{5}$. On trouve 792.

10 Calculer $\binom{n}{k}$ en Python

1. Si k n'est ni égal à 0 ni égal à n, alors on utilise la formule de Pascal sachant que combin(n, k) = $\binom{n}{k}$. Et le programme continue à tourner jusqu'à ce que $k = 0$ ou $k = n$.

2. Pour calculer $\binom{20}{12}$ on saisit **combin(20, 12)** et on trouve 125 972.

À NOTER
Ce programme est récursif car il s'appelle lui-même.

11 Connaître les paramètres d'une loi binomiale

Soit X une variable aléatoire dont la loi est $\mathcal{B}(n\,;\,p)$. On sait que $E(X) = np$ et $V(X) = npq$. On doit donc résoudre le système $\begin{cases} np = 21 \\ npq = 14{,}7 \end{cases}$.

On en déduit que $21q = 14{,}7$, soit $q = \dfrac{14{,}7}{21} = 0{,}7$ et $p = 0{,}3$.

On a alors $n = \dfrac{21}{0{,}3} = 70$. Donc **X suit la loi $\mathcal{B}(70\,;\,0{,}3)$.**

12 Utiliser l'espérance d'une loi binomiale

Soit X la variable aléatoire comptant le nombre de bonnes réponses fournies par l'élève. Comme il répète dix fois la même expérience dont la probabilité de succès est égale à 0,5, chacune étant indépendante des autres, $X \sim \mathcal{B}(10\,;\,0{,}5)$. De plus $E(X) = 10 \times 0{,}5 = 5$.

D'autre part, sa note N est égale à $X - 0{,}5(10 - X)$ car s'il fournit X bonnes réponses, il y en a $10 - X$ qui sont mauvaises. Donc $N = X - 5 + 0{,}5X = 1{,}5X - 5$.

On a alors $E(N) = 1{,}5E(X) - 5 = 1{,}5 \times 5 - 5 =$ **2,5**.

RAPPEL
Pour tous réels a et b :
$E(aX + b) = aE(X) + b$.

13 Gérer un parc d'ambulances

1. a. Dire qu'il y a au moins 4 ambulances en état de marche signifie qu'il y en a au maximum une en panne. Le nombre A d'ambulances en panne un jour donné est une variable aléatoire dont la loi est $\mathcal{B}(5 ; 0{,}04)$. On cherche $P(A \leqslant 1)$. On a :

$$P(A \leqslant 1) = P(A = 0) + P(A = 1) = \binom{5}{0} 0{,}04^0 0{,}96^5 + \binom{5}{1} 0{,}04^1 0{,}96^4 \approx \mathbf{0{,}985}.$$

b. Dire qu'il y a moins de 4 chauffeurs signifie qu'il y en a au moins deux absents. Soit X le nombre chauffeurs absents un jour donné. X est une variable aléatoire dont la loi est $\mathcal{B}(5 ; 0{,}06)$. On cherche $P(X \geqslant 2)$:

$$\begin{aligned} P(X \geqslant 2) &= 1 - P(X \leqslant 1) = 1 - (P(X = 0) + P(X = 1)) \\ &= 1 - \left(\binom{5}{0} 0{,}06^0 0{,}94^5 + \binom{5}{1} 0{,}06^1 0{,}94^4\right) \\ &\approx \mathbf{0{,}032}. \end{aligned}$$

2. Les résultats sont plausibles. Il y a peu de chance qu'une ambulance tombe en panne et donc il est presque certain (98,5 %) qu'il y en ait au moins quatre sur cinq en état de marche un jour donné. De même il y a peu de chance pour qu'un chauffeur soit absent un jour donné ; il est donc improbable (3,2 %) qu'il y en ait moins de 4 (sur 5) un jour donné.

14 Étudier la proportion de végétariens dans deux restaurants

1. Les valeurs de k cherchées sont **0, 7, 8, 9 et 10.**

2. $P(X = 0) + P(X = 7) + P(X = 8) + P(X = 9) + P(X = 10) = 0{,}036$, on a donc $P(1 \leqslant X \leqslant 6) = 0{,}964$. Comme $P(2 \leqslant X \leqslant 6) < 0{,}95$ et $P(1 \leqslant X \leqslant 5) < 0{,}95$, par conséquent $\mathbf{a = 1}$ **et** $\mathbf{b = 6}$.

3. Dans l'échantillon prélevé, on a $X = 1$. Cette valeur figure dans la zone de réalisation possible à 95 % (en vert sur l'histogramme). Par conséquent **il est plausible à 95 % que la proportion de végétariens de Gloups soit identique à celle de Miam.**

15 Mettre en place une stratégie de surréservation.

1. a. X compte le nombre de succès (un passager donné se présente à l'embarquement) lors de 335 répétitions indépendantes.

Comme la probabilité de succès est $\frac{9}{10}$, alors $X \sim \mathcal{B}\left(335 ; \frac{9}{10}\right)$.

b. On cherche $P(X > 310)$ car il y a un problème de surréservation si plus de 310 passagers se présentent au contrôle.

$P(X > 310) = 1 - P(X \leqslant 310)$, soit $P(X > 310) \approx 4{,}6\,\%$.

En vendant 335 billets, il y a moins de 5 % de chance pour que la compagnie connaisse un problème de surréservation.

2. a. De même qu'en **1. a.**, la variable aléatoire Y suit la loi $\mathcal{B}\left(n ; \frac{9}{10}\right)$.

b. On cherche n tel que $P(Y > 450) < 5$ %. C'est équivalent à :

$1 - P(Y \leqslant 450) < 5$ %, c'est-à-dire $P(Y \leqslant 450) > 95\,\%$.

c. On voit que **le nombre n maximum est égal à 488**. Donc si la compagnie émet 488 billets, le risque de surréservation est inférieur à 5 %.

16 Connaître le paramètre d'une loi géométrique

1. Si p est le paramètre de la loi géométrique alors $\frac{1}{p}$ est son espérance. Donc $\frac{1}{p} = 20$, soit $p = \frac{1}{20} = 0{,}05$.

2. a. On doit avoir $P(X = 2) = 5P(X = 3)$ c'est-à-dire $qp = 5q^2p$, donc $q = \frac{1}{5}$ et $p = \frac{4}{5}$.

b. On sait que $P(X \leqslant n) = \sum_{k=1}^{n} q^{k-1}p = p\sum_{k=1}^{n} q^{k-1} = \frac{p(1-q^n)}{1-q} = 1 - q^n$ car $p = 1 - q$.

On doit donc avoir :

$$1 - q^n \geqslant 0{,}995 \Leftrightarrow q^n \leqslant 0{,}005$$
$$\Leftrightarrow n\ln(q) \leqslant \ln(0{,}005).$$

Comme $0 < q < 1$, $\ln(q) < 0$, donc on doit avoir $n \geqslant \frac{\ln(0{,}005)}{\ln(q)}$.

Comme $q = \frac{1}{5}$, on trouve $n = 4$.

À NOTER
Le raisonnement de la question **2. b.** se généralise en changeant 0,995 par toute autre valeur comprise entre 0 et 1.

17 Une loi sans mémoire

1. $P_{X>n}(X > n + h) = \frac{P((X > n + h) \cap (X > n))}{P(X > n)} = \frac{P(X > n + h)}{P(X > n)}$.

Et $\frac{P(X > n + h)}{P(X > n)} = P(X > h) \Leftrightarrow P(X > n + h) = P(X > n)P(X > h)$.

2. a. On sait que $P(X \leqslant m) = \sum_{k=1}^{m} P(X = k) = \sum_{k=1}^{m} q^{k-1}p$, soit

$P(X \leqslant m) = \frac{p(1-q^m)}{1-q} = \frac{p(1-q^m)}{p} = 1 - q^m$.

b. En utilisant la question **1.**, on obtient :

$P(Y > n + h) = 1 - P(Y \leqslant n + h) = 1 - (1 - q^{n+h}) = q^{n+h}$ et

$P(X > n)\ P(X > h) = (1 - (1 - q^n))(1 - (1 - q^h)) = q^n\, q^h = q^{n+h}$.

Par conséquent $P(X > n + h) = P(X > n)P(X > h)$, donc **la loi géométrique est sans mémoire**.

OBJECTIF BAC

18 Reconnaître des lois

Partie A

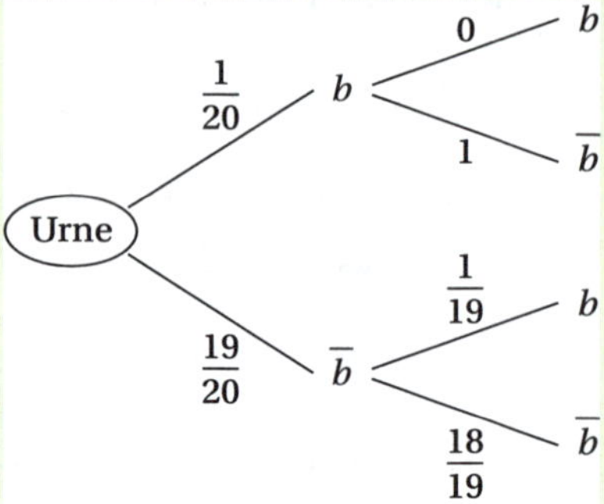

1. L'arbre ci-contre résume la situation.

a. La probabilité pour que b apparaisse au tirage n° 1 est égale à $\frac{1}{20}$.

Si elle apparaît au tirage n° 2 c'est qu'elle n'était pas apparue au tirage n° 1 ! Donc la probabilité que b apparaisse au tirage n° 2 est $\frac{19}{20} \times \frac{1}{19} = \frac{1}{20}$.

b. Si la boule b apparait au troisième tirage c'est qu'elle n'est pas apparue aux deux précédents ! La probabilité cherchée est donc égale à $\frac{19}{20} \times \frac{18}{19} \times \frac{1}{18}$ c'est-à-dire $\frac{1}{20}$ encore.

À NOTER
On trouve les mêmes résultats pour $k = 1$ et $k = 2$. Est-ce un hasard ?

En généralisant, la probabilité que b apparaisse au tirage n° k est égale à $\underbrace{\frac{19}{20}}_{n^\circ 1} \times \underbrace{\frac{18}{19}}_{n^\circ 2} \times \ldots \times \underbrace{\frac{20-(k-1)}{20-(k-2)}}_{n^\circ\ (k-1)} \times \underbrace{\frac{1}{20-(k-1)}}_{n^\circ k}$. En simplifiant par 19, 18, ..., $20 - (k - 1)$, on trouve encore $\frac{1}{20}$.

2. a. Toutes les boules sont tirées, donc la boule b sort à un des tirages, au premier, au deuxième, ..., ou au dernier. Donc $X(\Omega) = \{1, 2, \ldots, 20\}$.

b. D'après ce qui précède, la loi de X est la **loi uniforme de paramètre 20** car $P(X = k) = \frac{1}{20}$ pour tout $k \in X(\Omega)$.

c. On sait alors que $E(X) = \frac{20+1}{2} = \frac{21}{2}$ et $V(X) = \frac{20^2 - 1}{12} = \frac{399}{12}$.

3. La probabilité pour qu'on tire une boule blanche *donnée* au tirage n° k est aussi égale à $\frac{1}{20}$. Donc la probabilité pour qu'une boule blanche apparaisse au tirage n° k est égale à $15 \times \frac{1}{20}$ c'est-à-dire $\frac{3}{4}$.

Partie B

1. La boule b pouvant apparaître à l'un des tirages de 1 à N, on a $X(\Omega) = \{1, 2, \ldots, N\}$. En raisonnant comme dans la partie A, on constate que **la loi de X est la loi uniforme de paramètre N** car pour tout $k \in \{1, 2, \ldots, N\}$, $P(X = k) = \frac{1}{N}$.

Il s'ensuit que $E(X) = \frac{N+1}{2}$ et $V(X) = \frac{N^2 - 1}{12}$.

2. a. Comme on répète 100 fois la même expérience, $Y(\Omega) = \{0, 1, ..., 100\}$.

b. On appelle « succès » l'obtention de la boule *b* au dernier des *N* tirages. On a vu que sa probabilité est égale à $\frac{1}{N}$. Y compte le nombre de succès lors de la répétitions de 100 expériences identiques et indépendantes. C'est pourquoi sa loi est la **loi binomiale de paramètres 100 et $\frac{1}{N}$**.

c. $E(Y) = 100 \times \frac{1}{N}$ et $V(Y) = \frac{100}{N}\left(1 - \frac{1}{N}\right) = \frac{100(N-1)}{N^2}$.

19 Étudier le temps d'attente d'un succès

1. Tout se passe comme si on effectuait deux tirages d'une boule *sans* remise. L'arbre ci-contre résume la situation.

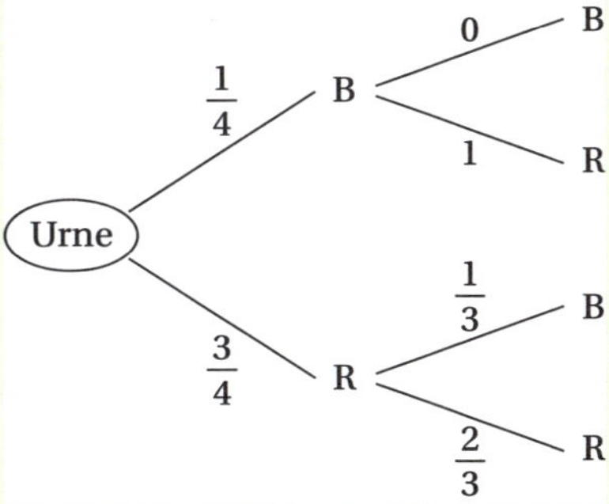

La probabilité cherchée est donc égale à $\frac{3}{4} \times \frac{2}{3}$ c'est-à-dire $\frac{2}{4}$ ou encore $\frac{1}{2}$.

2. a. On arrête la succession de tirages lorsqu'on obtient deux boules rouges. C'est pourquoi $X(\Omega) = \{1, 2, \ldots\} = \mathbb{N}^*$.

RAPPEL

L'éventualité que les deux boules rouges ne soient jamais obtenues est envisagée mais on démontre que sa probabilité est égale à 0 : c'est une éventualité quasi-impossible.

b. La loi de *N* est la loi du temps d'attente du premier succès (ici : « les deux boules tirées sont rouges ») lors d'une succession de tirages identiques et indépendants. C'est pourquoi *N* suit la loi géométrique de paramètre $\frac{1}{2}$ et :

pour tout $k \in \mathbb{N}^*$, $P(N = k) = \left(\frac{1}{2}\right)^{k-1} \frac{1}{2} = \left(\frac{1}{2}\right)^k$.

c. On sait que $E(N) = \frac{1}{\frac{1}{2}} = 2$ et $V(N) = \frac{\left(1 - \frac{1}{2}\right)}{\left(\frac{1}{2}\right)^2} = \frac{\frac{1}{2}}{\frac{1}{4}} = \frac{1}{2} \times 4 = 2$.

d. Cela revient à chercher $P(N \leqslant 4)$ avec :

$$P(N \leqslant 4) = \sum_{k=1}^{4} \left(\frac{1}{2}\right)^k = \frac{\frac{1}{2}\left(1 - \left(\frac{1}{2}\right)^4\right)}{1 - \frac{1}{2}} = \frac{\frac{1}{2}\left(1 - \left(\frac{1}{2}\right)^4\right)}{\frac{1}{2}} = 1 - \frac{1}{2^4} = \frac{15}{16}.$$

RAPPEL

Si $q \neq 1 : \sum_{k=1}^{n} q^k = \frac{q(1 - q^n)}{1 - q}$.

3. On cherche n pour que $P(X \leqslant n) \geqslant 0{,}9999$.
Or, en utilisant la somme de termes d'une suite géométrique :

$$P(X \leqslant n) = \sum_{k=1}^{n} \left(\frac{1}{2}\right)^k = 1 - \frac{1}{2^n} = 1 - 0{,}5^n.$$

Le programme suivant calcule $1 - 0{,}5^n$ puis ajoute 1 à la variable n tant que la valeur calculée est inférieure à 0,9999.

```
n=0
while 1–0.5**n<0.9999:
    n=n+1
print(n)
```

On trouve $n = 14$.

8 Lois continues

Pour Woody Allen, « L'éternité, c'est long, surtout vers la fin ». Il ne croyait pas si bien dire ! Selon une équipe de démographes italo-américaine, à partir de 105 ans, la durée de vie serait sans mémoire et suivrait une loi exponentielle de paramètre 2/3.

21 Densité de probabilité et variables aléatoires continues

En bref *Lorsqu'une variable aléatoire est continue, on calcule non pas la probabilité d'apparition d'une valeur donnée, mais celle de tomber dans un intervalle de valeurs.*

I Densité de probabilité

- **Définition :** Une **densité de probabilité** est une fonction f définie sur $\mathbb{R}$, positive, continue par morceaux et telle que $\int_{-\infty}^{+\infty} f(t)\mathrm{d}t = 1$.

- **Définition :** Une **fonction continue par morceaux** est une fonction qui est continue sauf en un nombre fini de points.

- **Calcul de l'intégrale :** Soit a un nombre quelconque, si $\lim\limits_{x\to+\infty}\int_a^x f(t)\mathrm{d}t$ existe et est finie, de valeur ℓ_1 et si $\lim\limits_{x\to-\infty}\int_x^a f(t)\mathrm{d}t$ existe et est finie de valeur ℓ_2 alors $\int_{-\infty}^{+\infty} f(t)\mathrm{d}t = \ell_1 + \ell_2$.

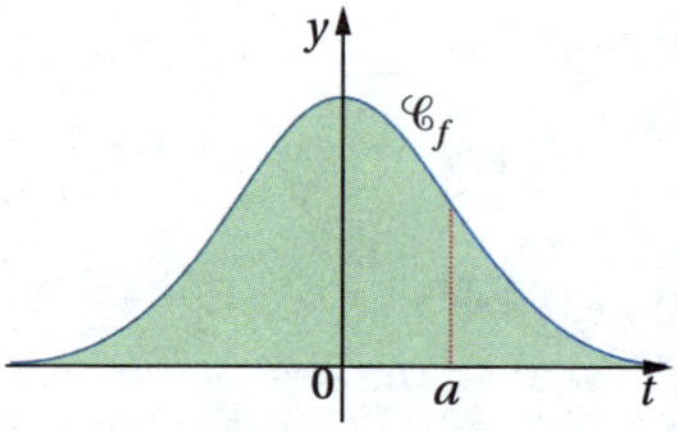

Graphiquement, l'aire comprise entre la courbe et l'axe des abscisses est égale à 1.

II Loi d'une variable aléatoire continue

- **Définition :** Soit f une densité de probabilité. Dire qu'**une variable aléatoire X a pour loi la densité f** signifie que pour tout $x \in \mathbb{R}$:

$$P(X \leqslant x) = P(X < x) = \int_{-\infty}^{x} f(t)\mathrm{d}t$$

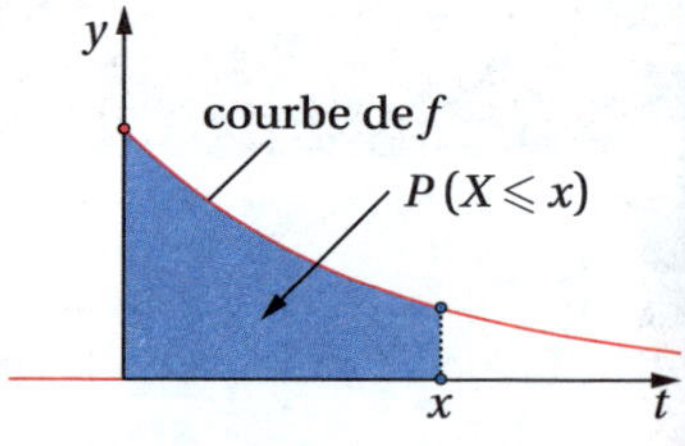

Dans ce cas on dit que **X est une variable aléatoire continue**.

- **Définition :** La fonction $F : x \mapsto P(X \leqslant x)$ s'appelle la **fonction de répartition** de X.

$$P(a \leqslant X \leqslant b) = P(a < X < b) = F(b) - F(a) = \int_a^b f(t)\mathrm{d}t$$

En effet, $P(a \leqslant X \leqslant b) = P(X \leqslant b) - P(X < a) = F(b) - F(a)$ et

$$P(a \leqslant X \leqslant b) = \int_{-\infty}^{b} f(t)\mathrm{d}t - \int_{-\infty}^{a} f(t)\mathrm{d}t = \int_{-\infty}^{a} f(t)\mathrm{d}t + \int_a^b f(t)\mathrm{d}t - \int_{-\infty}^{a} f(t)\mathrm{d}t = \int_a^b f(t)\mathrm{d}t.$$

Méthode

Reconnaître une densité de probabilité

1. Soit f la fonction définie par $f(x) = \dfrac{k}{x^2}$ si $x \in [1\,;5]$ et $f(x) = 0$ si $x \notin [1\,;5]$.

a. Tracer sommairement la représentation graphique de f pour $k = \dfrac{1}{4}$.

b. Déterminer k pour que f soit une densité de probabilité.

2. Mêmes questions pour $f(x) = \dfrac{k}{x^2}$ si $x \in [1\,;+\infty[$ et $f(x) = 0$ sinon.

CONSEILS

1. et 2. f doit vérifier toutes les conditions que doit remplir une densité de probabilité.

SOLUTION

1. a. Figure ci-contre.

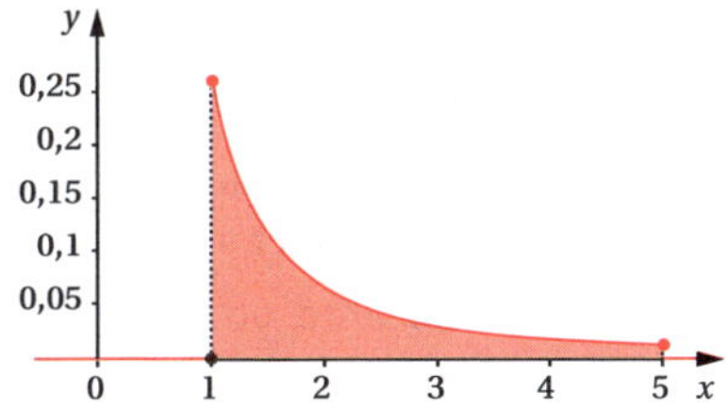

b. f est visiblement positive (produit d'un carré par un nombre positif) ; elle est continue par morceaux (il y a une coupure aux points d'abscisses 1 et 5).

De plus $\displaystyle\int_{-\infty}^{+\infty} f(x)\mathrm{d}x = \int_1^5 \frac{k}{x^2}\mathrm{d}x = k\left[-\frac{1}{x}\right]_1^5 = k\left(1-\frac{1}{5}\right) = \frac{4k}{5}$.

Pour que $\dfrac{4k}{5} = 1$, il faut et il suffit que $\dfrac{4k}{5} = 1$ c'est-à-dire $k = \dfrac{5}{4}$.

2. Figure ci-contre.

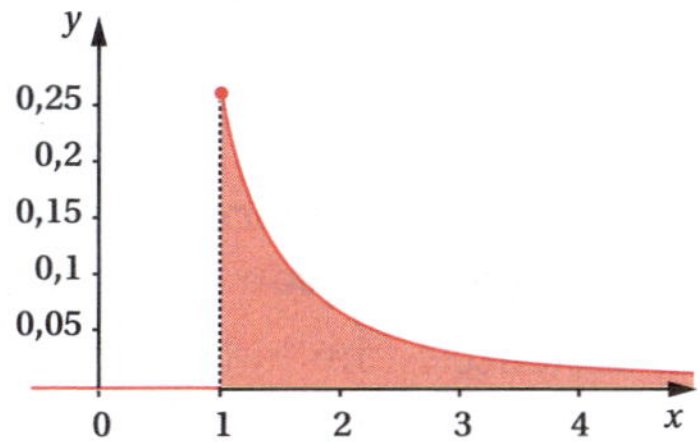

Comme précédemment, f est positive et continue par morceaux et :

$\displaystyle\int_1^x \frac{k}{t^2}\mathrm{d}t = k\left[-\frac{1}{t}\right]_1^x = k\left(1-\frac{1}{x}\right)$.

De plus $\displaystyle\lim_{x\to+\infty}\int_1^x \frac{k}{t^2}\mathrm{d}t = \lim_{x\to+\infty} k\left(1-\frac{1}{x}\right) = k$

car $\displaystyle\lim_{x\to+\infty}\frac{1}{x} = 0$.

On en déduit que $\displaystyle\int_1^{+\infty}\frac{k}{t^2}\,\mathrm{d}t = k$. Par conséquent il suffit de choisir $k = 1$ pour que f soit une densité de probabilité.

22 Espérance et variance de variables aléatoires continues

En bref *Les notions d'espérance et de variance de variables aléatoires continues généralisent celles que l'on connaît pour les variables aléatoires discrètes.*

I Espérance

■ **Définition :** L'**espérance** d'une variable aléatoire X dont la densité de probabilité est f est le nombre noté $E(X)$:

$$E(X) = \int_{-\infty}^{+\infty} tf(t)\mathrm{d}t$$

À NOTER
Ici, les bornes de l'intégrale sont infinies → FICHE 21.

L'espérance d'une variable aléatoire s'appelle aussi sa moyenne.

Remarque : Souvent la densité de probabilité est définie sur des intervalles bornés ou semi-bornés. Le calcul de l'intégrale se résume alors à un calcul entre a et b ou entre $-\infty$ et b ou entre a et $+\infty$.

■ **Propriété :** Comme pour les variables aléatoires discrètes, l'espérance est **linéaire**. Pour tous réels a et b : $E(aX + b) = aE(X) + b$.

II Variance

■ **Définition :** La **variance** d'une variable aléatoire X dont la densité de probabilité est f est le nombre noté $V(X)$:

$$V(X) = \int_{-\infty}^{+\infty} t^2 f(t)\mathrm{d}t - (E(X))^2$$

Pour calculer la variance d'une variable aléatoire il est donc nécessaire d'avoir calculé au préalable son espérance.

■ La variance est un **indicateur de la dispersion** des valeurs de X autour de son espérance : plus la variance est grande et plus les valeurs de X sont dispersées (on dit aussi étalées) autour de l'espérance.

Exemples : Courbes de densités de probabilité de variables aléatoires X d'espérance 3 et de variances plus ou moins grandes.

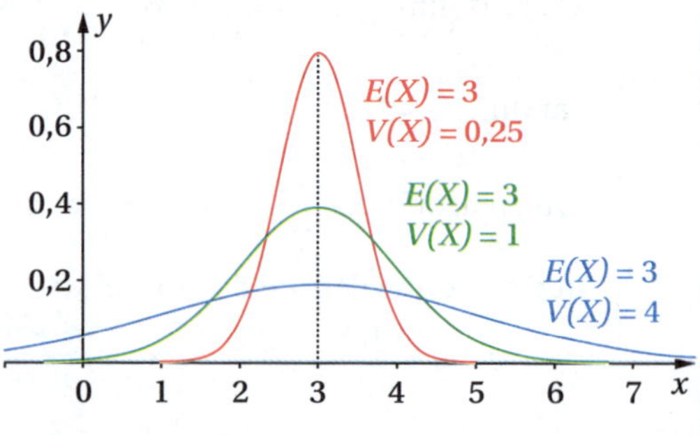

Méthode

Calculer l'espérance d'une variable aléatoire continue

On pose $f(t) = \begin{cases} e^{-t} \text{ si } t \geqslant 0 \\ 0 \text{ si } t < 0 \end{cases}$.

1. Montrer que f est une densité de probabilité.

2. Vérifier que F définie par $F(t) = e^{-t}(-t-1)$ est une primitive de $t \mapsto te^{-t}$.

3. Montrer que $\int_0^A te^{-t}dt = -Ae^{-A} - e^{-A} + 1$.

4. Calculer l'espérance de la variable aléatoire X de densité f.

CONSEILS

1. Utilisez les formules du cours et la limite : $\lim_{x \to +\infty} e^{-x} = 0$.

2. La dérivée de $x \mapsto e^{\alpha x}$ est $x \mapsto \alpha e^{\alpha x}$ (où α est une constante).
Utilisez la formule de la dérivée d'un produit de fonctions : $(uv)' = u'v + uv'$.

3. Si F est une primitive de f alors $\int_a^b f(t)dt = F(b) - F(a)$.

4. Utilisez $\lim_{x \to +\infty} \frac{x}{e^x} = 0$.

SOLUTION

1. La fonction f est évidemment positive et continue par morceaux.
De plus, $\int_{-\infty}^{+\infty} f(t)dt = \int_0^{+\infty} f(t)dt = \lim_{x \to +\infty} \int_0^x f(t)dt$.
Or $\int_0^x f(t)dt = \left[-e^{-t}\right]_0^x = 1 - e^{-x}$. De plus $\lim_{x \to +\infty} e^{-x} = 0$.
Il en résulte que $\lim_{x \to +\infty} \int_0^x f(t)dt = 1$. On a donc bien $\int_{-\infty}^{+\infty} f(t)dt = 1$.
C'est pourquoi **f est une densité de probabilité**.

2. On a $F'(t) = -e^{-t}(-t-1) + e^{-t}(-1) = e^{-t}(t+1-1) = te^{-t}$.

3. $\int_0^A te^{-t}dt = F(A) - F(0) = e^{-A}(-A-1) - e^0(-1) = -Ae^{-A} - e^{-A} + 1$.

4. On sait que $E(X) = \int_{-\infty}^{+\infty} tf(t)dt = \int_0^{+\infty} te^{-t}dt = \lim_{A \to +\infty} \int_0^A te^{-t}dt$. De plus $\lim_{A \to +\infty} (-Ae^{-A} - e^{-A} + 1) = 0 + 0 + 1 = 1$. Donc $E(X) = \int_0^{+\infty} te^{-t}dt = 1$.

23 Loi uniforme

En bref *Dans le cas des variables aléatoires continues, la loi uniforme prolonge la loi uniforme des variables aléatoires discrètes.*

I Densité uniforme

■ **Définition :** La **densité uniforme** sur l'intervalle $[a\,;b]$ est la fonction définie sur $\mathbb{R}$ par :

$$f(x)=\begin{cases}\dfrac{1}{b-a} \text{ si } x\in[a\,;b]\\ 0 \text{ si } x\notin[a\,;b]\end{cases}$$

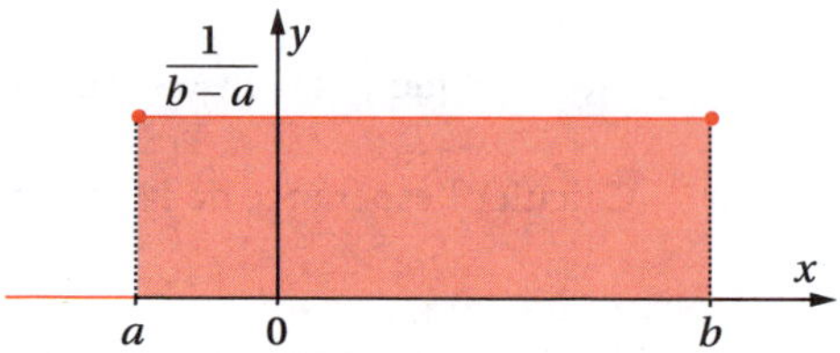

■ **Justification :** La fonction f est visiblement positive et continue par morceaux (il y a deux points de discontinuité). De plus l'aire du domaine compris entre la courbe et l'axe des abscisses se réduit à l'aire d'un rectangle dont les dimensions sont $b-a$ et $\dfrac{1}{b-a}$ qui vaut bien 1.

II Loi uniforme

■ **Définition :** Dire que la loi d'une variable aléatoire X est la **loi uniforme** sur $[a\,;b]$ signifie que la densité de X est la densité uniforme. Pour tout $x\in\mathbb{R}$, sa fonction de répartition F est ainsi définie :

$$\begin{cases}\text{si } x\leqslant a,\ F(x)=P(X\leqslant x)=0\\ \text{si } a<x<b,\ F(x)=P(X\leqslant x)=\dfrac{x-a}{b-a}\\ \text{si } x\geqslant b,\ F(x)=P(X\leqslant x)=1\end{cases}$$

On dit souvent en abrégé que X est une variable aléatoire uniforme sur $[a\,;b]$ et on écrit : $X\sim\mathcal{U}([a;b])$.

■ Espérance et variance :

$$E(X)=\frac{a+b}{2} \text{ et } V(X)=\frac{(b-a)^2}{12}$$

À NOTER
Pour la démonstration de l'espérance → EXERCICE 6.

■ Pour tous nombres c et d compris entre a et b : $P(c\leqslant X\leqslant d)=\dfrac{d-c}{b-a}$.

C'est l'aire du rectangle de largeur $d-c$ et de hauteur $\dfrac{1}{b-a}$.

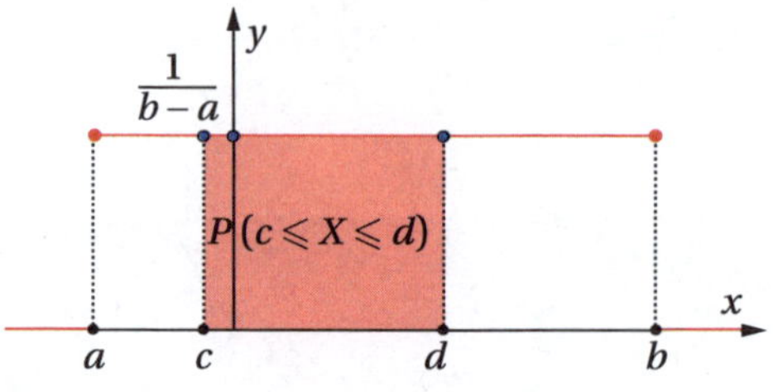

Méthodes

1 Formaliser la loi uniforme sur [0 ; 1]

a. Déterminer la densité uniforme f sur $[0\,;\,1]$.
b. Soit X une variable aléatoire uniforme sur $[0\,;\,1]$. Déterminer la fonction de répartition de X et la représenter graphiquement.

CONSEILS
a. Appliquez les résultats du cours avec $a = 0$ et $b = 1$.
b. La fonction de répartition de X est définie par $F(x) = P(X \leqslant x)$.

SOLUTION

a. On a ici $a = 0$ et $b = 1$.
Donc $f(x) = \begin{cases} 1 \text{ si } x \in [0\,;\,1] \\ 0 \text{ si } x \notin [0\,;\,1] \end{cases}$

b. On trouve :

$$F(x) = P(X \leqslant x) = \begin{cases} 0 \text{ si } x \leqslant 0 \\ x \text{ si } 0 < x < 1 \\ 1 \text{ si } x \geqslant 1 \end{cases}$$

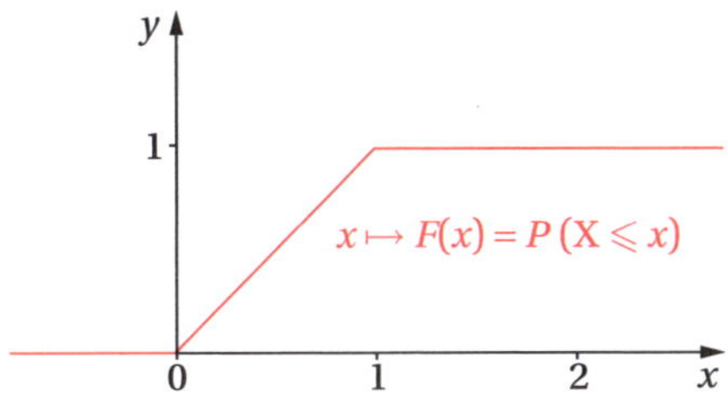

2 Utiliser une loi uniforme

Un distributeur de boissons est électroniquement contrôlé pour verser dans le gobelet une quantité aléatoire comprise entre 190 ml et 210 ml. Soit X la variable aléatoire égale au volume versé dans le gobelet.

1. Trouver la loi de X.

2. En déduire la probabilité pour que l'on ait :
a. moins de 196 ml ; **b.** entre 193 et 201 ml.

3. Quelle quantité un utilisateur obtient-il en moyenne ?

CONSEILS
1. Remarquez qu'aucune quantité n'est privilégiée.
2. a. C'est la probabilité que la quantité X soit inférieure ou égale à 196.
b. C'est la probabilité que la quantité X soit comprise entre 193 et 201.
c. Pensez à la signification de l'espérance.

SOLUTION

1. La quantité X est un nombre pris au hasard dans l'intervalle $[190\,;\,210]$. Donc **X suit la loi uniforme sur l'intervalle $[190\,;\,210]$**.

2. a. On cherche $P(X \leqslant 196)$ et $P(X \leqslant 196) = \dfrac{196-190}{210-190} = \dfrac{6}{20} = 0{,}3$.

b. Cela correspond à $P(193 \leqslant X \leqslant 201) = \dfrac{201-193}{210-190} = \dfrac{8}{20} = 0{,}4$.

3. Un utilisateur peut espérer avoir **200 ml** car $E(X) = \dfrac{190+210}{2} = 200$.

24 Loi exponentielle

En bref *La loi exponentielle est une loi sans mémoire. Autrement dit la probabilité pour qu'un événement survienne entre deux instants dépend uniquement de sa durée et non de la date de son début.*

I Densité exponentielle

■ **Définition :** Soit λ un nombre strictement positif. La **densité de probabilité exponentielle** de paramètre λ est la fonction définie sur $\mathbb{R}$ par :

$$f(x) = \begin{cases} \lambda e^{-\lambda x} \text{ si } x \geqslant 0 \\ 0 \text{ si } x < 0 \end{cases}$$

À NOTER
Pour la démonstration
→ EXERCICE 6.

■ *Exemple :* Représentation graphique de f pour $\lambda = 0,5$:

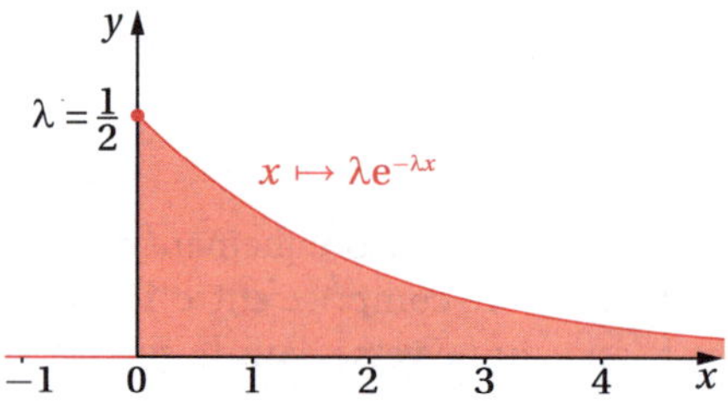

II Loi exponentielle

■ **Définition :** Dire que la loi d'une variable aléatoire X est la **loi exponentielle de paramètre λ** signifie que la densité de X est la densité exponentielle de paramètre λ. Pour tout $x \in \mathbb{R}$, sa **fonction de répartition** est :

$$\begin{cases} F(x) = P(X \leqslant x) = 0 \text{ si } x \leqslant 0 \\ F(x) = P(X \leqslant x) = 1 - e^{-\lambda x} \text{ si } x > 0 \end{cases}$$

On écrit $X \sim \mathcal{E}(\lambda)$.

■ $P(a \leqslant X \leqslant b)$ est l'aire du domaine coloré sur la figure ci-contre et vaut :

$$\begin{aligned} P(a \leqslant X \leqslant b) &= 1 - e^{-\lambda b} - (1 - e^{-\lambda a}) \\ &= e^{-\lambda a} - e^{-\lambda b}. \end{aligned}$$

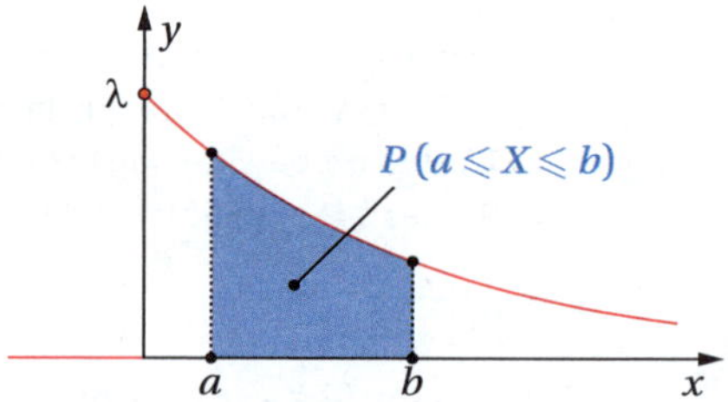

■ L'espérance de X est $E(X) = \dfrac{1}{\lambda}$ et la variance de X est $V(X) = \dfrac{1}{\lambda^2}$.

■ La loi exponentielle est **sans mémoire**. Pour tout x et tout $a > 0$:

$$P(X > a) = P_{X > x}(X > x + a).$$

À NOTER
Pour la démonstration
→ EXERCICE 13.

Méthode

Utiliser la loi exponentielle

Soit X une variable aléatoire exponentielle de paramètre $\lambda > 0$. On suppose que $P(X \leqslant 2) = \frac{1}{2}$.

a. Calculer λ.

b. Donner alors la valeur exacte de $P(2 \leqslant X \leqslant 4)$.

c. Calculer la valeur exacte de $P(X \geqslant 3)$.

d. Calculer $P(X \geqslant x)$ pour tout $x \in \mathbb{R}$ et tracer la courbe de $x \mapsto P(X \geqslant x)$.

CONSEILS

a. Il suffit de revenir à la définition de $P(X \leqslant 2)$ pour une variable aléatoire exponentielle. Pour résoudre l'équation obtenue où figure une exponentielle, utilisez la fonction logarithme népérien.

b. On sait que pour tout $a \geqslant 0$ et tout $b \geqslant 0$ tels que $a \leqslant b$, $P(a \leqslant X \leqslant b) = e^{-\lambda a} - e^{-\lambda b}$.

c. Pensez à utiliser l'événement contraire.

d. Généralisez le cas précédent en tenant compte du signe de x.

SOLUTION

a. $P(X \leqslant 2) = 1 - e^{-2\lambda}$, donc $1 - e^{-2\lambda} = \frac{1}{2}$, soit $e^{-2\lambda} = \frac{1}{2}$ et $-2\lambda = \ln\left(\frac{1}{2}\right)$.

On a alors $\lambda = -\frac{\ln\left(\frac{1}{2}\right)}{2} = \frac{\ln(2)}{2}$.

b. $P(2 \leqslant X \leqslant 4) = e^{-2\lambda} - e^{-4\lambda} = e^{-2\frac{1}{2}\ln(2)} - e^{-4\frac{1}{2}\ln(2)}$.

Or $-2\frac{1}{2}\ln(2) = -\ln(2)$ et $e^{-\ln(2)} = e^{\ln\left(\frac{1}{2}\right)} = \frac{1}{2}$.

De même $-4\frac{1}{2}\ln(2) = -2\ln(2)$ et $e^{-2\ln(2)} = e^{2\ln\left(\frac{1}{2}\right)} = e^{\ln\left(\frac{1}{4}\right)} = \frac{1}{4}$.

Donc $P(2 \leqslant X \leqslant 4) = \frac{1}{2} - \frac{1}{4} = \frac{1}{4}$.

c. On sait que $P(X \geqslant 3) = 1 - P(X < 3)$. D'autre part $P(X < 3) = P(X \leqslant 3)$ donc $P(X \geqslant 3) = 1 - \left(1 - e^{-3\lambda}\right) = e^{-3\ln(2)} = \left(e^{-\ln(2)}\right)^3 = \left(\frac{1}{2}\right)^3 = \frac{1}{8}$.

d. Si $x \geqslant 0$ on trouve $P(X \geqslant x) = \left(\frac{1}{2}\right)^x$ par analogie.

Si $x < 0$ alors $P(X \geqslant x) = 1 - P(X < x) = 1$ car dans ce cas $P(X < x) = 0$.

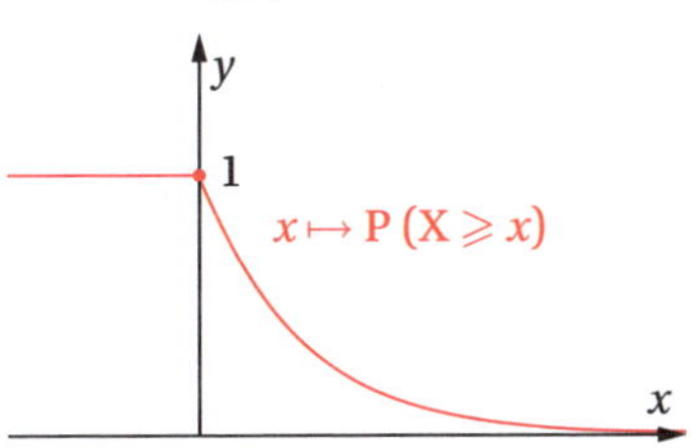

MÉMO VISUEL

Caractéristiques d'une densité de probabilité

Comment identifier une densité de probabilité ?

C'est une fonction f définie sur $\mathbb{R}$:
- positive ;
- continue par morceaux ;
- telle que $\int_{-\infty}^{+\infty} f(t)\,dt = 1$.

DENSITÉ DE

Loi d'une variable aléatoire continue

Qu'est-ce que la loi d'une variable aléatoire continue

Définitions

- X a pour loi la densité f lorsque pour tout $x \in \mathbb{R}$:

$$P(X \leqslant x) = P(X < x) = \int_{-\infty}^{x} f(t)\,dt$$

- F définie pour tout $x \in \mathbb{R}$ par :

$$F(x) = P(X \leqslant x)$$

est la **fonction de répartition** de X.

Probabilité d'un intervalle

Pour tous réels a et b :

$$P(a \leqslant X \leqslant b) = \int_{a}^{b} f(t)\,dt$$

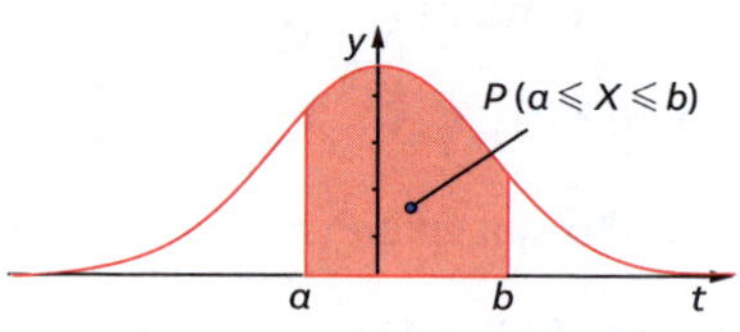

Espérance et variance

$$E(X) = \int_{-\infty}^{+\infty} t f(t)\,dt \text{ et } V(X) = \int_{-\infty}^{+\infty} t^2 f(t)\,dt - \left(E(X)\right)^2$$

Comment caractériser une variable aléatoire uniforme ?

Variable aléatoire uniforme

Densité uniforme sur $[a\,;b]$ $(a< b)$

$$f(x)=\begin{cases}\dfrac{1}{b-a} \text{ si } x\in[a\,;b]\\ 0 \text{ si } x\notin[a\,;b]\end{cases}$$

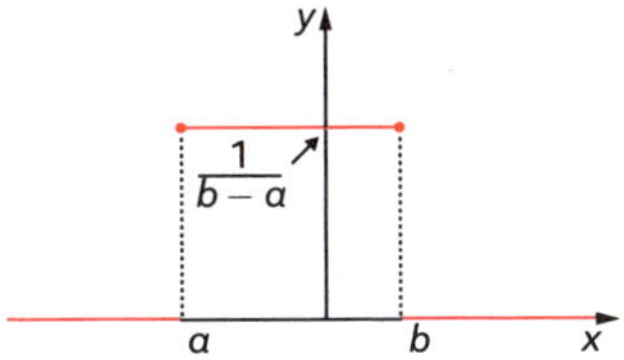

Loi uniforme

- X suit la loi uniforme sur $[a\,;b]$, alors :

$$\begin{cases}\text{si } x\leqslant a,\ P(X\leqslant x)=0\\ \text{si } a< x< b,\ P(X\leqslant x)=\dfrac{x-a}{b-a}\\ \text{si } x\geqslant b,\ P(X\leqslant x)=1\end{cases}$$

- $E(X)=\dfrac{a+b}{2}$ et $V(X)=\dfrac{(b-a)^2}{12}$

PROBABILITÉ

Comment caractériser une variable aléatoire exponentielle ?

Variable aléatoire exponentielle

Densité exponentielle de paramètre $\lambda > 0$

$$f(x)=\begin{cases}\lambda e^{-\lambda x} \text{ si } x\geqslant 0\\ 0 \text{ si } x<0\end{cases}$$

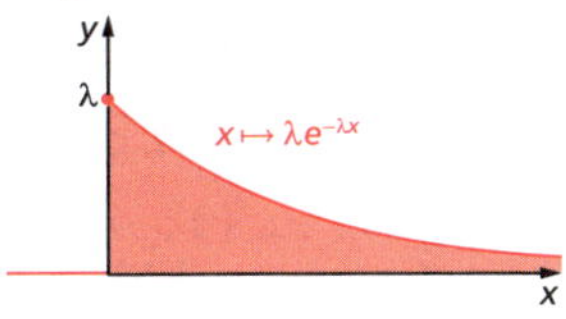

Loi exponentielle de paramètre $\lambda > 0$

- X suit la loi exponentielle de λ, alors :

$$\begin{cases}\text{si } x\leqslant 0,\ P(X\leqslant x)=0\\ \text{si } 0< x,\ P(X\leqslant x)=1-e^{-\lambda x}\end{cases}$$

- $E(X)=\dfrac{1}{\lambda}$ et $V(X)=\dfrac{1}{\lambda^2}$

SE TESTER QUIZ

Vérifiez que vous avez bien compris les points clés des **fiches 21 à 24**.

1 Densités de probabilité

→ FICHE 21

1. Soit f une densité de probabilité. Quelle est l'affirmation fausse ?

☐ **a.** f a un signe constant ☐ **b.** f est croissante ☐ **c.** $\int_{-\infty}^{+\infty} f(t)\mathrm{d}t = 1$

2. Soit f une densité de probabilité nulle sauf sur $[-2\ ;\ 3]$. Sur $[-2\ ;\ 3]$ quelle est l'affirmation qui peut être vraie (les deux autres étant certainement fausses) ?

☐ **a.** $f(x) = x - 0{,}15$ ☐ **b.** $f(x) = 0{,}2$ ☐ **c.** $f(x) = x + 2$

2 Variables aléatoires continues

→ FICHES 21 et 22

1. Soit X une variable aléatoire continue, a et b deux réels tels que $a \leqslant b$. Quelle est l'affirmation fausse ?

☐ **a.** $P(a \leqslant X \leqslant b) = P(a < X < b)$

☐ **b.** $P(a \leqslant X \leqslant b) = 1 - P(X > a)$

☐ **c.** $1 - P(X < a) = P(X > a)$

2. L'espérance d'une variable aléatoire continue est toujours positive.

☐ **a.** Vrai ☐ **b.** Faux

3 Loi uniforme

→ FICHE 23

1. La loi uniforme sur $[-1\ ;\ 4]$ a pour densité la fonction f définie par :

☐ **a.** $f(x) = x$ ☐ **b.** $f(x) = 1$ ☐ **c.** $f(x) = \frac{1}{5}$

2. Si X suit la loi uniforme sur $[0\ ;\ 3]$ alors :

☐ **a.** $P(0 \leqslant X < 2{,}9) = 0{,}95$ ☐ **b.** $P(X = 1{,}5) = \frac{1}{2}$ ☐ **c.** $P(X \geqslant 1{,}5) = \frac{1}{2}$

4 Loi exponentielle

→ FICHE 24

1. Trouver si possible λ pour que la fonction $x \mapsto -\frac{1}{2}e^{\lambda x}$ soit une densité de probabilité sur $[0\ ;\ +\infty[$.

☐ **a.** $\lambda = \frac{1}{2}$ ☐ **b.** Impossible ☐ **c.** $\lambda = -\frac{1}{2}$

2. Si X suit la loi exponentielle de paramètre $\ln(2)$ alors :

☐ **a.** $P(X \leqslant 1) = \frac{1}{2}$ ☐ **b.** $P(X \leqslant -1{,}5) = 0$ ☐ **c.** $P(X \geqslant 1) = \frac{1}{2}$

DÉMONSTRATIONS CLÉS

5 Justifier l'expression de la fonction de répartition de $X \sim \mathcal{U}([a\,;\,b])$

→ FICHES 21 et 23

Donner, en la justifiant, l'expression de la fonction de répartition d'une variable aléatoire dont la loi est $\mathcal{U}([a\,;\,b])$.

6 Calculer l'espérance d'une variable aléatoire qui suit une loi uniforme

→ FICHES 21 et 23

Soit $X \sim \mathcal{U}([a\,;\,b])$. Sachant que $E(X) = \int_{-\infty}^{+\infty} tf(t)\mathrm{d}t$, montrer que $E(X) = \dfrac{a+b}{2}$.

7 Justifier l'expression de la densité d'une loi exponentielle

→ FICHES 21 et 24

On pose, pour $\lambda > 0$, $f(t) = \begin{cases} 0 \text{ si } t < 0 \\ \lambda \mathrm{e}^{-\lambda t} \text{ si } t \geqslant 0 \end{cases}$.

Montrer que f est une densité de probabilité.

S'ENTRAÎNER

8 Calculer l'espérance d'une variable aléatoire continue

→ FICHES 21 et 22

1. Tracer la représentation graphique de la fonction f ainsi définie :

$$f(x) = \begin{cases} 2x \text{ si } x \in [0\,;\,1] \\ 0 \text{ si } x \notin [0\,;\,1] \end{cases}$$

2. Déduire de la question précédente que f est une densité de probabilité.

3. Soit X une variable aléatoire de densité f.

a. Calculer $E(X)$.

b. Calculer $V(X)$.

9 Déterminer une loi uniforme connaissant son espérance et sa variance

→ FICHE 23

Soit X une variable aléatoire uniforme sur l'intervalle $[a\,;\,b]$. On suppose que $E(X) = 2$ et $V(X) = 3$. Trouver a et b.

10 Utiliser la loi uniforme dans une gare

→ FICHE 23

Les trains partent tous les quarts d'heure de la gare de Riz. Le premier train est à 6 h 15. Un voyageur s'est présenté à la gare de Riz entre 6 h 00 et 6 h 30. On note X la durée en minutes qui sépare 6 heures de l'heure d'arrivée du voyageur. On suppose que X suit la loi uniforme $\mathcal{U}([0\ ;\ 30])$.

a. Quelle est la probabilité pour que le voyageur attende moins de 5 minutes ?

b. Quelle est la probabilité pour que le voyageur attende plus de 10 minutes ?

c. Comment expliquer les résultats précédents ?

CONSEIL
On pourra schématiser les horaires par un segment gradué de 5 min en 5 min.

11 Utiliser la représentation graphique d'une loi exponentielle

→ FICHES 21 et 24

Soit X une variable aléatoire dont la loi est la loi exponentielle de paramètre λ. Sa densité est représentée ci-contre.

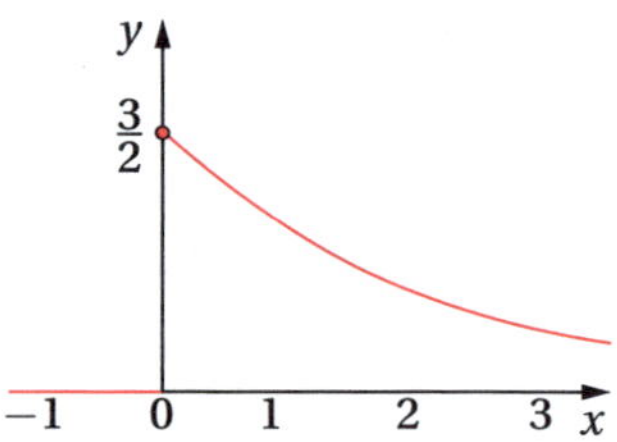

a. Déterminer graphiquement λ.

b. Hachurer les zones du graphique représentant $P\left(X \leqslant \frac{1}{2}\right)$ et $P(X > 1)$.

12 Maîtriser la loi exponentielle

→ FICHE 24

a. Soit X une variable aléatoire qui suit la loi exponentielle de paramètre $\frac{1}{2}$. Calculer $P(1 \leqslant X \leqslant 2)$.

b. Soit $X \sim \mathcal{E}(\lambda)$. Trouver λ sachant que $P(X \leqslant 50\,000) = 1 - \frac{1}{\mathrm{e}}$.

13 Démontrer que les lois sans mémoire sont les lois exponentielles

→ FICHE 24

Dire que la loi d'une variable aléatoire X est une loi de durée de vie sans vieillissement ou une loi sans mémoire signifie que, pour tout x et tout $a > 0$:

$$P(X > a) = P_{X > x}(X > x + a).$$

Si X mesure la durée de vie d'une particule, d'un composant électronique, etc., la probabilité qu'elle soit présente ou qu'il fonctionne à l'instant $x + a$ sachant que c'est le cas à l'instant x est indépendante de son âge x.

a. Montrer que si $X \sim \mathcal{E}(\lambda)$ alors X suit une loi sans mémoire.

b. Réciproquement, soit X une variable aléatoire dont la densité est continue et dont la loi est sans mémoire. Montrer que X suit une loi exponentielle. Il sera utile de poser $G(x) = 1 - P(X \leqslant x)$.

RAPPEL
Les fonctions f continues sur $\mathbb{R}$ qui vérifient l'égalité $f(x+y) = f(x)\,f(y)$ pour tous réels x et y sont les fonctions exponentielles.

14 Lier temps d'attente et loi exponentielle

→ FICHE 24

On modélise le temps d'attente, en minutes, entre deux clients à un guichet par une variable aléatoire exponentielle X de paramètre λ.

a. Le temps moyen d'attente étant de 5 min, quelle est la probabilité d'attendre plus de 10 min ? Plus de 5 min ?

b. Quelle est la probabilité d'attendre encore au moins 5 min sachant qu'on a déjà attendu 10 min ? Commenter la réponse.

15 Utiliser la loi exponentielle pour étudier une densité

→ FICHES 23 et 24

On considère la fonction f ainsi définie : $f(x) = xe^{-x}$ si $x \in [0\,;+\infty[$ et $f(x) = 0$ sinon. Sa courbe est représentée ci-contre.

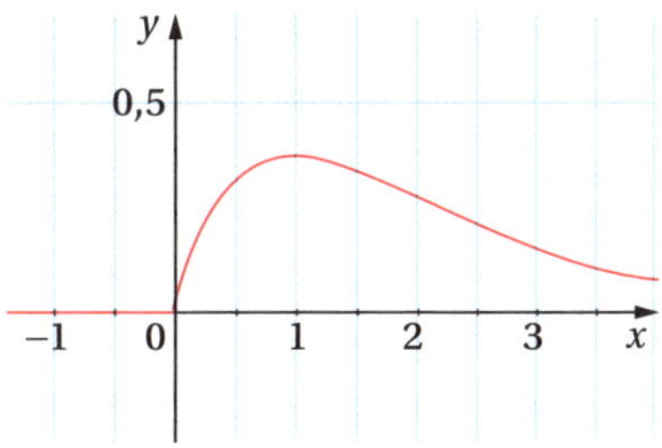

1. Montrer que f est une densité de probabilité.

2. a. Vérifier que si $F(x) = -e^{-x}(x^2 + 2x + 2)$ et $g(x) = x^2e^{-x}$ alors F est une primitive de g.

b. En déduire l'espérance de X.

On admettra pour cela que si $P(x)$ est un polynôme alors $\lim\limits_{x \to +\infty} e^{-x} P(x) = 0$.

OBJECTIF BAC

16 Gérer son retard avec la loi uniforme

40 min

→ FICHE 23

Ne jetez pas la pierre à une personne toujours en retard. Tout s'explique ! Dans ce sujet on utilise une loi uniforme pour estimer les chances d'Hugo, retardataire chronique, d'arriver à l'heure à un concert…

LE SUJET

Un concert débute à 20 heures précises : les portes ferment et personne ne peut plus rentrer. Hugo n'est pas toujours à l'heure ; en général, sans trop savoir pourquoi, il arrive aux rendez-vous dans un laps de temps compris entre 6 minutes d'avance et un quart d'heure de retard. C'est comme ça.
Soit H l'heure d'arrivée de Hugo à la salle de concert.

1. a. Montrer que 19 h 54 = 19,9 h et 20 h 15 = 20,25 h.

b. Quelle est la loi de H ?

2. Quelle est la probabilité pour que Hugo assiste au concert ?

3. Il est 19 h 57 et Hugo n'est toujours pas arrivé. Quelle est la probabilité qu'il assiste au concert ?

4. Son amie Giulia est un peu plus anxieuse. Elle n'est pas toujours à l'heure non plus, mais elle arrive aux rendez-vous dans un laps de temps compris entre 12 minutes d'avance et 6 minutes de retard. Soit G l'heure d'arrivée de Giulia à la salle de concert. Répondre aux mêmes questions que pour Hugo.

LIRE LE SUJET

1. a. On demande de convertir des durées exprimées dans le système sexagésimal en durées exprimées dans le système décimal.

b. Il faut reconnaître la loi d'une variable aléatoire continue.

2. Hugo assistera au concert s'il arrive à 20 h 00 ou avant !

3. Il faut calculer une probabilité conditionnelle.

4. Il s'agit de répondre aux questions 1, 2 et 3 avec les contraintes de Giulia.

LA FEUILLE DE ROUTE

1. a. **Convertir une durée**

19 h 54 = 19 h + 54 min et une minute est égale à $\frac{1}{60}$ d'heure.

b. **Déterminer une loi uniforme** → FICHE 23

La plage des temps d'arrivée possibles de Hugo se calcule pour une arrivée souhaitée à 20 h 00 en comptant son avance ou son retard.

2. **Utiliser une loi uniforme** → FICHE 23

On cherche $P(H \leqslant 20)$.

3. **Calculer une probabilité conditionnelle**

Si Hugo n'est pas encore arrivé à 19 h 57, il arrive après !

4. **Déterminer et utiliser une loi uniforme** → FICHE 23

La méthode de réponse aux questions est la même ; seuls les heures minimales et maximales d'arrivée changent.

17 Étudier la durée de vie d'un composant

40 min → FICHES 21 et 24

Une loi exponentielle modélise la durée de vie d'un phénomène sans mémoire ou sans vieillissement. Dans ce sujet on prend l'exemple de la durée de vie d'un composant électronique, mais ce modèle peut être utilisé dans bien d'autres situations.

LE SUJET

On s'intéresse à la durée de vie, exprimée en semaines, d'un composant électronique. On modélise le temps de fonctionnement (en semaines) du composant à partir de l'instant 0 de sa mise en service par une variable aléatoire X dont la loi est la loi exponentielle de paramètre $\lambda > 0$.

1. Pour tout $x > 0$ déterminer $P(X \leqslant x)$.

2. On estime que la moitié des composants sont encore en état de marche au bout de 200 semaines et que les autres sont hors service.

a. Calculer $P(X \leqslant 200)$.

b. Montrer que $\lambda = \dfrac{\ln(2)}{200}$, valeur que l'on prendra dans toute la suite de l'exercice.

3. Quelle est la probabilité qu'un des composants pris au hasard ait une durée de vie supérieure à 300 semaines ? On donnera la valeur exacte puis une valeur approchée au centième.

4. Calculer la durée de vie moyenne, à une semaine près, d'un composant.

LIRE LE SUJET

1. On sait que X suit la loi exponentielle de paramètre λ. Il s'agit d'une question de cours.

2. a. Exprimer $P(X \leqslant 200)$ à l'aide de l'indication de l'énoncé.
b. La question précédente fournit une équation qu'il faut résoudre.

3. Traduire la question en termes de probabilité avec la valeur de λ donnée en **2. b.**

4. Il s'agit de calculer l'espérance de X.

LA FEUILLE DE ROUTE

1. Calculer une probabilité avec une loi exponentielle → FICHE 24

On connaît l'expression de $P(X \leqslant x)$ lorsque $X \sim \mathcal{E}(\lambda)$.

2. a. Déterminer une probabilité

Si la moitié des composants sont hors service au bout de 200 semaines, chercher la probabilité pour que la durée de vie de l'un d'eux ne dépasse pas 200.

b. Déterminer le coefficient d'une loi exponentielle → FICHE 24

La résolution de l'équation obtenue à la question précédente permet de trouver λ.

3. Calculer une probabilité avec une loi exponentielle → FICHE 24

Utilisez une expression simple de $P(X \geqslant 300)$.

4. Calculer une espérance → FICHE 24

Utilisez la formule de l'espérance d'une variable aléatoire exponentielle.

CORRIGÉS

SE TESTER QUIZ

1 Densités de probabilité

1. Réponse b. Une densité de probabilité n'est pas nécessairement croissante.

2. Réponse b. En effet $\int_{-2}^{3} 0,2\,dx = [0,2x]_{-2}^{3} = 0,6 + 0,4 = 1$, alors que :

$$\int_{-2}^{3}(x-0,15)dx = \left[\frac{x^2}{2} - 0,15x\right]_{-2}^{3} = \frac{7}{4} \text{ et } \int_{-2}^{3}(x+2)dx = \left[\frac{x^2}{2} + 2x\right]_{-2}^{3} = \frac{25}{2}.$$

2 Variables aléatoires continues

1. Réponse b. On sait que $1 - P(X > a) = P(X \leqslant a)$.
D'autre part les inégalités peuvent être strictes ou larges car cela ne change pas le calcul de la probabilité.

2. b. Faux. La densité de probabilité f est certes positive, mais la fonction $t \mapsto tf(t)$ est négative sur $]-\infty\,;0]$.

RAPPEL
$P(X = a) = 0$ dans le cas d'un variable aléatoire continue.

3 Loi uniforme

1. Réponse c. La densité de la loi uniforme sur $[a\,;b]$ est la fonction constante $x \mapsto \dfrac{1}{b-a}$.

2. Réponse c. La figure ci-dessous illustre la bonne réponse, sachant que l'aire du rectangle sous le segment rouge est égale à 1. De plus $P(0 \leqslant X < 2,9) \approx 0,97$ et $P(X = 1,5) = 0$.

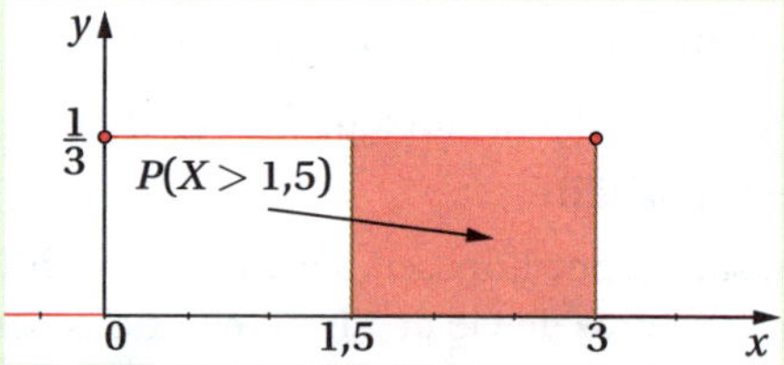

4 Loi exponentielle

1. Réponse b. La fonction n'étant pas positive, f n'est pas une densité de probabilité.

2. Réponses a, b et c. Toutes les affirmations sont vraies. En effet $P(X \leqslant x) = 0$ si $x \leqslant 0$ et $P(X \leqslant x) = 1 - e^{-\lambda x}$ si $x > 0$. Ici $\lambda = \ln(2)$ donc $P(X \leqslant 1) = 1 - e^{-\ln(2)\times 1} = 1 - \dfrac{1}{e^{\ln(2)}} = \dfrac{1}{2}$.

Comme $P(X \geqslant 1) = 1 - P(X < 1)$, on a $P(X \geqslant 1) = 1 - \dfrac{1}{2} = \dfrac{1}{2}$.

DÉMONSTRATIONS CLÉS

5 Justifier l'expression de la fonction de répartition de $X \sim \mathcal{U}([a\,;b])$

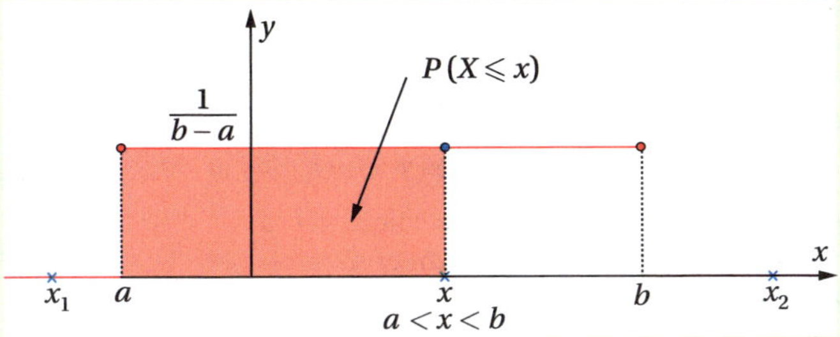

Pour tout $x \in \mathbb{R}$, $F(x) = P(X \leqslant x)$. $F(x)$ est donc égale à l'aire du domaine coloré, dont la valeur varie selon la position de x.
Si $a \leqslant x \leqslant b$, l'aire du rectangle représenté est égale à sa base $x - a$ multipliée par sa hauteur $\frac{1}{b-a}$.
Si $x \leqslant a$ (x_1 sur la figure), le domaine est la demi-droite sur l'axe des abscisses de $-\infty$ à x_1, donc son aire est nulle.
Si $x \geqslant b$ (x_2 sur la figure), le domaine recouvre tout le rectangle, ainsi que l'axe des abscisse de $-\infty$ à a et de b à x_2, et donc son aire est égale à 1.

6 Calculer l'espérance d'une variable aléatoire qui suit une loi uniforme

On sait que $E(X) = \int_a^b tf(t)\mathrm{d}t$ car f est nulle en dehors de l'intervalle $[a\,;b]$. Donc :

$$E(X) = \int_a^b \frac{t}{b-a}\mathrm{d}t = \frac{1}{b-a}\int_a^b t\mathrm{d}t = \frac{1}{b-a}\left[\frac{t^2}{2}\right]_a^b = \frac{1}{b-a}\frac{1}{2}\left(b^2 - a^2\right)$$

$$= \frac{1}{2}\frac{1}{b-a}(b-a)(b+a) = \frac{b+a}{2}.$$

7 Justifier l'expression de la densité d'une loi exponentielle

La fonction f est évidemment positive et continue par morceaux (il y a un point de discontinuité d'abscisse 0).

De plus, $\int_{-\infty}^{+\infty} f(t)\mathrm{d}t = \int_0^{+\infty} f(t)\mathrm{d}t = \lim\limits_{x \to +\infty}\int_0^x f(t)\mathrm{d}t$.

Or $\int_0^x f(t)\mathrm{d}t = \left[-\mathrm{e}^{-\lambda t}\right]_0^x = 1 - \mathrm{e}^{-\lambda x}$. Puisque $\lambda > 0$, $\lim\limits_{x \to +\infty} \mathrm{e}^{-\lambda x} = 0$.

Il en résulte que $\lim\limits_{x \to +\infty}\int_0^x f(t)\mathrm{d}t = 1$. On a donc bien $\int_{-\infty}^{+\infty} f(t)\mathrm{d}t = 1$.

Conclusion, **la fonction f définie est bien une densité de probabilité.**

S'ENTRAÎNER

8 Calculer l'espérance d'une variable aléatoire continue

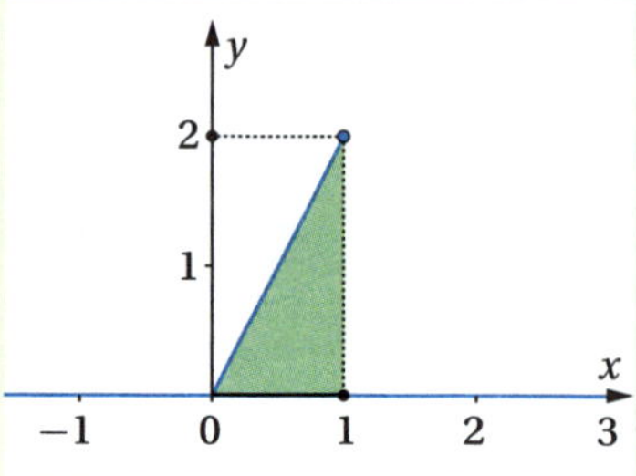

1. La représentation est en bleu. Le point de coordonnées (1 ; 2) est un point de discontinuité.

2. La fonction f est visiblement positive et continue par morceaux.

De plus $\int_{-\infty}^{+\infty} f(x)\mathrm{d}x = \int_0^1 2x\mathrm{d}x = \left[x^2\right]_0^1 = 1$. Cette intégrale correspond à l'aire du domaine coloré sur la figure. Il s'agit d'un triangle rectangle qui est la moitié d'un rectangle de dimensions 1 et 2.

3. a. On sait que $E(X) = \int_{-\infty}^{+\infty} tf(t)\mathrm{d}t$, on a donc :

$$E(X) = \int_0^1 2t^2\mathrm{d}t = \left[\frac{2t^3}{3}\right]_0^1 = \frac{2}{3}.$$

b. On sait que $V(X) = \int_{-\infty}^{+\infty} t^2 f(t)\mathrm{d}t - (E(X))^2$, on a donc :

$$V(X) = \int_0^1 2t^3\mathrm{d}t - \left(\frac{2}{3}\right)^2 = \left[\frac{2t^4}{4}\right]_0^1 - \frac{4}{9} = \frac{1}{2} - \frac{4}{9} = \frac{1}{18}.$$

9 Déterminer une loi uniforme connaissant son espérance et sa variance

On sait que $E(X) = \frac{a+b}{2}$ et $V(X) = \frac{(b-a)^2}{12}$.

On est donc amené à résoudre le système $\begin{cases} \frac{(b-a)^2}{12} = 3 \\ \frac{a+b}{2} = 2 \end{cases}$. Il est équivalent à $\begin{cases} (b-a)^2 = 36 \\ a+b = 4 \end{cases}$. Comme $b > a$, le système équivaut à $\begin{cases} b-a = 6 \\ b+a = 4 \end{cases}$. Par addition on trouve $2b = 10$, soit $b = 5$, ce qui entraîne $a = -1$. Donc $X \sim \mathcal{U}([-1\,;5])$.

10 Utiliser la loi uniforme dans une gare

a. Le voyageur attendra moins de 5 minutes s'il arrive entre 6 h 10 et 6 h 15 ou bien entre 6 h 25 et 6 h 30. On cherche donc $P(10 \leqslant X \leqslant 15) + P(25 \leqslant X \leqslant 30)$ c'est-à-dire $\frac{15-10}{30-0} + \frac{30-25}{30-0} = \frac{5}{30} + \frac{5}{30} = \frac{1}{6} + \frac{1}{6} = \frac{1}{3}$.

La probabilité pour que le voyageur attende moins de 5 minutes est $\frac{1}{3}$.

b. Le voyageur attendra plus de 10 minutes si et seulement si il arrive entre 6 h 00 et 6 h 05 ou bien entre 6 h 15 et 6 h 20.

On cherche donc $P(0 \leqslant X \leqslant 5) + P(15 \leqslant X \leqslant 20)$ c'est-à-dire :

$$\frac{5-0}{30-0} + \frac{20-15}{30-0} = \frac{5}{30} + \frac{5}{30} = \frac{1}{6} + \frac{1}{6} = \frac{1}{3}.$$

La probabilité pour que le voyageur attende plus de 10 minutes est $\frac{1}{3}$.

c. Les deux probabilités sont égales. En effet on voit sur le schéma suivant que les 6 plages de 5 minutes sont équiprobables et de probabilité $\frac{1}{6}$.

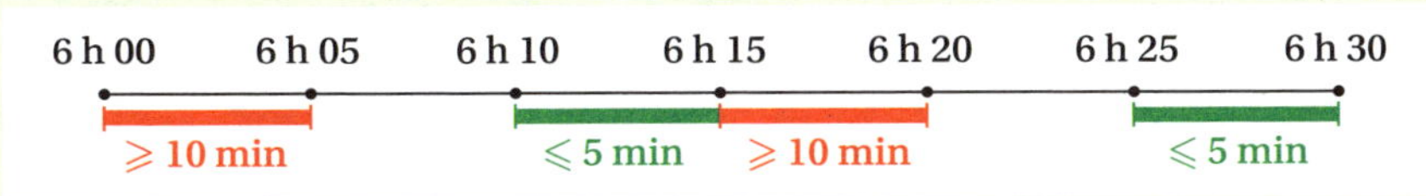

11 Utiliser la représentation graphique d'une loi exponentielle

a. On sait que si f est la densité de X alors $f(0) = \lambda$.

On lit sur le graphique que $\lambda = \frac{3}{2}$.

b. Par définition, les zones recherchées sont les domaines sous la courbe de la densité représentés sur la figure ci-dessous.

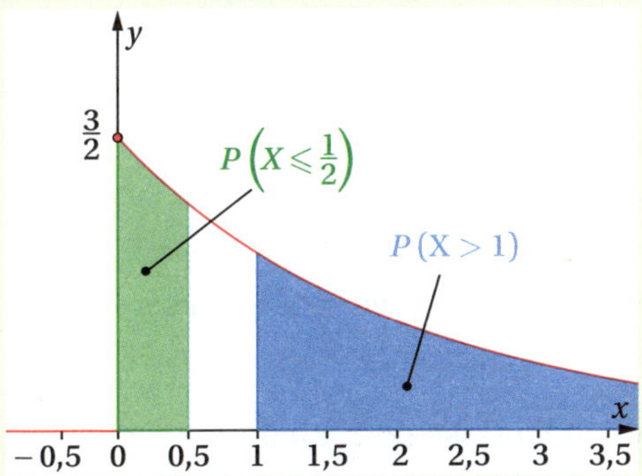

12 Maîtriser la loi exponentielle

a. La fonction de répartition de X étant $x \mapsto 1 - e^{-\frac{1}{2}x}$, on a :

$$P(1 \leqslant X \leqslant 2) = 1 - e^{-\frac{1}{2}\times 2} - \left(1 - e^{-\frac{1}{2}\times 1}\right) = e^{-\frac{1}{2}} - e^{-1} = \frac{\sqrt{e} - 1}{e}.$$

b. On sait que $P(X \leqslant 50\,000) = 1 - e^{-50\,000\lambda}$. Donc :

$$P(X \leqslant 50000) = 1 - \frac{1}{e} \Leftrightarrow e^{-50000\lambda} = e^{-1} \Leftrightarrow 50000\lambda = 1 \Leftrightarrow \lambda = \frac{1}{50000}.$$

13 Démontrer que les lois sans mémoire sont les lois exponentielles

a. Avec les notations de l'énoncé :

$$P_{X>x}(X > x + a) = \frac{P(X > x + a)}{P(X > x)} = \frac{1 - P(X \leqslant x + a)}{1 - P(X \leqslant x)} = \frac{e^{-\lambda(x+a)}}{e^{-\lambda x}} = e^{-\lambda a}.$$

De plus $P(X > a) = 1 - P(X \leqslant a) = e^{-\lambda a}$.

Donc on a bien : $P_{X>x}(X > x + a) = P(X > a)$.

b. Réciproquement, supposons que pour tout x et tout $a > 0$, $P(X > a) = P_{X>x}(X > x + a)$. Posons $G(x) = 1 - P(X \leqslant x)$. On a alors, d'après la question précédente :

$$\frac{G(x+a)}{G(x)} = G(a) \Leftrightarrow G(x+a) = G(x)G(a).$$

RAPPEL
Si $X \sim \mathcal{E}(\lambda)$ alors la fonction de répartition vaut :
$F(x) = P(X \leqslant x) = 1 - e^{-\lambda x}$.

G est donc une fonction exponentielle et il existe k tel que pour tout réel x, $G(x) = e^{-kx}$.
Si on pose $F(x) = 1 - G(x) = 1 - e^{-kx} = P(X \leqslant x)$, il s'agit bien de la fonction de répartition d'une **loi exponentielle de paramètre k**.

14 Lier temps d'attente et loi exponentielle

a. Le temps moyen d'attente est l'espérance de la variable aléatoire X. Puisque $E(X) = \frac{1}{\lambda}$ on trouve $\lambda = \frac{1}{5}$.

Donc la probabilité d'attendre plus de 10 min est :

$$P(X > 10) = e^{-\frac{1}{5} \times 10} = e^{-2} \approx 0,14.$$

De même, la probabilité d'attendre plus de 5 min est :

$$P(X > 5) = e^{-\frac{1}{5} \times 5} = e^{-1} = \frac{1}{e} \approx 0,37.$$

b. Comme X vérifie la loi de durée de vie sans vieillissement, la probabilité cherchée est égale à la probabilité d'attendre 5 min. **On trouve donc de nouveau $\frac{1}{e}$.**

15 Utiliser la loi exponentielle pour étudier une densité

1. La fonction f est positive et continue sur $[0 ; +\infty[$ car produit de deux fonctions continues à valeurs positives sur $[0 ; +\infty[$. Elle est positive et continue sur $]-\infty ; 0]$.

RAPPEL
La fonction exponentielle est positive sur $\mathbb{R}$.

De plus $\int_{-\infty}^{+\infty} f(x)\mathrm{d}x = \int_{0}^{+\infty} x e^{-x}\,\mathrm{d}x$. On reconnaît l'espérance d'une variable aléatoire exponentielle de paramètre 1. Elle est égale à $\frac{1}{1}$ c'est-à-dire 1. Par conséquent **f est une densité de probabilité.**

2. a. On calcule la dérivée de F. Pour tout $x \in [0 ; +\infty[$:

$$\begin{aligned} F'(x) &= e^{-x}\left(x^2 + 2x + 2\right) - e^{-x}(2x + 2) \\ &= e^{-x}(x^2 + 2x + 2 - 2x - 2) \\ &= x^2 e^{-x} = g(x). \end{aligned}$$

F est une primitive de g sur $[0; +\infty[$.

b. $E(X) = \int_{-\infty}^{+\infty} xf(x)\mathrm{d}x = \int_0^{+\infty} x^2\,\mathrm{e}^{-x}\,\mathrm{d}x$. Étant donné $A > 0$, calculons $\int_0^A x^2\mathrm{e}^{-x}\mathrm{d}x$.

D'après ce qui précède, $\int_0^A x^2\,\mathrm{e}^{-x}\,\mathrm{d}x = F(A) - F(0) = -\mathrm{e}^{-A}\left(A^2 + 2A + 2\right) + 2$.

Or, d'après l'indication de l'énoncé, $\lim\limits_{A\to+\infty} \mathrm{e}^{-A}\left(A^2 + 2A + 2\right) = 0$.

Donc $\lim\limits_{A\to+\infty} \int_0^A x^2\,\mathrm{e}^{-x}\,\mathrm{d}x = 2$ et ainsi **$E(X) = 2$**.

OBJECTIF BAC

16 Gérer son retard avec la loi uniforme

1. a. 19 h 54 = 20 h – 6 min = 20 h $- \dfrac{1}{10}$ h = **19,9 h.**

20 h 15 = 20 h $+ \dfrac{1}{4}$ h = 20 h + 0,25 h = **20,25 h**.

b. Hugo arrivera aléatoirement entre 19 h 54 et 20 h 15 c'est-à-dire 19,9 heures et 20,25 heures. C'est pourquoi **H suit la loi uniforme $\mathcal{U}([19{,}9\ ;\ 20{,}25])$**.

2. On cherche la probabilité pour que Hugo arrive avant 20 h, c'est-à-dire $P(H \leqslant 20)$.

On a $P(H \leqslant 20) = \dfrac{20 - 19{,}9}{20{,}25 - 19{,}9} = \dfrac{0{,}1}{0{,}35} = \dfrac{2}{7} \approx$ **0,29**.

3. On a : 19 h 57 = 20 h – 3 min = 20 h $- \dfrac{3}{60}$ h = 20 h $- \dfrac{1}{20}$ h = 19,95 h.

On cherche $P_{H \geqslant 19{,}95}(H \leqslant 20)$ et :

$$P_{H \geqslant 19{,}95}(H \leqslant 20) = \frac{P((H \leqslant 20) \cap (H \geqslant 19{,}95))}{P(H \geqslant 19{,}95)} = \frac{P(19{,}95 \leqslant H \leqslant 20)}{P(H \geqslant 19{,}95)}.$$

Or $P(19{,}95 \leqslant H \leqslant 20) = \dfrac{20 - 19{,}95}{20{,}25 - 19{,}9} = \dfrac{0{,}05}{0{,}35}$;

et $P(H \geqslant 19{,}95) = 1 - P(H < 19{,}95) = 1 - \dfrac{19{,}95 - 19{,}9}{20{,}25 - 19{,}9} = 1 - \dfrac{0{,}05}{0{,}35} = \dfrac{0{,}30}{0{,}35}$.

La probabilité cherchée est donc $P_{H \geqslant 19{,}95}(H \leqslant 20) = \dfrac{\frac{0{,}05}{0{,}35}}{\frac{0{,}30}{0{,}35}} = \dfrac{5}{30} \approx$ **0,17**.

4. On a **$G \sim \mathcal{U}([19{,}8\ ;\ 20{,}1])$** car 20 h – 12 min = 20 h $- \dfrac{1}{5}$ h = 20 h – 0,2 h

et 20 h + 6 min = 20 h $+ \dfrac{1}{10}$ h = 20,1 h.

La probabilité pour que Giulia assiste au concert est égale à :

$P(G \leqslant 20) = \dfrac{20 - 19{,}8}{20{,}1 - 19{,}8} = \dfrac{0{,}2}{0{,}3} = \dfrac{2}{3} \approx$ **0,67**.

S'il est 19 h 57 et qu'elle n'est pas encore là, la probabilité pour qu'elle assiste au concert est égale à :

$$P_{G \geqslant 19,95}(G \leqslant 20) = \frac{P((G \leqslant 20) \cap (G \geqslant 19,95))}{P(G \geqslant 19,95)} = \frac{P(19,95 \leqslant G \leq 20)}{P(G \geqslant 19,95)}.$$

Or $P(19,95 \leqslant G \leqslant 20) = \dfrac{20-19,95}{20,1-19,8} = \dfrac{0,05}{0,3}$;

et $P(H \geqslant 19,95) = 1 - P(H < 19,95) = 1 - \dfrac{19,95-19,8}{20,1-19,8} = 1 - \dfrac{0,15}{0,3} = \dfrac{0,15}{0,3}$.

La probabilité cherchée est donc $P_{G \geqslant 19,95}(G \leqslant 20) = \dfrac{\dfrac{0,05}{0,3}}{\dfrac{0,15}{0,3}} = \dfrac{5}{15} = \dfrac{1}{3} \approx$ **0,33.**

17 Étudier la durée de vie d'un composant

1. Puisque X suit la loi exponentielle de paramètre λ, pour tout $x > 0$: $\boldsymbol{P(X \leqslant x) = 1 - e^{-\lambda x}}$.

2. a. D'après l'énoncé : $\boldsymbol{P(X \leqslant 200) = \frac{1}{2}}$.

b. D'après les deux questions précédentes, on a :

$$P(X \leqslant 200) = \frac{1}{2} \Leftrightarrow 1 - e^{-\lambda 200} = \frac{1}{2} \Leftrightarrow e^{-\lambda 200} = \frac{1}{2}$$

$$\Leftrightarrow -\lambda 200 = \ln\left(\frac{1}{2}\right) = -\ln(2) \Leftrightarrow \boldsymbol{\lambda = \frac{\ln(2)}{200}}.$$

RAPPEL

Pour tout $m > 0$:
$e^x = m \Leftrightarrow x = \ln(m)$.

3. On sait que pour tout $x > 0$:
$P(X > x) = 1 - P(X \leqslant x) = e^{-\lambda x}$.

Donc $P(X \geqslant 300) = e^{-300\left(\frac{\ln(2)}{200}\right)} = e^{-\frac{3}{2}\ln(2)}$

$$= \left(e^{\ln(2)}\right)^{-\frac{3}{2}} = 2^{-\frac{3}{2}} = \frac{1}{2^{\frac{3}{2}}} = \frac{1}{2\sqrt{2}}.$$

À NOTER

$2^{\frac{3}{2}} = 2^{1+\frac{1}{2}} = 2 \times 2^{\frac{1}{2}} = 2\sqrt{2}$.

C'est pourquoi $\boldsymbol{P(X \geqslant 300) \approx 0,35}$.

4. X suivant une loi exponentielle de paramètre λ, $E(X) = \dfrac{1}{\lambda}$, donc $E(X) = \dfrac{200}{\ln(2)}$, soit $\boldsymbol{E(X) \approx 288}$. La durée de vie moyenne d'un composant est donc de **288 semaines environ.**

9 Statistiques à deux variables

Dans les régions où les nids de cigogne sont nombreux, il y a plus de naissances qu'ailleurs, c'est l'**effet cigogne**. Peut-on en conclure que ce sont les cigognes qui apportent les bébés ? Non, la corrélation n'entraîne pas la causalité...

25 Nuage de points et ajustement affine

En bref *On représente une série statistique à deux variables par un nuage de points et on cherche une droite passant « le plus près possible » des points du nuage.*

X et Y sont deux variables statistiques numériques dont les valeurs relevées sont respectivement $x_1, x_2, ..., x_n$ et $y_1, y_2, ..., y_n$.

I Nuage de points et point moyen

- **Définition :** Dans le plan muni d'un repère orthogonal, le **nuage de points** associé à la série statistique est l'ensemble des points $M_i(x_i\,;y_i)$, i entier entre 1 et n.
- **Définition :** Le **point moyen** est $G(\overline{x}\,;\overline{y})$, où $\overline{x}$ et $\overline{y}$ sont les moyennes des séries :

$$\overline{x} = \frac{x_1 + x_2 + ... + x_n}{n} \text{ et } \overline{y} = \frac{y_1 + y_2 + ... + y_n}{n}$$

II Ajustement affine

1 Droite de Mayer

On répartit, par abscisses croissantes, les points en **deux sous-nuages** de même effectif, éventuellement à une unité près ; G_1 et G_2 sont les points moyens des deux sous-nuages. La droite (G_1G_2) est appelée **droite de Mayer**.

2 Droite de régression de *y* en *x* ou droite des moindres carrés

- La somme des carrés des distances de chaque point du nuage au point de même abscisse de la **droite de regression de y en x** est minimale.

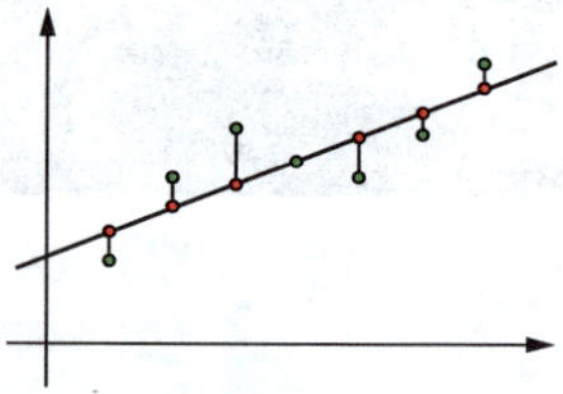

- Cette droite, déterminée par la **méthode des moindres carrés**, passe par le point moyen G et a pour équation réduite $y = ax + b$, avec :

$$a = \frac{\sigma_{xy}}{\sigma_x^2} \text{ et } b = \overline{y} - a\overline{x}$$

$$\text{où } \sigma_{xy} = \frac{1}{n}\sum_{i=1}^{n}(x_i - \overline{x})(y_i - \overline{y}) \text{ et } \sigma_x = \sqrt{\frac{1}{n}\sum_{i=1}^{n}x_i^2 - \overline{x}^2}$$

- **Application :** Si $y = ax + b$ est l'équation réduite d'une droite d'ajustement du nuage, on peut faire une **estimation** de la valeur v de Y associée à une valeur u de X autre que $x_1, x_2, ..., x_n$ en posant $v = au + b$.

Méthode

Déterminer deux ajustements affines d'une série statistique à deux variables

Le tableau ci-dessous donne l'évolution du nombre de PACS (pacte civil de solidarité), en milliers, conclus en France entre 2004 et 2010.

Année	2004	2005	2007	2008	2009	2010
Rang année x_i	0	1	3	4	5	6
Nombre milliers de PACS y_i	40,1	60,5	102	146	174,5	205,6

Tous les résultats numériques seront arrondis au centième.

a. Représenter le nuage de points associé à cette série. Calculer les coordonnées de son point moyen G et placer G sur le graphique.

b. Déterminer, à l'aide de la calculatrice, l'équation réduite de la droite de régression $\mathscr{D}$ obtenue par la méthode des moindres carrés et tracer cette droite sur le graphique.

c. Déterminer l'équation réduite de la droite de Mayer $\mathscr{D}'$ et tracer cette droite sur le graphique.

d. Vérifier que les droites $\mathscr{D}$ et $\mathscr{D}'$ passent par G.

CONSEILS

c. Déterminez les coordonnées des points moyens de deux sous-nuages.
d. Montrez que les coordonnées de G, déterminées à la question a., vérifient les équations de $\mathscr{D}$ et de $\mathscr{D}'$.

SOLUTION

a. G a pour coordonnées **(3,17 ; 121,45)**.

b. D'après la calculatrice, $\mathscr{D}$ a pour équation $y = 27{,}92x + 33{,}05$. Elle est tracée en bleu sur le graphique.

c. On partage le nuage en deux sous-nuages de 3 points chacun ; le premier a pour point moyen $G_1(1{,}33 ; 67{,}53)$, le deuxième a pour point moyen $G_2(5 ; 175{,}37)$. La droite de Mayer $\mathscr{D}'$ est (G_1G_2). Elle a pour équation $y = 29{,}38x + 28{,}45$; elle est tracée en rouge sur le graphique.

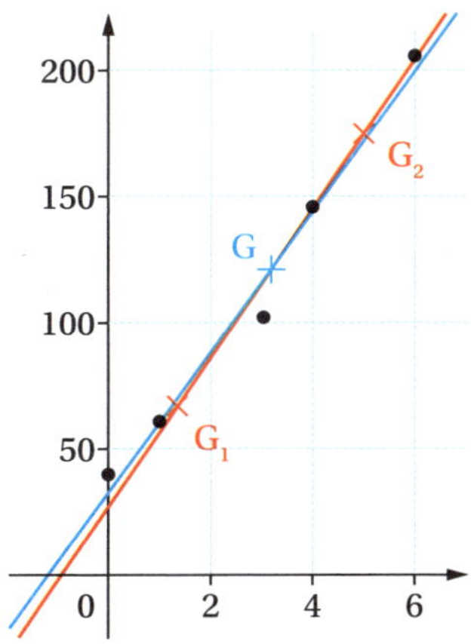

d. Avec l'équation $y = 27{,}92x + 33{,}05$, pour $x = 3{,}17$, on a $y = 121{,}55$, valeur voisine de l'ordonnée de G.

Avec l'équation $y = 29{,}38x + 28{,}45$, pour $x = 3{,}17$, on a $y = 121{,}58$, valeur voisine de l'ordonnée de G.

26 Coefficient de corrélation linéaire Autres ajustements

En bref *La pertinence d'un ajustement affine des variables X et Y peut être évaluée par le calcul de leur coefficient de corrélation linéaire. On peut alors envisager d'autres ajustements.*

I Coefficient de corrélation linéaire

- **Définition :** Le **coefficient de corrélation linéaire** des variables X et Y est :

$$r = \frac{\sigma_{xy}}{\sigma_x \sigma_y}$$

Comme pour σ_{xy} et σ_x → FICHE 25, on définit $\sigma_y = \sqrt{\frac{1}{n}\sum_{i=1}^{n} y_i^2 - \overline{y}^2}$.

- **Interprétation :** r est compris entre -1 et 1. Il mesure la « qualité » d'une régression linéaire entre X et Y. Plus précisément :

• si $|r|$ est proche de 1 (r proche de 1 ou de -1), la relation linéaire entre X et Y est forte, un ajustement linéaire est pertinent ;

• si $|r| = 1$, les points du nuage sont alignés ; si $r = 0$, il n'existe pas de relation linéaire entre X et Y, mais il peut exister une autre relation ;

• si $r > 0$, la droite d'ajustement a un coefficient directeur positif ; si $r < 0$, ce coefficient directeur est négatif.

À NOTER

Une **corrélation** entre X et Y n'est pas une « relation de cause à effet ». Souvent, X et Y sont corrélées parce qu'elles ont une cause commune.

II Ajustements se ramenant à un ajustement affine

- Si les points du nuage semblent proches d'une **hyperbole** d'équation $y = \frac{1}{ax+b}$, on pose, pour tout i, $z_i = \frac{1}{y_i}$. On détermine l'équation $z = ax + b$ d'une droite d'ajustement du nuage formé des points de coordonnées $(x_i\,;\,z_i)$ et on ajuste le nuage $(x_i\,;\,y_i)$ par la courbe d'équation $y = \frac{1}{ax+b}$.

- Si les points du nuage semblent proches d'une **courbe exponentielle**, on pose, pour tout i, $z_i = \ln(y_i)$. On détermine l'équation $z = Ax + B$ d'une droite d'ajustement du nuage formé des points de coordonnées $(x_i\,;\,z_i)$ et on ajuste le nuage $(x_i\,;\,y_i)$ par la courbe d'équation $y = be^{Ax}$, avec $b = e^B$.

MOT CLÉ

En posant $z_i = \frac{1}{y_i}$ ou $z_i = \ln(y_i)$, on fait un **changement de variable**.

Méthode

Réaliser un ajustement non linéaire d'un nuage de points

Le tableau ci-dessous donne l'évolution de la production d'énergie d'origine éolienne en France de 2000 à 2007 (exprimée en milliers de tonnes d'équivalent pétrole, ktep). Source : INSEE, avril 2008.

Année	2000	2002	2003	2004	2005	2006	2007
Rang année x_i	0	2	3	4	5	6	7
Production y_i	7	23	34	51	83	188	348

a. Calculer le coefficient de corrélation linéaire de X et Y. Un ajustement linéaire paraît-il approprié ?

b. Représenter le nuage de points associé à la série et justifier la pertinence d'un ajustement non linéaire.

c. Réaliser un ajustement exponentiel du nuage précédent.

CONSEILS

c. Calculez, pour tout entier i, le nombre $z_i = \ln(y_i)$ et déterminer l'équation réduite d'une droite d'ajustement du nuage formé des points de coordonnées $(x_i\,;\,z_i)$.

SOLUTION

a. D'après la calculatrice, le coefficient de corrélation linéaire de X et Y est $r = 0{,}843$ en arrondissant au millième.

$|r|$ n'est pas très proche de 1, **un ajustement affine ne semble pas approprié**.

b. Les points du nuage ci-contre semblent proches d'une courbe exponentielle, **un ajustement exponentiel paraît plus approprié** qu'un ajustement affine.

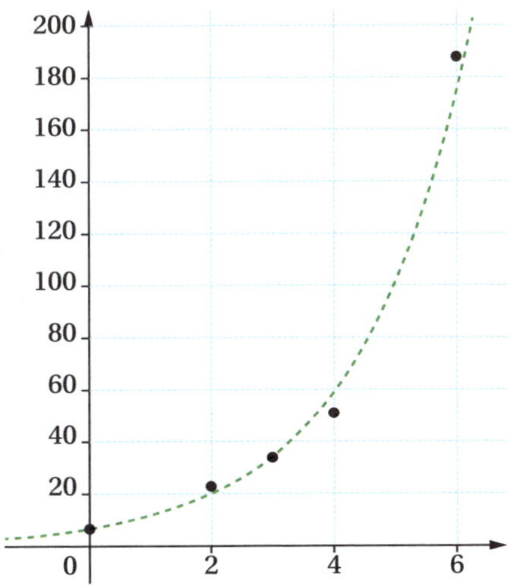

c. Pour tout i, on pose $z_i = \ln(y_i)$.

D'après la calculatrice, en arrondissant les coefficients au centième, la droite des moindres carrés ajustant le nuage formé des points de coordonnées $(x_i\,;\,z_i)$ a pour équation $z = 0{,}54x + 1{,}92$.

Or $e^{1{,}92} = 6{,}82$ (arrondi au centième).

Donc le nuage initial peut être ajusté par la courbe exponentielle d'équation $y = 6{,}82 \times e^{0{,}54x}$ (en pointillés sur le graphique).

MÉMO VISUEL

STATISTIQUES À

Comment ajuster un nuage de points par une droite ?

Ajustements affines

Droite de Mayer

La droite de Mayer est la droite (G_1G_2) où G_1 et G_2 sont les points moyens des deux sous-nuages obtenus en répartissant les points par abscisses croissantes.

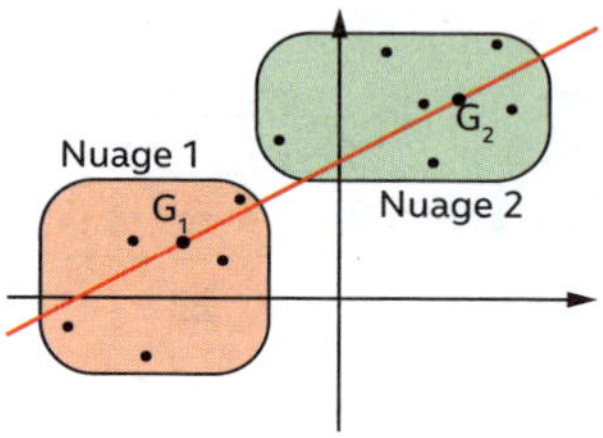

Droite des moindres carrés $\mathcal{D}$

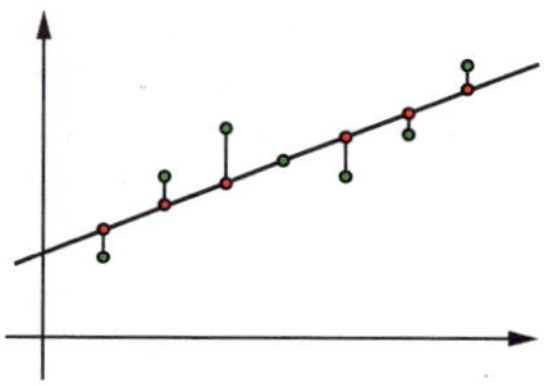

$\mathcal{D}$ minimise la somme des carrés des distances des points du nuage au point de $\mathcal{D}$ de même abscisse.

Elle est unique, d'équation $y = ax + b$, avec $a = \dfrac{\sigma_{xy}}{\sigma_x^2}$ et $b = \overline{y} - a\overline{x}$.

Quels autres ajustements peut-on réaliser ?

Ajustements non linéaires

Il existe plusieurs types d'ajustements. Dans tous les cas, on cherche une courbe qui passe « au plus près » des points du nuage.

- Une **hyperbole** d'équation $y = \dfrac{1}{ax+b}$ si le nuage formé des points de coordonnées $(x_i\,;\,\dfrac{1}{y_i})$ peut être ajusté par une droite.
- Une **courbe exponentielle** d'équation $y = b\,e^{Ax}$ si le nuage formé des points de coordonnées $(x_i\,;\,\ln(y_i))$ peut être ajusté par une droite.

Comment représenter graphiquement une série statistique à deux variables ?

Représentation graphique

Nuage de points

Le **nuage de points** est l'ensemble des points de coordonnées, $(x_i ; y_i)$ où $x_1, x_2, \ldots, x_n$ sont les valeurs relevées pour X et $y_1, y_2, \ldots, y_n$ les valeurs relevées pour Y.

Point moyen du nuage

- Le **point moyen** du nuage est le point $G(\overline{x} ; \overline{y})$,

avec $\overline{x} = \dfrac{x_1 + x_2 + \ldots + x_n}{n}$ et $\overline{y} = \dfrac{y_1 + y_2 + \ldots + y_n}{n}$.

- **Exemple :** Moyennes mensuelles d'un élève au cours des cinq premiers mois de l'année scolaire.

Mois x_i	1	2	3	4	5
Note y_i	8	9	12	12	13

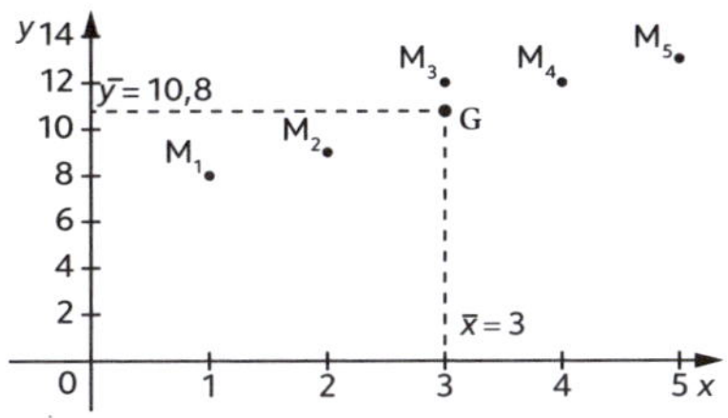

DEUX VARIABLES

Comment évaluer la pertinence d'un ajustement linéaire?

Coefficient de corrélation linéaire

On calcule le coefficient de corrélation linéaire : $r = \dfrac{\sigma_{xy}}{\sigma_x \sigma_y}$

Si $|r|$ est proche de 1, un ajustement affine est pertinent.

SE TESTER QUIZ

Vérifiez que vous avez bien compris les points clés des **fiches 25 et 26**.

1 Nuage de points et ajustement affine

→ FICHE 25

On considère la série statistique à deux variables suivante :

x_i	5	7	9	11	13
y_i	26	22	15	12	7

1. Les coordonnées du point moyen sont :

☐ **a.** (16,4 ; 9) ☐ **b.** (9 ; 16,4) ☐ **c.** (7,2 ; 16,4)

2. Une équation de la droite de régression de y en x obtenue par la méthode des moindres carrés est :

☐ **a.** $y = -2{,}4x + 38$

☐ **b.** $y = 2{,}4x + 38$

☐ **c.** $y = -2{,}4x + 9{,}7$

3. Lorsque X prend la valeur 14, quelle valeur peut-on estimer pour Y ?

☐ **a.** 6 ☐ **b.** 4,4 ☐ **c.** 2,5

2 Coefficient de corrélation linéaire

→ FICHE 26

1. Soit r le coefficient de corrélation linéaire de X et Y. Un ajustement linéaire de X et Y est approprié lorsque :

☐ **a.** r est voisin de 0

☐ **b.** r est voisin de -1 ou 1

☐ **c.** r est positif

2. On reprend les données de l'exercice 1. Le coefficient de corrélation linéaire r de X et Y est, en arrondissant au millième :

☐ **a.** $r = 0{,}994$ ☐ **b.** $r = -0{,}994$ ☐ **c.** $r = -0{,}952$

3 Autres ajustements

→ FICHE 26

Un ajustement exponentiel du nuage formé des points de coordonnées $(x_i\,;\,y_i)$ est approprié lorsque le nuage formé des points de coordonnées $(x_i\,;\,z_i)$ peut être ajusté par une droite, avec pour tout i :

☐ **a.** $z_i = \frac{1}{y_i}$ ☐ **b.** $z_i = e^{y_i}$ ☐ **c.** $z_i = \ln(y_i)$

DÉMONSTRATION CLÉ

4 Déterminer le coefficient directeur de la droite des moindres carrés

→ FICHE 25

Les notations sont les mêmes que dans la fiche 25. Δ est la droite des moindres carrés du nuage, d'équation $y = ax + b$.

On admet que Δ passe par G, le point moyen du nuage.

a. Montrer que $b = \overline{y} - a\overline{x}$.

b. Déterminer, en fonction de a, la somme $\varphi(a)$ des carrés des distances de chaque point du nuage au point de la droite de même abscisse.

c. Étudier les variations sur $\mathbb{R}$ de la fonction $\varphi : a \mapsto \varphi(a)$ et en déduire la valeur de a pour laquelle φ atteint son minimum.

À NOTER

La méthode des moindres carrés a été élaborée presque simultanément mais indépendamment par les mathématiciens Legendre (1752-1833) et Gauss (1777-1855) au début du XIXe siècle.

S'ENTRAÎNER

5 Comparer prix et superficie dans l'immobilier

→ FICHE 25

Le tableau suivant donne la superficie (en m^2) et le prix de vente (en centaines d'euros) de 10 appartements anciens vendus une année donnée dans une petite ville (classés par superficies croissantes) :

Superficie	32	36	38	42	45	65	70	80	90	110
Prix de vente	330	370	400	430	450	660	680	780	850	1050

a. Le prix de vente d'un appartement est-il proportionnel à sa superficie ? Justifier la réponse.

b. Représenter dans un repère orthogonal le nuage de points associé au tableau précédent.

On pourra adopter les unités graphiques suivantes :

– sur l'axe des abscisses : 1 cm pour 10 m^2 ;

– sur l'axe des ordonnées : 1 cm pour 10 000 €.

c. Calculer les coordonnées du point moyen G du nuage et placer G sur le graphique précédent.

d. Déterminer une équation de la droite de régression de y en x obtenue par la méthode des moindres carrés (arrondir les coefficients au centième).

e. À l'aide de l'équation obtenue à la question précédente :
• estimer (à 100 € près) le prix de vente d'un appartement de 150 m^2 dans cette ville ;
• estimer, au mètre carré près, la surface d'un appartement de cette ville vendu 160 000 €.

6 Déterminer par interpolation une quantité et un bénéfice

→ FICHE 25

On considère la série statistique résumée par le tableau suivant, où x est le prix de vente d'un produit en € par kg, y la quantité vendue, en tonnes, au prix x, et z le bénéfice, en milliers d'euros, engendré par cette vente au prix de x € par kg :

x (en € par kg)	6	6,7	7,3	8,5	9
y (en tonnes)	8	6,5	5,5	3	2
z (en milliers d'€)	−1	2	4	9	11

a. À l'aide de la calculatrice, déterminer l'équation réduite de la droite de régression de y en x par la méthode des moindres carrés. On arrondira les coefficients au centième.

b. À l'aide de la calculatrice, déterminer l'équation réduite de la droite de régression de z en x par la méthode des moindres carrés. On arrondira les coefficients au centième.

c. Interpolations : À l'aide des deux questions précédentes, estimer la quantité vendue pour un prix de 7 € par kg, puis le bénéfice engendré par cette vente.

7 Comparer l'offre et la demande

→ FICHE 25

Une société a développé un logiciel de gestion. Elle réalise une étude de marché pour connaître le nombre d'acheteurs potentiels suivant le prix de vente proposé. Les résultats sont résumés dans le tableau ci-dessous :

Prix de vente x_i (en €)	190	350	360	420	450	490	500	680
Nombre clients potentiels y_i	180	140	140	120	110	100	90	80

a. Représenter dans un repère orthogonal le nuage de points associé à cette série en plaçant l'origine au point de coordonnées (200 ; 60) et en prenant comme unité 1 cm pour 50 € en abscisse, 1 cm pour 10 acheteurs en ordonnée.

b. Point moyen : Calculer les coordonnées du point moyen G du nuage et placer G sur le graphique précédent.

c. Droite de Mayer :
• Déterminer les coordonnées du point moyen G_1 des quatre premiers points du nuage, puis les coordonnées du point moyen G_2 des quatre derniers points.
• Déterminer l'équation réduite de la droite (G_1G_2), appelée droite de Mayer, et tracer cette droite sur le graphique.
• Vérifier que la droite de Mayer passe par le point moyen.

d. Droite de régression de y en x : Déterminer à l'aide de la calculatrice l'équation réduite de la droite de régression de y en x obtenue par la méthode des moindres carrés. Arrondir les coefficients à 0,01 près.

e. Estimations :

• En utilisant chacun des ajustements précédents, estimer le nombre d'acheteurs potentiels si le prix de vente du logiciel est 400 €.

• Selon ces deux modèles, peut-on raisonnablement envisager de vendre le logiciel au prix de 850 € ? Justifier la réponse.

8 Prévoir le nombre de spectateurs

→ FICHES 25 et 26

Une salle de spectacle comporte 2 000 places. Lors du lancement d'un nouveau spectacle, le directeur du lieu note chaque jour, pendant la première semaine, le nombre de spectateurs. Les résultats sont consignés dans le tableau suivant :

Rang du jour x_i	1	2	3	4	5	6	7
Nombre de spectateurs y_i	975	1 025	1 100	1 225	1 275	1 350	1 450

a. Quel est le pourcentage d'évolution du nombre de spectateurs entre le premier et le septième jour ? Arrondir le résultat au dixième.

b. Dans le plan muni d'un repère orthogonal, représenter le nuage de points associé à cette série, en prenant comme unités 2 cm pour 1 jour en abscisse et 1 cm pour 50 spectateurs en ordonnée, et en commençant la graduation de l'axe des ordonnées à 800.

c. La forme du nuage permet-elle d'envisager un ajustement affine ? Confirmer en calculant un coefficient de corrélation linéaire.

d. Calculer les coordonnées du point moyen G du nuage et placer G sur le graphique précédent.

e. Déterminer à l'aide de la calculatrice l'équation réduite de la droite de régression de y en x obtenue par la méthode des moindres carrés (arrondir les coefficients au dixième) et placer cette droite sur le graphique.

f. On admet que la tendance se poursuit suivant le modèle établi précédemment.

• Combien peut-on prévoir de spectateurs le dixième jour de spectacle ?

• Au bout de combien de jours la salle affichera-t-elle complet ? Combien de personnes devra-t-on refuser ce jour- là ?

9 Estimer la distance d'arrêt d'un véhicule

→ FICHES 25 et 26

On a étudié expérimentalement la distance d'arrêt d'un véhicule suivant sa vitesse. Pour six expériences, on a obtenu les résultats ci-dessous :

Vitesse v_i (en km/h)	27	43	62	80	98	115
Distance d'arrêt y_i (en m)	6,8	20,5	35,9	67,8	101,2	135,8

Partie A Ajustement affine

a. Représenter le nuage de points associé à cette série.

b. Déterminer à l'aide de la calculatrice l'équation réduite de la droite de régression de y en v obtenue par la méthode des moindres carrés (arrondir les coefficients au centième), puis, à l'aide de cet ajustement, estimer la distance d'arrêt d'un véhicule roulant à 150 km/h.

c. Un nouvel essai est réalisé, dans les mêmes conditions que les précédents ; un véhicule roulant à 150 km/h s'arrête après avoir roulé 224,3 mètres. L'estimation précédente semble-t-elle satisfaisante ?

Partie B Autre ajustement

Pour i entier entre 1 et 6, on pose $x_i = v_i^2$.

a. Avec la calculatrice, déterminer l'équation réduite de la droite de régression de y en x (arrondir les coefficients au centième).

b. À l'aide de l'équation précédente, donner une estimation de la valeur de y lorsque $v = 150$, c'est-à-dire $x = 150^2$. Ce résultat est-il compatible avec la mesure donnée à la question c. de la partie A ?

c. Donner une formule permettant d'estimer la distance d'arrêt y (en mètres) en fonction de la vitesse v (en km/h). Tracer la courbe correspondante sur le graphique.

d. Estimer la vitesse correspondant à une distance d'arrêt de 180 mètres.

10 Prévoir un coût unitaire de fabrication

→ FICHES 25 et 26

Une entreprise fabrique et commercialise des engins. Le prix de revient théorique de fabrication est composé de b € de frais fixes, et a € par engin fabriqué, soit au total $b + na$ (en €) pour n engins produits.

a. Exprimer, en fonction du nombre total n d'engins fabriqués, le prix de revient théorique y de fabrication d'un engin.

b. On a relevé, pour différentes valeurs de n, le prix de revient de la fabrication d'un engin :

n_i	1	2	3	4	5	6	7	8	9	10
y_i	1 504	809	540	438	375	320	290	254	231	212

Représenter dans un repère le nuage de points M_i de coordonnées $(n_i\,;\,y_i)$. Un ajustement affine de ce nuage paraît-il justifié ?

c. Pour i entier entre 1 et n, on pose $x_i = \dfrac{1}{n_i}$.

Représenter le nuage de points P_i de coordonnées $(x_i\,;\,y_i)$ dans un repère orthogonal, en prenant comme unités : 1 cm pour 0,1 unité en abscisse et 1 cm pour 100 € en ordonnée. Un ajustement affine de ce nuage semble-t-il justifié ?

d. Déterminer à l'aide de la calculatrice l'équation réduite de la droite d'ajustement de y en x par la méthode des moindres carrés (arrondir les coefficients au centième).

e. À l'aide de cet ajustement, quelle estimation peut-on donner du prix de revient de fabrication d'un engin si on en fabrique 20 ?

OBJECTIF BAC

11 Étudier l'évolution de la valeur d'une machine

50 min

→ FICHES 2, 11, 25 et 26

Dans ce sujet, on modélise de deux façons différentes l'évolution de la valeur d'une machine en s'appuyant sur une série de données. La première méthode utilise une régression linéaire, la deuxième une suite géométrique.

LE SUJET

Une entreprise a acheté une machine en 2007 au prix de 50 000 €. L'un des responsables financiers a noté chaque année jusqu'en 2012 la valeur de cette machine sur le marché de l'occasion. Les résultats sont notés dans le tableau suivant :

Année	2007	2008	2009	2010	2011	2012
Rang année (x_i)	0	1	2	3	4	5
Valeur machine en € (y_i)	50 000	42 000	36 000	32 000	26 500	22 000

Partie A Ajustement affine et prévisions

1. Représenter le nuage de points $(x_i ; y_i)$ dans un repère orthogonal. Au vu de ce nuage, un ajustement affine paraît-il approprié ?

2. Calculer le coefficient de corrélation linéaire r de X et Y et confirmer la conclusion de la question précédente.

3. À l'aide de la calculatrice, déterminer une équation de la droite d'ajustement de y en x obtenue par la méthode des moindres carrés (arrondir les coefficients à l'unité).

4. Pour la suite de l'exercice, on retient comme ajustement affine la droite Δ d'équation $y = -5\,440x + 48\,400$. Tracer la droite Δ sur le graphique.

5. En supposant que le modèle reste valable pour les cinq années suivantes, donner une estimation de la valeur de la machine en 2014, puis en 2017. Commenter ce dernier résultat.

6. Selon ce modèle, à partir de quelle année la valeur de la machine devient-elle inférieure ou égale à 5 000 € ?

Partie B Suite géométrique et prévisions

1. a. Déterminer le pourcentage de diminution de la valeur de la machine de 2007 à 2012.

b. Le service comptable de l'entreprise affirme que, de 2007 à 2012, la machine s'est dépréciée d'environ 15 % par an. Justifier cette affirmation.

2. On suppose qu'à partir de 2012, la baisse annuelle de la valeur de la machine sera toujours de 15 % par an. On modélise cette valeur par la suite (v_n), avec $v_0 = 22\ 000$ (valeur de la machine, en €, en 2012) et, pour tout entier naturel n, v_n la valeur estimée de la machine (en €) n années après 2012.

Montrer que la suite (v_n) est une suite géométrique et donner l'expression de v_n en fonction de n.

3. En supposant que ce modèle reste valable pour les cinq années suivantes, donner une estimation de la valeur de la machine en 2014, puis en 2017.

4. Selon ce modèle, à partir de quelle année la valeur de la machine devient-elle inférieure ou égale à 5 000 € ?

LIRE LE SUJET

Partie A

1. Il faut regarder la forme générale du nuage.

2. On doit évaluer la pertinence d'un ajustement affine en comparant $|r|$ à 1.

3. Il faut commencer par déterminer les valeurs de x correspondant aux années 2014 et 2017, puis calculer dans ces deux cas la valeur de y correspondante.

Partie B

1. a. On calcule la différence de valeur entre 2007 et 2012. Il s'agit alors de déterminer ce que représente, en pourcentage, cette différence par rapport à la valeur initiale.

b. Il faut déterminer l'évolution globale correspondant à 5 baisses annuelles de 85 %.

2. On détermine l'expression de v_{n+1} en fonction de v_n puis celle de v_n en fonction de n.

3. On utilise l'expression de v_n pour calculer les estimations de la valeur de la machine en 2014 et 2017.

4. On résout une inéquation pour trouver le rang à partir duquel la valeur est inférieure ou égale à 5 000 €.

LA FEUILLE DE ROUTE

Partie A

1. Représenter un nuage de points → FICHE 25

Choisissez des unités adaptées : par exemple 1 cm pour une année sur l'axe des abscisses et 1 cm pour 1 000 € sur l'axe des ordonnées.

2. Calculer et interpréter un coefficient de corrélation linéaire → FICHE 26

On calcule le coefficient à l'aide de la calculatrice ; on peut prévoir son signe en observant le sens de l'évolution de la valeur de la machine d'année en année. Un ajustement affine est justifié si $|r|$ est proche de 1.

3. Déterminer la droite des moindres carrés d'un nuage de points → FICHE 25

On utilise la calculatrice. Le signe du coefficient directeur est prévisible.

4. Tracer une droite

Pour tracer Δ, il suffit de calculer les coordonnées de deux de ses points et de placer ces points sur le graphique.

5. Déterminer deux estimations → FICHE 25

L'année 2014 correspond à $x = 7$, l'année 2017 à $x = 10$. Vérifiez ensuite la cohérence des résultats.

6. Déterminer l'année à partir de laquelle la valeur est inférieure à un nombre donné

Écrivez et résolvez une inéquation.

Partie B

1. a. Déterminer un pourcentage d'évolution

La machine valait initialement 50 000 €, au bout de 5 ans elle a diminué de 28 000 €.

b. Justifier un pourcentage moyen d'évolution

Lors d'évolutions successives, le coefficient multiplicateur global est égal au produit des coefficients multiplicateurs.

2. Montrer qu'une suite est une suite géométrique → FICHE 2

On doit montrer qu'il existe un nombre q indépendant de n tel que, pour tout entier naturel n, on a $v_{n+1} = q \times v_n$. On sait d'autre part qu'une quantité qui diminue de 15 % est multipliée par 0,85.

3. Déterminer deux estimations

L'année 2014 correspond à $n = 2$, l'année 2017 à $n = 5$.

4. Déterminer le rang à partir duquel les termes d'une suite sont inférieurs à un nombre donné → FICHE 11

On peut utiliser la calculatrice afin de calculer les termes successifs de la suite (v_n). On peut aussi utiliser la fonction logarithme népérien.

CORRIGÉS

SE TESTER QUIZ

1 Nuage de points et ajustement affine

1. Réponse b. G a pour coordonnées $(\overline{x}\ ;\ \overline{y})$ avec $\overline{x} = \dfrac{5+7+9+11+13}{5} = 9$ et $\overline{y} = \dfrac{26+22+15+12+7}{5} = 16{,}4$.

2. Réponse a. $y = -2{,}4x + 38$ d'après la calculatrice.

3. Réponse b. Si $x = 14$, on peut estimer $y = -2{,}4 \times 14 + 38$, soit $y = 4{,}4$.

2 Coefficient de corrélation linéaire

1. Réponse b. Plus $|r|$ est voisin de 1, plus la relation linéaire (positive ou négative) entre les deux variables est forte.

Si r est voisin de 0, il n'y a pratiquement pas de relation linéaire (mais il peut y avoir une relation d'un autre type).

Si r est positif, cela signifie simplement que la relation entre les deux variables est positive, c'est-à-dire que les valeurs de l'une augmentent lorsque les valeurs de l'autre augmentent.

2. Réponse b. $r = -0{,}994$ d'après la calculatrice.

Remarques :

- r est voisin de -1, donc un ajustement linéaire est approprié ;
- d'après le tableau, lorsque x_i augmente, y_i diminue, donc $r < 0$; la réponse **a.** peut être éliminée d'office.

3 Autres ajustements

Réponse c. En effet : $z = ax + b \Leftrightarrow e^z = e^b e^{ax} \Leftrightarrow y = e^b e^{ax}$ avec $y = e^z$, soit $z = \ln(y)$.

DÉMONSTRATION CLÉ

4 Déterminer le coefficient directeur de la droite des moindres carrés

a. Puisque $G(\overline{x}\,;\ \overline{y})$ appartient à Δ, alors ses coordonnées vérifient l'équation de Δ, donc $\overline{y} = a\overline{x} + b$, donc $b = \overline{y} - a\overline{x}$.

b. On a $\varphi(a) = \sum_{i=1}^{n}(y_i - a x_i - b)^2$.

D'après la question précédente, pour tout entier i compris entre 1 et n :

$y_i - ax_i - b = y_i - ax_i - \overline{y} + a\overline{x} = y_i - \overline{y} - a(x_i - \overline{x})$.

$(y_i - ax_i - b)^2 = (y_i - \overline{y})^2 - 2a(x_i - \overline{x})(y_i - \overline{y}) + a^2(x_i - \overline{x})^2$.

Donc $\varphi(a) = \sum_{i=1}^{n}(y_i - \overline{y})^2 - 2a\sum_{i=1}^{n}(x_i - \overline{x})(y_i - \overline{y}) + a^2\sum_{i=1}^{n}(x_i - \overline{x})^2$.

Or, $\sum_{i=1}^{n}(x_i - \overline{x})^2 = \sum_{i=1}^{n}x_i^2 - n\overline{x}^2 = n\sigma_x^2$.

D'où, avec les notations de la fiche 25 : $\varphi(a) = n\sigma_y^2 - 2an\sigma_{xy} + na^2\sigma_x^2$.

c. n, σ_x, σ_y et σ_{xy} sont des constantes, $\varphi(a)$ est un polynôme du second degré en a.

Pour tout réel a, $\varphi'(a) = 2an\sigma_x^2 - 2n\sigma_{xy}$. Donc $\varphi'(a) = 0 \Leftrightarrow a = \dfrac{\sigma_{xy}}{\sigma_x^2}$.

La fonction $\varphi : a \mapsto \varphi(a)$ **atteint son minimum en** $a = \dfrac{\sigma_{xy}}{\sigma_x^2}$.

Cette valeur de a minimise la somme des carrés des distances de chaque point du nuage au point de la droite de même abscisse, c'est le coefficient directeur de la droite des moindres carrés.

S'ENTRAÎNER

5 Comparer prix et superficie dans l'immobilier

a. On peut constater de différentes manières que le prix de vente d'un appartement n'est pas proportionnel à sa superficie :

– le prix de vente d'un appartement de 90 m^2 n'est pas le double du prix de vente d'un appartement de 45 m^2, alors que $90 = 2 \times 45$;

– le quotient du prix de vente par la superficie représente le prix de vente au m^2. Pour un appartement de 32 m^2, le prix de vente au m^2 est 10,31 centaines d'euros ; pour un appartement de 110 m^2, on obtient 9,55 centaines d'euros par m^2. S'il y avait proportionnalité, le prix au m^2 serait le même quelle que soit la surface.

b. Le nuage de points est représenté sur le graphique ci-dessous.

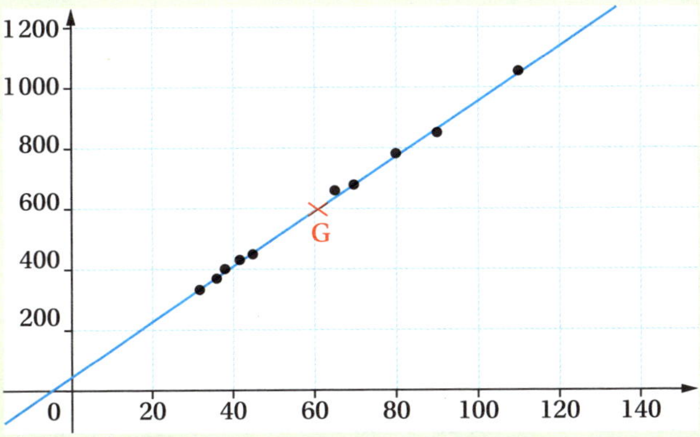

c. Le point moyen est **G(60,8 ; 600)** (en rouge sur le graphique).

d. On remarque que la forme du nuage justifie un ajustement affine.

D'après la calculatrice, une équation de la droite de régression de y en x obtenue par la méthode des moindres carrés est (en arrondissant les coefficients au centième) : $y = 9{,}11x + 46{,}2$ (en bleu sur le graphique).

e. • Pour un appartement de 150 m^2, on a $x = 150$, on calcule $y = 9{,}11 \times 150 + 46{,}2$, soit $y = 1\ 412{,}7$. Cela signifie qu'un appartement de 150 m^2 sera vendu environ **141 300 €.**

• Pour un appartement vendu 160 000 €, on a $y = 1\ 600$. On résout l'équation $9{,}11x + 46{,}2 = 1\ 600$. La solution est $x \approx 171$. Selon ce modèle, un appartement vendu 160 000 € a une superficie d'environ **171 m^2**.

6 Déterminer par interpolation une quantité et un bénéfice

a. D'après la calculatrice, la droite de régression de y en x par la méthode des moindres carrés a pour équation $\mathbf{y = -1{,}99x + 19{,}93}$.

b. D'après la calculatrice, la droite de régression de z en x par la méthode des moindres carrés a pour équation $\mathbf{z = 3{,}98x - 24{,}85}$.

c. Des deux questions précédentes, on déduit que, pour un prix de 7 € par kg :

• on a $y = -\ 1{,}99 \times 7 + 19{,}93 = 6$; on devrait donc vendre **6 tonnes** du produit ;

• on a $z = 3{,}98 \times 7 - 24{,}85 = 3{,}01$; on réalise un bénéfice d'environ **3 010 €.**

À NOTER

Ce résultat est cohérent avec les données : lorsque x augmente, y diminue (plus le produit est cher, moins on en vend). Il est donc normal que la droite d'ajustement ait un coefficient directeur négatif.

7 Comparer l'offre et demande

a. Le nuage de points est représenté sur le graphique ci-dessous.

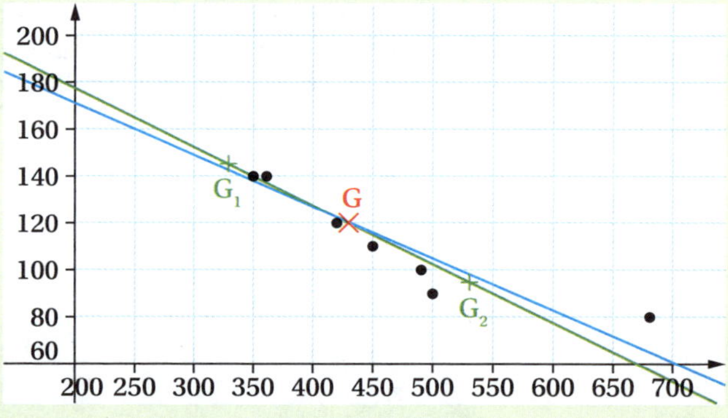

b. Le point moyen de ce nuage est **G(430 ; 120)**, il est en rouge sur le graphique.

c. On a **G_1(330 ; 145)** et **G_2(530 ; 95)**.

La droite de Mayer est la droite (G_1G_2) ; elle a pour équation $y = mx + p$, avec $m = \dfrac{95 - 145}{530 - 330} = -0{,}25$ et $p = 145 - 330 \times (-0{,}25) = 227{,}5$.

La droite de Mayer du nuage a donc pour équation $\mathbf{y = -0{,}25x + 227{,}5}$.

Cette droite est tracée en vert sur le graphique.

Dans l'équation $y = -0{,}25x + 227{,}5$, si on remplace x par 430, on trouve $y = 120$. Donc **G appartient à la droite de Mayer**.

À NOTER

Lorsque le prix de vente du logiciel augmente, le nombre de clients potentiels diminue, donc toute droite d'ajustement du nuage a un coefficient directeur négatif.

d. À l'aide de la calculatrice, on obtient que l'équation réduite de la droite de régression de y en x par la méthode des moindres carrés, en arrondissant les coefficients à 0,01 près, est :

$$y = -0{,}22x + 214{,}64.$$

Cette droite est tracée en bleu sur le graphique.

e. • Pour $x = 400$ (logiciel proposé au prix de 400 €), on obtient environ **128 acheteurs** potentiels avec la première estimation, environ **127 acheteurs** potentiels avec la deuxième estimation.

• Pour $x = 850$ (logiciel proposé au prix de 850 €), on obtient environ **15 acheteurs** potentiels avec la première estimation, environ **28 acheteurs** potentiels avec la deuxième estimation.

Vu le faible nombre d'acheteurs potentiels, il ne semble pas raisonnable de vendre le logiciel au prix de 850 €.

8 Prévoir le nombre de spectateurs

a. Le premier jour il y a 975 spectateurs, le 7e il y en a 1 450.

$$\frac{1450 - 975}{975} \approx 0{,}49.$$

Donc entre le premier et le septième jour, **le nombre de spectateurs a augmenté d'environ 49 %.**

b. Le nuage est représenté ci-contre.

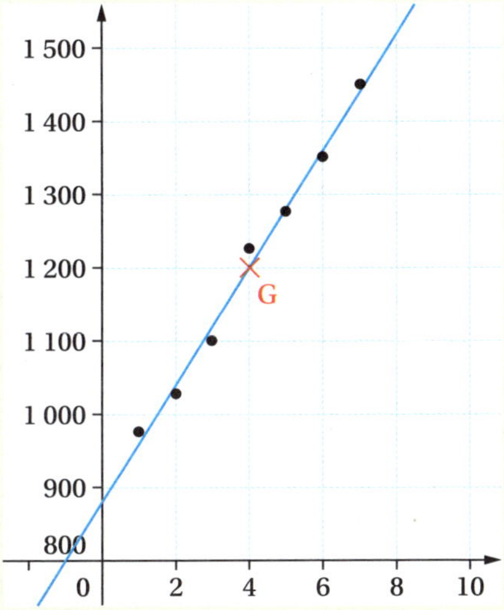

c. Les points du nuage sont presque alignés, un ajustement affine est envisageable.

D'après la calculatrice, le coefficient de corrélation linéaire r de X et Y est $r = 0{,}995$ en arrondissant au millième ; r est voisin de 1, ce qui signifie que la relation linéaire entre ces deux variables est forte, **un ajustement affine est donc approprié.**

d. Le point moyen du nuage est **G(4 ; 1 200).** Il est représenté en rouge sur le graphique.

e. D'après la calculatrice, la droite de régression de y en x par la méthode des moindres carrés a pour équation $y = 80{,}36x + 878{,}57$. Cette droite est tracée en bleu sur le graphique.

f. Avec le modèle précédent :

• Pour $x = 10$, on obtient $y = 80{,}36 \times 10 + 878{,}57$, soit environ **1 682 spectateurs** prévus pour le dixième jour de spectacle.

• La salle affiche complet si et seulement si $80{,}36\,x + 878{,}57 \geqslant 2\,000$. Cette inéquation équivaut à $x \geqslant \frac{2000 - 878{,}57}{80{,}36}$, soit, puisque x est un nombre entier, $x \geqslant 14$.

Si l'évolution se poursuit de la même manière, **au bout de 14 jours** le nombre de personnes souhaitant assister au spectacle sera supérieur à la capacité de la salle.

Avec le modèle envisagé, le 14ᵉ jour le nombre de personnes qui souhaitent voir le spectacle sera 80,36 × 14 + 878,57, soit environ 2 004 personnes ; donc ce jour-là **on devra refuser 4 personnes**.

9 Estimer la distance d'arrêt d'un véhicule

Partie A Ajustement affine

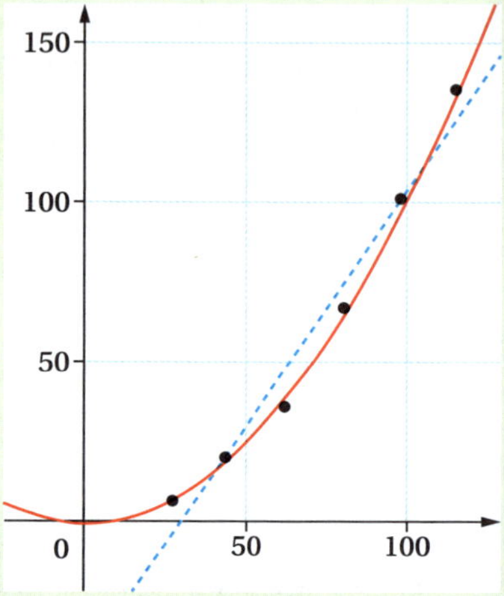

a. Le nuage de points est représenté ci-contre.

b. D'après la calculatrice, la droite de régression de y en v obtenue par la méthode des moindres carrés a pour équation $y = 1{,}48v - 43{,}16$. Elle est tracée en pointillés bleus sur le graphique.

À l'aide de cette équation, on obtient, pour $v = 150$, $y = 178{,}84$.

c. L'estimation précédente **ne semble pas satisfaisante** ; la distance estimée est très inférieure à celle observée.

Partie B Autre ajustement

a. Avec la calculatrice, on obtient que la droite de régression de y en x a pour équation :
$y = 0{,}01x - 0{,}47$.

b. Pour $x = 150^2$, on obtient $y = 224{,}53$, qui est conforme à la mesure donnée à la question c. de la partie A.

c. Puisque $x = v^2$, on obtient la formule $y = 0{,}01v^2 - 0{,}47$. La courbe associée est une parabole, elle est représentée en rouge) sur le graphique. On observe graphiquement qu'elle semble donner un meilleur ajustement du nuage que la droite de la partie A.

d. Pour $y = 180$, on a $0{,}01v^2 - 0{,}47 = 180$, soit $v^2 = \dfrac{180{,}47}{0{,}01}$. On en déduit $v \approx 134$.

La distance d'arrêt est égale à 180 m pour une vitesse d'environ **134 km/h**.

10 Prévoir un coût unitaire de fabrication

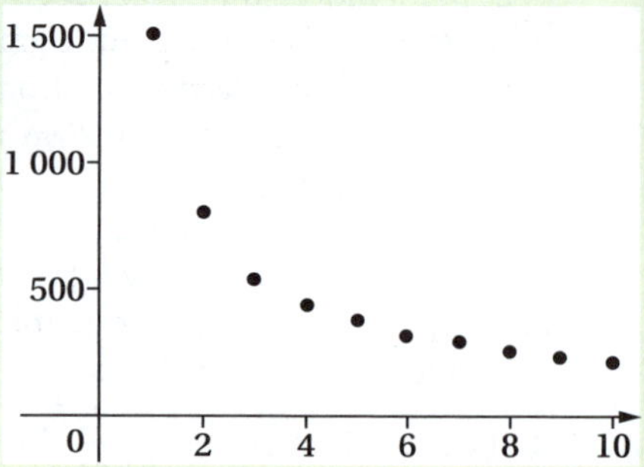

a. Si, pour n engins produits, le prix de revient théorique est au total, en euros, $b + na$, alors le prix de revient théorique y de fabrication d'un engin est, en euros, $\dfrac{b}{n} + a$.

b. Le nuage des points M_i est représenté ci-contre. Compte-tenu de sa forme, un ajustement affine ne semble pas approprié.

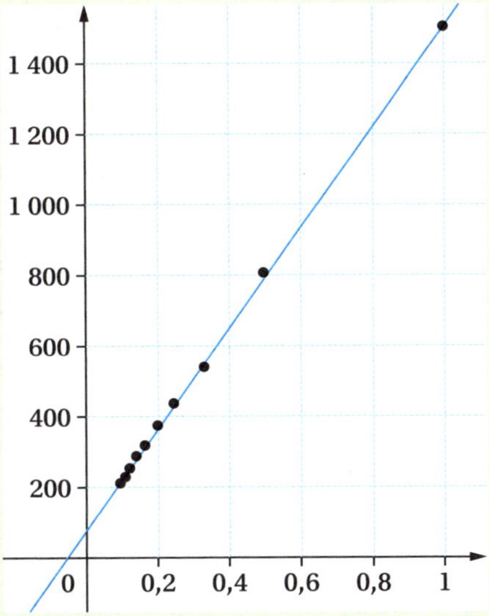

c. Le nuage des points P_i est représenté ci-contre. Il a une forme plus « rectiligne » que le précédent, **un ajustement affine paraît envisageable.**

d. D'après la calculatrice, la droite d'ajustement de y en x par la méthode des moindres carrés a pour équation :

$y = 1\,430{,}59x + 78{,}28$.

Elle est représentée en bleu sur le graphique.

e. Si on fabrique 20 engins, $n = 20$ donc $x = \frac{1}{20} = 0{,}05$. On peut alors estimer :

$y = 1430{,}59 \times 0{,}05 + 78{,}28$, soit $y \approx 149{,}81$.

Si on fabrique 20 engins, le prix de revient d'un engin est **environ 149,81 €.**

OBJECTIF BAC

11 Étudier l'évolution de la valeur d'une machine

Partie A Ajustement affine et prévisions

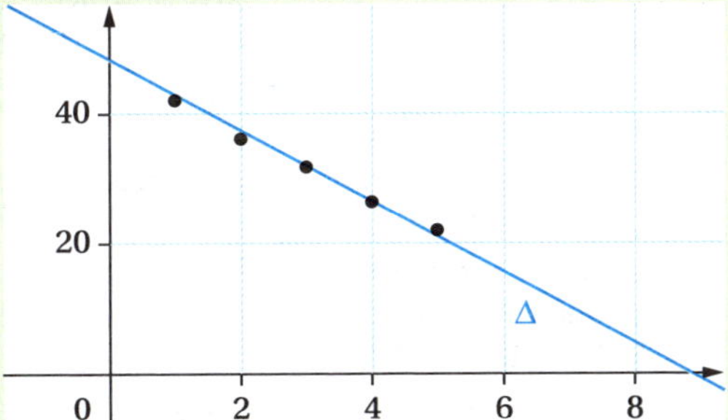

1. Le nuage de points est représenté ci-contre. Il est plutôt « rectiligne ». Un ajustement affine (négatif) semble **approprié.**

2. D'après la calculatrice, le coefficient de corrélation est $r \approx -0{,}994$, il est voisin de -1 et négatif, **ce qui confirme la conclusion précédente.**

3. D'après la calculatrice, la droite de régression de y en x a pour équation $y = -5\,443x + 48\,357$.

4. Δ a pour équation $y = -5\,440x + 48\,400$. Elle passe par les points de coordonnées (0 ; 48 400) et (5 ; 21 200). Δ est tracée en bleu sur le graphique.

5. Pour avoir une estimation de la valeur de la machine en 2014, on calcule y avec $x = 7$. On obtient $y = -5\,440 \times 7 + 48\,400$, soit $y = 10\,320$.

Cela signifie que le modèle donne comme estimation **10 320 €** pour la valeur de la machine en 2014.

Pour 2017 on fait le même calcul avec $x = 10$.

On a $y = -5\,440 \times 10 + 48\,400$, soit $y = -6\,000$. La valeur de la machine ne peut pas être négative, **le modèle considéré n'est plus valable en 2017.**

6. Pour déterminer l'année à partir de laquelle la valeur de la machine devient inférieure ou égale à 5 000 €, on résout l'inéquation $-5\,440x + 48\,400 \leqslant 5\,000$, qui équivaut à $x \geqslant \frac{43400}{5440}$, avec $\frac{43400}{5440} \approx 7{,}978$.

On en déduit donc que, selon ce modèle, c'est au bout de 8 années, c'est-à-dire **à partir de 2015**, que la valeur de la machine devient inférieure ou égale à 5 000 €.

Partie B Suite géométrique et prévisions

1. a. De 2007 à 2012, la valeur de la machine passe de 50 000 € à 22 000 €.

$\frac{50000 - 22000}{50000} = 0{,}56$. De 2007 à 2012, **la valeur de la machine diminue de 56 %.**

b. Le coefficient multiplicateur global, par lequel on multiplie la valeur initiale de la machine pour trouver sa valeur en 2012, est donc $1 - \frac{56}{100}$, soit 0,44.

Une baisse de 15 %, correspondant au pourcentage annuel de baisse annoncé par le service comptable, est associée à un coefficient multiplicateur égal à $1 - \frac{15}{100}$, soit 0,85.

5 baisses successives de 15 % correspondent donc globalement à un coefficient multiplicateur égal à $0{,}85^5$, soit environ 0,44.

Une baisse de 44 % sur 5 ans correspond donc bien à 5 baisses annuelles successives de 15 %.

2. Si, à partir de 2012, la baisse annuelle de la valeur de la machine est de 15 % par an et si, pour tout entier naturel n, v_n est la valeur estimée de la machine (en €) n années après 2012, on a, pour tout n, $v_{n+1} = 0{,}85 v_n$. La suite **(v_n) est donc géométrique de raison 0,85.**

$v_0 = 22\,000$, donc, pour tout entier naturel n, $v_n = 22\,000 \times 0{,}85^n$.

3. Pour 2014, $n = 2$ et $v_2 = 22\,000 \times 0{,}85^2 = 15\,895$;
pour 2017, $n = 5$ et $v_5 = 22\,000 \times 0{,}85^5 \approx 9\,761{,}52$.

Ce modèle permet donc d'estimer une valeur égale à **15 895 € en 2014** et à environ **9 716,52 € en 2017.**

4. Pour déterminer l'année à partir de laquelle la valeur de la machine devient inférieure ou égale à 5 000 €, on résout $22\,000 \times 0{,}85^n \leqslant 5\,000$.

• On peut utiliser la calculatrice, faire afficher un tableau de valeurs des termes de la suite (v_n) et déterminer l'indice du premier terme inférieur ou égal à 5 000. On trouve $v_9 \approx 5\,096$ et $v_{10} \approx 4\,331$. Selon ce modèle, c'est donc au bout de 10 ans après 2012, **en 2022**, que la valeur de la machine devient inférieure à 5 000 €.

• Avec la fonction ln. L'inéquation équivaut successivement à : $0{,}85^n \leqslant \frac{5}{22}$;

$n \ln 0{,}85 \leqslant \ln\left(\frac{5}{22}\right)$ et $n \geqslant \frac{\ln\left(\frac{5}{22}\right)}{\ln(0{,}85)}$. Or $\frac{\ln\left(\frac{5}{22}\right)}{\ln(0{,}85)} \approx 9{,}1$. Comme n est entier, l'inéquation équivaut à $n \geqslant 10$. On retrouve le même résultat que précédemment et on conclut de la même manière.

Annexes

27 Logique mathématique

En bref *Un texte mathématique est composé d'énoncés dont la rédaction doit être exempte d'ambiguïté. S'il existe plusieurs types de démonstrations, toutes utilisent un raisonnement logique.*

I Quantificateurs et connecteurs logiques

1 Écrire avec des quantificateurs

Lorsque dans une proposition $\mathcal{P}$ apparaît une variable x, on précise à quel ensemble E appartient cette variable en faisant apparaître une quantification de façon explicite :

• Si la proposition est vraie pour toute valeur de la variable x dans l'ensemble E, on écrit : « Pour tout x appartenant à E, on a $\mathcal{P}$. »

• Si la proposition est vraie pour au moins une valeur de la variable x dans l'ensemble E, on écrit : « Il existe x appartenant à E tel que $\mathcal{P}$. »

À NOTER
Les symboles qui représentent « pour tout » et « il existe » sont des **quantificateurs**. On peut écrire : « $\forall x \in \mathrm{E}$, on a $\mathcal{P}$ » ou « $x \in \mathrm{E}$ tel que $\mathcal{P}$ ».

2 Propositions liées par des connecteurs logiques

• « $\mathcal{P}$ et $\mathcal{Q}$ » signifie que les deux propositions sont vraies.

• « $\mathcal{P}$ ou $\mathcal{Q}$ » signifie qu'au moins une des deux propositions est vraie.

• « $\mathcal{P}$ implique $\mathcal{Q}$ » signifie que si on a $\mathcal{P}$ alors on a $\mathcal{Q}$. On ne peut avoir « $\mathcal{P}$ et non $\mathcal{Q}$ » : $\mathcal{P}$ est une condition suffisante et $\mathcal{Q}$ est une condition nécessaire, on écrit $\mathcal{P} \quad \mathcal{Q}$.

• « $\mathcal{P}$ équivaut à $\mathcal{Q}$ » signifie « $\mathcal{P}$ implique $\mathcal{Q}$ » et « $\mathcal{Q}$ implique $\mathcal{P}$ », on écrit $\mathcal{P} \quad \mathcal{Q}$.

$$\mathcal{P} \quad \mathcal{Q} \text{ si et seulement si } \begin{cases} \mathcal{P} \quad \mathcal{Q} \\ \mathcal{Q} \quad \mathcal{P} \end{cases}$$

3 Négation d'une proposition

• La négation de « $\mathcal{P}$ ou $\mathcal{Q}$ » est « non $\mathcal{P}$ et non $\mathcal{Q}$ » (ni $\mathcal{P}$ ni $\mathcal{Q}$).

• La négation de « $\mathcal{P}$ et $\mathcal{Q}$ » est « non $\mathcal{P}$ ou non $\mathcal{Q}$ » (au moins $\mathcal{P}$ ou $\mathcal{Q}$ n'est pas réalisée).

• La négation de « Pour tout x appartenant à E, on a $\mathcal{P}$ » est « Il existe x appartenant à E tel que non $\mathcal{P}$ ».

• La négation de « Il existe x appartenant à E tel que non $\mathcal{P}$ » est « Pour tout x appartenant à E, on a $\mathcal{P}$ ».

Exemple : Soit f une fonction dérivable sur $\mathbb{R}$. On considère les propositions $\mathcal{P}$: « Pour tout réel x, $f'(x) < 0$ » et $\mathcal{Q}$: « La fonction f s'annule en un réel a ». La négation de $\mathcal{P}$ est : « Il existe un réel x tel que $f'(x) \geqslant 0$. » La négation de $\mathcal{Q}$ est : « Pour tout réel a, $f(a) \neq 0$. »

II Types de raisonnement

- Pour démontrer que la proposition **« Pour tout x appartenant à E, on a $\mathcal{P}$ »** est fausse, il suffit de trouver un contre-exemple, c'est-à-dire un élément de E qui ne vérifie pas $\mathcal{P}$.

> **MOT CLÉ**
> Démontrer une proposition, c'est prouver que la proposition est vraie, en utilisant un raisonnement logique.

- Pour démontrer **« $\mathcal{P}$ implique $\mathcal{Q}$ »**, on peut démontrer sa *contraposée* : « non $\mathcal{Q}$ implique non $\mathcal{P}$ ».
- Pour démontrer **« $\mathcal{P}$ équivaut à $\mathcal{Q}$ »**, il faut démontrer « $\mathcal{P}$ implique $\mathcal{Q}$ » et sa *réciproque* « $\mathcal{Q}$ implique $\mathcal{P}$ ».
- Pour démontrer une proposition $\mathcal{P}$ par l'**absurde**, on suppose que la négation de la proposition $\mathcal{P}$ est vraie et on en déduit une proposition contradictoire.
- Pour démontrer une proposition $\mathcal{P}_m$ dépendant d'un paramètre m par **disjonction des cas**, on démontre, pour chacune des valeurs prises par m, que la proposition est vraie.

Méthode

Utiliser différents raisonnements

a. Résoudre dans $\mathbb{R}$, l'équation $\sqrt{x^2+1} \geqslant x+1$.

b. Soit f une fonction croissante sur $\mathbb{R}$ tel que $f(1) \leqslant 0$. Soit a et b des réels tels que $f(a) > 0$ et $f(b) = 1$. Montrer par contraposée que $a > 1$, puis par l'absurde que $b > 1$.

c. Déterminer si l'équivalence suivante est valide :

$$x^2 = y^2 \qquad x = y.$$

> **CONSEILS**
> **1.** On pourra distinguer suivant le signe du second membre (disjonction des cas).
> **2.** La négation de $f(1) \leqslant 0$ est $f(1) > 0$.

SOLUTION

a. On distingue deux cas : $x \leqslant -1$ et $x > -1$.
Si $x \leqslant -1$, $x+1 \leqslant 0$ et $\sqrt{x^2+1} > 0$ donc $\sqrt{x^2+1} \geqslant x+1$.
La fonction carré étant croissante sur $]0\,;+\infty[$, si $x > -1$:

$$\sqrt{x^2+1} \geqslant x+1 \qquad x^2+1 \geqslant x^2+2x+1 \qquad x \leqslant 0$$

Finalement, $\sqrt{x^2+1} \geqslant x+1 \qquad x \leqslant -1$ ou $x \in [0\,;1[$.

b. ■ Si $a \leqslant 1$ alors, puisque f est croissante sur $\mathbb{R}$, $f(a) \leqslant f(1)$ d'où $f(1) > 0$. Ainsi, par contraposée : si $f(1) \leqslant 0$ alors $a > 1$.

■ Supposons que $b \leqslant 1$ alors $f(b) \leqslant f(1) \leqslant 0$ d'où $1 \leqslant 0$ ce qui est absurde donc $b > 1$.

c. On a $(-2)^2 = 2^2$ et $-2 \neq 2$ donc dans ce cas, $x^2 = y^2$ n'implique pas $x = y$. En revanche, si $x = y$ alors $x^2 = y^2$.

28 Algorithmique : variables, boucles, fonctions

En bref *Les notions de variables, de boucles, de fonctions ont été étudiées en classe de seconde. Les algorithmes dans lesquels elles interviennent seront écrits en langage naturel (ou en « pseudocode ») ou traduits en langage Python.*

I Affectation de variables

■ Une variable est un emplacement (une « boîte ») dans lequel on peut stocker une « valeur » (nombre, texte...), repéré par une « étiquette » (son nom) qui permet d'avoir accès à son contenu. Ce contenu peut varier au cours de l'exécution d'un programme.

■ L'affectation est notée « ← » dans un algorithme (pseudocode) et « = » en Python. *Exemples* :

Algorithme	Code Python	Sens
$A \leftarrow 12$	$A = 12$	Affecte à A la valeur 12, la valeur précédemment contenue dans A est « écrasée ».
$B \leftarrow A$	$B = A$	Affecte à B la valeur contenue dans A, ne modifie pas A.
$A \leftarrow A + 3$	$A = A + 3$	Ajoute 3 à la valeur numérique contenue dans A. Si A valait 12, A vaut maintenant 15.

II Boucles et fonctions

■ **Boucle bornée (avec nombre d'itérations connu)**

L'instruction *Pour...* (*for...* en langage Python) permet de répéter l'exécution d'un bloc d'instructions un nombre connu de fois.

■ **Boucle non bornée (avec arrêt conditionnel)**

L'instruction *Tant Que...* (*while...* en langage Python) permet de répéter l'exécution d'un bloc d'instructions tant qu'une certaine condition est réalisée : l'exécution s'arrête dès que la condition n'est plus remplie.

■ **Fonctions**

• Si, dans un programme, on doit exécuter plusieurs fois la même série d'instructions, on peut enregistrer ces instructions dans une fonction, que l'on appelle quand on en a besoin.
• La fonction peut prendre des arguments (ou paramètres) et renvoyer une valeur (en Python, l'instruction correspondante est *return* « valeur »).
• Certaines fonctions prédéfinies en Python peuvent être utilisées en chargeant des « bibliothèques » en début de programme (fonctions aléatoires...).

Méthodes

1 Utiliser une boucle

Une société propose, sur abonnement, la livraison hebdomadaire d'un panier de fruits et légumes. Initialement, le nombre d'abonnés est 65. Les responsables font l'hypothèse que, d'un mois à l'autre, 20 % des abonnements sont résiliés et 18 abonnements supplémentaires sont souscrits.

Écrire un programme déterminant et affichant le nombre de mois au bout duquel le nombre d'abonnés sera pour la première fois supérieur ou égal à 85.

CONSEILS
Explicitez la relation entre les nombres d'abonnés de deux mois successifs.
Le programme comportera une boucle qui calcule le nombre d'abonnés tant qu'il est inférieur à 85, et un « compteur » du nombre d'exécutions.

SOLUTION

Si on note u_n le nombre d'abonnés au bout de n mois et u_{n+1} le nombre d'abonnés au bout de $n + 1$ mois, alors $u_{n+1} = 0,8u_n + 18$. En Python :

```
U=65
N=0
while U<85 :
    N=N+1
    U=0,8×U+18
print(N)
```

On trouve $N = 8$. On vérifie que $u_7 < 85$ et $u_8 > 85$.

2 Définir et utiliser une fonction

Écrire un programme Python qui définit une fonction « *somcar* » renvoyant, pour tout entier naturel n non nul, la somme $1^2 + 2^2 + ... + n^2$.

CONSEILS
La somme cherchée est « stockée » dans une variable *s* qui doit être initialisée.
À chaque étape, on ajoute un terme à la valeur précédente de *s*.

SOLUTION

```
def somcar(n) :
    s=0
    for k in range(1, n+1) :
        s=s+k**2
    return s
```

CONSEILS
En Python, la fin d'une boucle est marquée par la fin de l'indentation (du décalage).

L'instruction « for k in range(1, n+1) » signifie « pour k variant de 1 (compris) à $n + 1$ (exclu) », c'est-à-dire de 1 à n.

IMPRIM'VERT Votre imprimeur agit pour l'environnement

PAPIER À BASE DE FIBRES CERTIFIÉES

Hatier s'engage pour l'environnement en réduisant l'empreinte carbone de ses livres. Celle de cet exemplaire est de : 850 g éq. CO_2
Rendez-vous sur www.hatier-durable.fr

Achevé d'imprimer en Italie par L.E.G.O. S.p.A. - Lavis (TN)

Dépôt légal n° 06462-1/01 - Juillet 2020